工程地质与水文地质

马建军　黄林冲　陈万祥　张清涛　主编

GONGCHENG DIZHI YU
SHUIWEN DIZHI

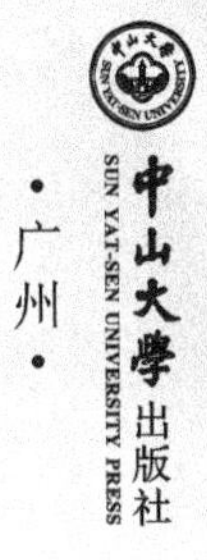

图书在版编目（CIP）数据

工程地质与水文地质/马建军等主编．—广州：中山大学出版社，2021.9
ISBN 978－7－306－07272－6

Ⅰ．①工…　Ⅱ．①马…　Ⅲ．①工程地质②水文地质　Ⅳ．①P64

中国版本图书馆CIP数据核字（2021）第156239号

出 版 人：王天琪
责任编辑：曹丽云
封面设计：曾　斌
责任校对：梁嘉璐
责任技编：何雅涛
出版发行：中山大学出版社
电　　话：编辑部 020－84110776，84113349，84111997，84110779，84110283
　　　　　发行部 020－84111998，84111981，84111160
地　　址：广州市新港西路135号
邮　　编：510275　　　　　传　真：020－84036565
网　　址：http://www.zsup.com.cn　　E-mail:zdcbs@mail.sysu.edu.cn
印 刷 者：广东虎彩云印刷有限公司
规　　格：787mm×1092mm　1/16　18.25印张　328千字
版次印次：2021年9月第1版　2025年3月第3次印刷
定　　价：68.00元

前　言

土木、水利、海洋工程学科涉及国家经济社会发展和人们生产生活的各个领域，与材料、信息、海洋、环境等相关学科的交叉融合，使得传统学科焕发出新的生机与活力。在工程实践中，工程地质和水文地质情况复杂多变，做好工程地质与水文地质勘察工作对土木、水利、海洋工程的安全建设和运营至关重要。本书编者以习近平新时代中国特色社会主义思想为指导，围绕立德树人这一根本任务，合理地融入思政元素，结合基本理论知识、专业技能训练、学科前沿发展等多个方面，以全面提升人才培养质量，服务国家重大战略需求。

教材编写组在长期的教学实践中发现，目前专门针对土木、水利、海洋等多学科融合的教材较少；而工程地质与水文地质的基础知识覆盖面广、知识点细、模块体系多，各部分教学目标和知识能力要求差异较大。因此，在本教材的编写过程中，编者充分考虑了课堂教学和实践教学过程中出现的普遍性问题，按照由浅入深、从理论到实践的逻辑主线划分章节。本教材强调基础为先，同时通过大量的工程案例进行基础能力提升。在此基础上，本教材重视能力培养，为学有余力的同学准备了延伸学习的例题，以巩固学习效果。

《工程地质与水文地质》作为土木、水利、海洋工程多学科融合的教材，须做到贴近工程实际，培养学生的工程素养与家国情怀。因此，本教材以“大土木”方向为基础，以工程问题为导向，应用启发性教学元素，力求从实际问题出发，到解决方案中去，以利于对学生知识迁移和学术潜力的培养。编写组成员一直担任这门课的教学任务，从课堂教学到实习实践，拥有全过程的教学经验，对学生在课程中可能遇到的疑点、难点有较为清晰的把握。在教材的编写过程中，编写组成员将多年的工程经验与教学经验相结合，在覆盖知识点基础上，注重培养学生的科学素养、工程素质和实践能力。

本教材面向国家基础设施建设可持续发展、新型城镇化建设、生态文明建设等重大战略需求，将土木与水利学科交叉融合，有助于培养宽口径、厚基础、复合型的“大土木”高级专门人才。

本书共分为10章，由中山大学相关院系的任课教师编写。参加编写工作的有马建军（第1、2、3章）、黄林冲（第4、5章）、陈万祥（第6、7章）和张清涛（第8、9、10章）。本书的插图绘制、资料收集和文字汇总工作由梁基冠、关俊威、陈俊杰、陈建营、薛海恩5位研究生完成。

由于编者水平有限，书中难免有不妥之处，敬请读者批评指正。在此致谢。

马建军　黄林冲　陈万祥　张清涛

2021年8月

目　　录

1 绪　论

1.1 工程地质学与水文地质学的研究对象

工程地质学主要研究建设地区和建筑场地中岩体、土体的空间分布规律和工程地质性质，这些场地中的岩石和土的成分和结构，以及在自然条件和工程作用下岩土工程性质的变化趋向。水文地质学的研究对象主要是地下水。地下水是赋存并运移于地下岩土空隙中的水。含水岩土分为两个带，上部是包气带，即非饱和带，这里除了水以外，还有气体；下部为饱水带，即饱和带，饱水带岩土中的空隙充满了水。狭义的地下水是指饱水带中的水。

1.2 工程地质学与水文地质学的研究内容

工程地质学（engineering geology）是研究与人类工程建设等活动有关的地质问题的科学，是地质学的一个分支学科。其主要研究内容可归纳为以下四个方面：

（1）研究建设地区和建筑场地范围内岩体、土体的空间分布规律和工程地质性质，以及在自然条件和工程作用下这些性质的变化趋向，并据此确定岩石和土的工程地质分类。

（2）分析和预测建设地区和建筑场地范围内在自然条件下和工程建设活动中发生和可能发生的各种地质作用（如地震、滑坡、泥石流）和工程地质问题（如诱发地震、地基沉陷、人工边坡和地下洞室围岩的变形和破坏)，开采地下水引起的大面积地面沉降，地下采矿引起的地表塌陷等，研究其发生的条件、过程、规模和机制，评价它们对工程建设和地质环境造成的危害程度。

(3) 研究防治不良地质作用的有效措施。

(4) 研究工程地质条件的区域分布特征和规律，预测其在自然条件下和工程建设活动中的变化和可能发生的地质作用，评价其对工程建设的适宜性。

水文地质学（hydrogeology）是研究地下水的科学。人类在从事开发利用地下水活动的漫长过程中，通过长期实践，认识和经验不断积累，逐渐形成、充实和发展了有关地下水的知识。水文地质学按其内涵范畴涵盖水文学、土壤学、地质学与流体力学等学科。随着水文地质科学的发展，其研究内容越来越广泛，主要可归纳为以下六个方面：

(1) 地下水的形成与转化。阐述地下水起源与形成的基本知识（包括地下水的赋存条件），并探讨大气水、地表水、土壤水与地下水相互转化、交替的基本规律。

(2) 地下水的类型与特征。阐述地下水的储存条件及其基本类型，包括地下水的主要理化特性。

(3) 饱水带及包气带中水分和溶质的运动。主要研究地下水流的基本微分方程，包括地下水向井、渠的流动，以揭示地下水位和水量的时空变化规律；同时，探讨包气带水与地下水溶质运移的基本方程。

(4) 地下水动态与水均衡。讨论在不同的天然因素和人为因素影响下地下水的动态变化规律以及不同条件下地下水的水均衡方程。

(5) 地下水资源计算与评价。分别讨论局部开采区和区域性大面积开采区地下水资源评价的主要方法，并具体介绍有关含水层参数测定及地下水补给量和排泄量的计算方法；同时，阐述地下水水质评价的有关知识。

(6) 地下水资源系统管理。阐述地下水资源管理与保护方面的基本知识，着重讨论地下水资源系统管理模型及其应用。

1.3 工程地质学与水文地质学的学习要求

编写本教材的目的是使土木工程（或者水利工程、海洋类、地质类、地理类、测绘类）专业的学生能掌握工程地质与水文地质的基本原理与计算方法，并了解相关的基本概念，为后续的学习和实践打下基础。在学习过程中，切忌死记硬背，最重要的是要掌握研究、分析问题的思路和方法，以便运用于以后的实际工作中，并解决所遇到的实际问题。

在我国的技术分工中，岩土工程勘察不是由土建专业技术人员（如岩土工程师、结构设计师）进行的，而是由勘察工程技术人员进行的。但是，土建专业技术人员应当对岩土工程勘察的任务、内容和方法有足够的了解。只有具备了工程地质方面的基础知识，才能较完整地考虑建设中的地质条件和地质环境的因素，正确提出勘察任务和要求，评估岩土工程勘察结果的可靠性和准确性，正确地利用岩土工程勘察的成果，保证工程建设的顺利进行。对相关专业的学生而言，在学习本课程时，主要要求如下：

（1）深入理解地下水赋存空间的特征，地下水的形成与分布、埋藏条件、运动机制与规律，地下水物理化学的基础理论，地下水系统的基本概念，地下水补给径流与排泄，地下水的动态与均衡，以及地下水资源与环境等基本概念与基本原理。在此基础上，初步掌握分析与解决水文地质问题的方法与思路，为后续的专业课奠定基础。

（2）全面掌握基础地质和工程地质的基本知识，并理解工程地质条件、工程地质现象与人类工程活动之间的相互关系和相互影响；阐明建设地区工程地质条件，论证和评价建筑物所存在的工程地质问题；运用工程地质知识提出防治岩土体不良地质现象的措施，根据地质资料合理选定建筑场地，保证规划、设计和施工的顺利进行；根据工程地质的勘察成果，应用已学过的工程地质理论知识进行一般的工程地质问题分析，特别是对工程地质环境中的不良地质现象能够进行分析和判断，并对其可能引起的地质灾害进行科学预测。

（3）充分了解工程地质知识及其思想方法，对工程地质与相关学科，如土力学、岩石力学等的区别与联系有深入认识。工程地质学的主要目的是运用地质学、水文学及气象学等多个学科的知识和分析方法，综合判断工程建设区域的地质特性及其对工程建设的影响，并提出解决方案。

土力学和岩石力学与工程地质学有着十分密切的关系，工程地质学中的大量计算问题实际上就是土力学和岩石力学中所研究的课题。因此，广义的工程地质学概念甚至将土力学、岩石力学也包含进去。土力学和岩石力学是用力学的观点研究土体和岩体，它们属力学范畴的分支。

练习题 1

1. 结合具体的工程地质问题，谈谈工程地质学的研究方法。

2. 工程地质学的基本任务是研究（　）和（　）之间相互制约的关系，以便合理开发和保护地质环境。

A. 自然环境

B. 地质环境

C. 人类社会活动

D. 人类工程活动

3. 土力学、岩石力学与工程地质学有何关系？

2 岩石及其工程地质特征

地球是太阳系中一个不断运动着的行星，除了每时每刻都在围绕着太阳进行公转和自身的自转以外，地球的内部每时每刻也都在进行着各种复杂的地质变化，并不断地造成地形地貌以及景观的变化。正是因为不断发生的地质活动，以及随之发生的景观变化，地球才充满了活力。

地质学（含环境地质学）是关于地球物质组成、结构及演化历史的知识体系。现代地质学不仅要阐明地球的组成物质、控制物质转换的机制以及由这些物质记录的地球演化历史，而且还要揭示改变地球外层的地质营力和改造地球表层的过程，并运用地质学知识探明可供利用的矿产资源和水资源，不断深入理解地质过程与人类生产生活的关系。

2.1 地球及其构造

2.1.1 宇宙

宇宙是所有时间、空间与其包含的内容物所构成的统一体，它包含行星、恒星、次原子粒子以及所有的物质与能量。宇是指空间，宙是指时间。目前人类可观测到的宇宙，其距离大约为 9.3×10^{10} 光年；而整个宇宙可能为无限大，但未有定论。物理理论的发展与对宇宙的观察，引领着人类进行宇宙构成与演化的推论。

根据历史记载，人类曾经提出了多种宇宙学、天体演化学与科学模型，来解释人们对于宇宙的观察。最早的相关理论为“地心说”，是由古希腊哲学家与印度哲学家提出的。数世纪之后，逐渐精确的天文学观察，引导了尼古拉·哥白尼提出以太阳系为主的“日心说”，以及约翰尼斯·开普勒改良椭圆轨道模型；最终，艾萨克·牛顿的重力定律解释了哥白尼、开普勒的理论。随着观察方法的逐渐改良，人类逐渐认识到太阳系位于数十亿恒星所形成的星系，称为银河系；之后更发现，银河系只是众多星系中的一个。在最大尺度范围内，人们假定星系分布均匀，且各星系在各个方向上的距离皆相同，这表示宇宙既没有边缘，也没有所谓的中心，这也从侧面反映了宇宙的浩瀚。

对星系分布与天体光谱的观察，产生了许多现代物理宇宙学的理论。20世纪前期，人们发现星系具有系统性的红移现象，表明宇宙正在膨胀。对宇宙微波背景辐射的观察，很好地解释了宇宙早期发展所遗留下来的辐射，表明宇宙具有起源。20 世纪 90 年代后期的观察，发现了宇宙的膨胀速率正在加快，显示有可能存在一股未知的巨大能量促使宇宙加速膨胀，人们称之为暗能量；而宇宙的大多数物质以一种未知的形式存在着，称为暗物质。

大爆炸理论是当前最为流行的描述宇宙发展的宇宙学模型，如图 2－1 所示。根据目前的主流模型，推测宇宙的年龄为（137.99 ± 0.21）亿年。大爆炸产生了初始的空间与时间，其中充满了特定数量的物质与能量。因此，当宇宙开始膨胀后，空间内物质与能量的密度也开始降低。在初期膨胀过后，宇宙开始大幅度冷却，第一波次原子粒子生成，稍后则合成为简单的原子。这些原始元素逐渐组成巨大的星云，并借由重力结合起来形成恒星。

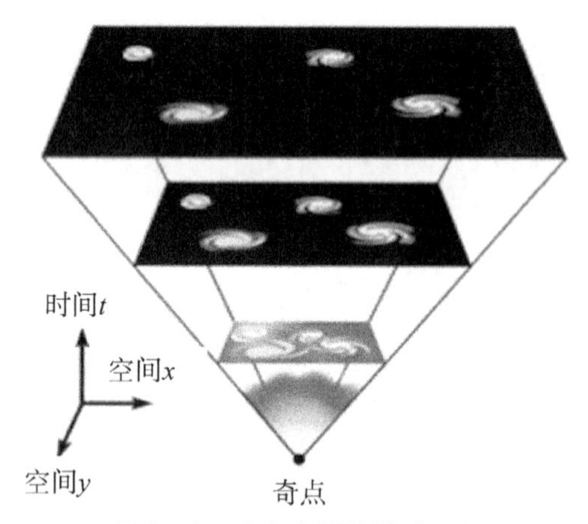

图 2－1　宇宙大爆炸模型示意

（图片来源：https：//ishare. ifeng. com/c/s/7ysWbzALQp9）

虽然如此，大爆炸学说和宇宙膨胀学说并不是人类探索宇宙的终点。物理学家与哲学家仍不确定在大爆炸前是否存在事物，许多科学家拒绝推测大爆炸之前的状态是否可侦测。目前也存在各种多重宇宙的说法，其中，部分科学家认为可能存在着与现今宇宙相似的众多宇宙，而现今的宇宙只是其中之一。[1]

2.1.2 地球的基本知识

太阳系是宇宙中以太阳这一恒星为中心的天体系统，包括八大行星，以及诸多卫星、小行星和少数彗星。太阳系直径约为 1.2×10^{10} km，太阳光需 5.5 h 才能穿出星系边界。八大行星自内向外依次为水星、金星、地球、火星、木星、土星、天王星、海王星，它们携带着 50 多颗卫星。行星地球是太阳系的光辉一员，它并不是孤立地存在于宇宙之中的，而是与其他天体或者宇宙空间通过能量和物质交换保持着密切联系并相互影响。地球是生命的摇篮、人类的故乡。

地球诞生于约 45.4 亿年前，随后在 42 亿年前开始形成海洋，并在 35 亿年前的海洋中出现生命。这些生命在不断的演化进程中逐步涉足地表和大气，并分化为好氧生物和厌氧生物。

早期生命迹象产生的具体证据包括格陵兰岛西南部变质沉积岩中拥有约 37 亿年历史的石墨，碳的形状呈现出生物组织特有的管状和洋葱形结构，甚至在澳大利亚大陆西部岩石中发现可能是约 41 亿年前的早期生物遗骸。此后，除发生了数次生物集群灭绝事件外，地球上的生物种类不断增多。根据科学界测定，在地球上曾存在过的 50 亿种物种中，已经绝灭的约占 99%。据统计，现今存活的物种有 1200 万～1400 万个，其中有记录证实存活过的物种有 120 万个，而余下的约 86% 尚未被正式发现。2016 年 7 月，美国科学家分析了过去几十年里相继出现的 2000 种微生物的基因组，研究的完整基因总数达 600 万个。他们发现，其中有 355 个基因家族广泛存在于这些微生物中。这就意味着这些基因是生命的共同祖先 LUCA 遗传下来的。

地球赤道半径为 6378.137 km，极半径为 6356.752 km，平均半径约为 6371 km，赤道周长大约为 40075 km；地球呈两极稍扁、赤道略鼓的不规则的椭球体。地球表面积为 5.1×10^{8} km^2，其中 71% 为海洋、29% 为陆地，从太空上看地球总体上呈蓝色，如图 2 - 2 所示。大气层主要成分为氮气和氧气以及少量二氧化碳、氩气等。

图2－2　太空上看地球

（图片来源：http：//www.51yuansu.com/sc/cvenbkbehp.html）

截至2020年底，地球上有约76.6亿人口，分布在233个国家和地区，通过外交、旅游、贸易、传媒或战争等多种政治、文化、经济活动产生相互联系。

2.1.3　地球的构造

地球的圈层结构分为地球外部圈层和地球内部圈层两大部分。地球外部圈层可进一步划分为三个基本圈层，即大气圈、水圈、生物圈；地球内部圈层可进一步划分为三个基本圈层，即地壳、地幔和地核。地壳和上地幔顶部（软流层以上）由坚硬的岩石组成，合称为岩石圈。[2]

2.1.3.1　外部圈层构造

近年来发现地球大气圈和水圈的成分同普通球粒陨石类物质释放的气体较为一致，因此，科学家们认为，大气圈和水圈可能是由普通球粒陨石类物质构成的地球原始“表层”释放的气体形成的，其中水汽成分凝结降落形成了原始水圈。原始大气圈和原始水圈经长期演化，特别是经过生物作用后才形成了现今的大气圈和水圈。原始大气圈和水圈形成之后，在它们与岩石圈的接触地带，无机物经化学演化形成有机物质。地球上的生命从无机界中产生，再经过长期的进化形成了现今的生物圈。大气圈、水圈和生物圈是互相渗透的，也是互相重叠的。

1. **大气圈**

大气圈又称为大气层，是因重力关系而围绕着地球的一层混合气体，是地球最外部的气体圈层，包围着海洋和陆地。大气圈没有确切的上界，在离地表 2000 ～ 16000 km 高空仍有稀薄的气体和基本粒子；在地下，土壤和某些岩石中也会有少量气体，它们也可被认为是大气圈的一个组成部分。地球大气的主要成分为氮气、氧气、氩气、二氧化碳和不到 0. 04% 比例的其他微量气体，这些混合气体被称为空气。整个大气层随高度不同表现出不同的特点，由下往上可分为对流层、平流层、臭氧层、中间层、热成层和散逸层，再上面就是星际空间。

对流层位于大气的最底层，从地球表面开始向高空伸展，直至对流层顶，即平流层的起点为止。它的厚度并不均匀，在地球两极上空为 8 km，在赤道上空为 17 km，平均厚度约为 12 km，是大气中最稠密的一层，集中了约 75% 的大气质量和 90% 以上的水汽质量。其下界与地面相接，上界高度随地理纬度和季节而变化，在低纬度地区平均高度为 17 ～ 18 km，在中纬度地区平均为 10 ～ 12 km，在高纬度地区平均为 8 ～ 9 km，并且夏季高于冬季。其主要特点是：①温度随高度的增加而降低。这是因为该层不能直接吸收太阳的短波辐射，但能吸收地面反射的长波辐射而从下垫面加热大气，因此靠近地面的空气受热多，远离地面的空气受热少。每升高 1 km，气温下降约 6. 5 ℃。②空气对流。因为岩石圈与水圈的表面被太阳晒热，而热辐射将下层空气烤热，冷热空气发生垂直对流；又由于地面有海陆之分、昼夜之别以及纬度高低之差，因而不同地区温度也有差别，这就形成了空气的水平运动。③温度、湿度等要素水平分布不均匀。大气与地表接触，水蒸气、尘埃、微生物以及人类活动产生的有害物质进入空气层，故该层中除气流做垂直和水平运动外，化学过程也十分活跃，并伴随气团变冷或变热，水汽形成雨、雪、雹、霜、露、云、雾等一系列天气现象。

平流层是距地表 10 ～ 50 km 处的大气层，位于对流层之上，中间层之下。平流层亦称为同温层，是地球大气层里上热下冷的一层，与位于其下贴近地表的上冷下热的对流层刚好相反。此层被分成不同的温度层，高温层位于顶部，而低温层位于底部。在中纬度地区，平流层位于离地表 10 ～ 50 km 的高度；而在极地，此层则始于离地表 8 km 左右的高度。这一层气流主要表现为水平方向运动，对流现象减弱。这里基本上没有水汽，晴朗无云，很少发生天气变化，适于飞机航行。在 20 ～ 30 km 高处，氧分子在紫外线作用下形成臭氧层，像一道屏障保护着地球上的生物免受太阳紫外线及高能粒子的袭击。

中间层又称为中层，是自平流层顶到 85 km 之间的大气层。该层内因臭氧含量低，同时，能被氮、氧等直接吸收的太阳短波辐射大部分已经被上层大气所吸收，所以温度垂直递减率很大，对流运动强盛。中间层顶部附近的温度约为 190 K（即 –83.15 ℃）；空气分子吸收太阳紫外辐射后可发生电离，习惯上将此层称为电离层的 D 层；在高纬度地区夏季黄昏时有时有夜光云出现。

热成层即暖层，又称为热层、电离层，指中间层顶到 800 km 高度之间的大气层。这一层空气密度很小，在 270 km 高空，大气密度只有地面的百亿分之一。空气质点在太阳辐射和宇宙高能粒子作用下，温度迅速升高，故大气中再度出现温度随高度增加而升高的现象。据卫星观测资料，在热成层的 80 ～160 km，空气剧烈增温至 970 ℃，到 250 km 处气温高达 1027 ℃，500 km 处高达 1201 ℃；但 500 km 以上，温度变化不大。气温的剧增是因为波长小于 0. 175 μm 的太阳紫外线辐射被热成层所吸收。由于空气密度很小，在太阳紫外线和宇宙射线的作用下，氧分子和氮分子被分解为原子，并处于电离状态，因此，热成层里存在着大量的带电质点——带电的离子和电子，具有反射无线电波的能力。电离程度越强，反射无线电波的能力也越强。如果没有热成层，无线电波就不能远距离传送。

散逸层又称为外层、逃逸层，是热成层以上的大气层，也是地球大气的最外层。这层空气在太阳紫外线和宇宙射线的作用下，大部分分子发生电离，使得质子和氦核的含量大大超过中性氢原子的含量。散逸层空气极为稀薄，其密度几乎与太空密度相同，故又常称为外大气层。由于空气受地心引力极小，气体及微粒可以从该层飞出地球重力场进入太空。散逸层的上界在哪里学界还没有一致的看法，而实际上地球大气与星际空间并没有截然的界限。散逸层的温度随高度增加略有升高。

2. **水圈**

在太阳系中，表面为大面积的水域所覆盖是地球有别于其他行星的显著特征之一，地球的别称“蓝色星球”便是由此而来的。地球上的水圈主要由海洋组成，而江河、湖泊以及可低至 2000 m 深的地下水也占了一定的比例。位于太平洋马里亚纳海沟的“挑战者深渊”深达 10911. 4 m，是海洋最深处。地球上海洋中的水的总质量约为 1.35×10^{18} t，相当于地球总质量的

1/4400。海洋覆盖面积为 3.618×10^8 km²，平均深度为3682 m，总体积约为 1.332×10^9 km³。如果地球上的所有地表海拔高度相同，而且是个平滑的球面，那么地球上的海洋平均深度会是2.7～2.8 km。

地球上的水约97.5%为海水、2.5%为淡水，而68.7%的淡水以冰帽和冰川等形式存在。地球上海水的平均盐度约为3.5%，即每千克海水约有35 g 的盐。大部分盐是在火山的作用下在冷却的火成岩中产生的。海洋也是溶解大气气体的“贮存器”，这对于许多水生生命体的生存是不可或缺的。海洋是一个大型储热库，海水对全球气候产生了显著的影响。海洋温度分布的变化可能会对天气变化产生很大的影响，如厄尔尼诺－南方振荡现象的影响就十分显著。受到地球行星风系等因素的影响，地球上的海洋有相对稳定的洋流。洋流主要分为暖流和寒流，暖流主要对流经的附近地区的气候起到增温增湿的效果，寒流则相反。

3. **生物圈**

地球上生物生存和活动的范围，即由生命物质构成的圈层称为生物圈，这些生物包括动物、植物、微生物。生物分布的范围相当广泛，大量生物集中在地表和水圈上层。在地面以上 10 km 的高空、地下 3 km 的深处、深海海底都有生命的存在，因此，生物圈与大气圈、水圈，以及后面要讲到的岩石圈是互相渗透的，没有严格的界线。同时，生物的分布也是不均匀的。在阳光、空气、水分充足，温度适宜的地区生物多；反之则少。在阳光、空气和水分充足，温湿且明亮地区的生物密度比干寒且黑暗地区的大得多，而且多半是高等生物。各种生物在地质作用中十分关键，地球上不同的自然环境中有着不同的生物组合。动物和植物为了适应所处的环境而具有一定的生态特征。我们研究现代生物的生态特征，是为了按照“将今论古”的原则，从古代生物遗骸的生态特征来推断当时当地的自然环境。为了避免个别生物的异常变态导致错误的判断，常常需要根据生物组合的共性特征辅助得出正确的结论。

生物圈的元素构成非常复杂，活的有机体由 90 种天然元素组成，但生命必需的元素仅 24 种，其中，碳、氢、氧、氮占 99.6% 以上，其次为钙、钾、硅、镁。生物的活动，它的新陈代谢，它的遗体的分解，可与地表物质发生各种物理化学作用。这种作用可改变地表面貌，属于另一类地质作用。

2.1.3.2 内部圈层构造

地球内部圈层由地壳、地幔和地核构造而成，如图 2－3 所示。

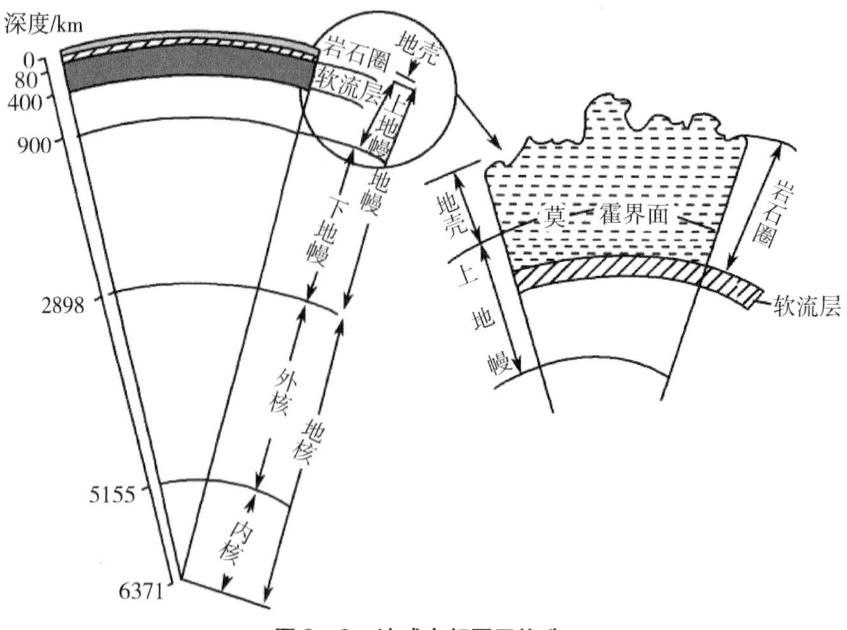

图2-3 地球内部圈层构造

1. **地壳**

地壳指固体地球表层莫霍诺维奇地震不连续面（简称为莫霍界面）以上的一圈岩石，其平均厚度约为16 km。地壳的结构基本上有两种类型，即陆壳和洋壳。

陆壳具有双层结构，上部为硅铝层，下部为硅镁层。陆壳厚度各处不一，平均厚度为35 km，高大山系地区的地壳较厚，如欧洲阿尔卑斯山的地壳厚达65 km，亚洲青藏高原某些地方的地壳厚度超过70 km，而北京地壳厚度与陆壳平均厚度相当，约为36 km。

洋壳主要为硅镁层，平均厚度为7 km。洋壳很薄，如大西洋南部地壳厚度为12 km，北冰洋为10 km，有些地方的洋壳厚度只有5 km左右。

一般认为，地壳上层由较轻的硅铝物质组成，即硅铝层；下层由较重的硅镁物质组成，即硅镁层。大洋底部一般缺少硅铝层，因此，洋壳主要由硅镁层组成。

2. **地幔**

地幔介于地壳与地核之间，由地壳底部一直延伸到地核的外围，即介于莫霍界面与古登堡面之间，又称为中间层。其厚度约为2880 km，体积占地球总体积的83%，质量为4030×10^{24} kg，占地球质量的68.1%，平均密度为4.5 g/cm^3。根据地震波速度变化的情况，地幔可分为上下两层，上部称为上地幔，下部称为下地幔。

从地壳最下层到100～900 km深处，除硅铝物质外，铁镁成分增加，类似橄榄岩，为上地幔，又称为橄榄岩带。下层为柔性物质，呈非晶质状态，大约是铬的氧化物和铁镍的硫化物，为下地幔。地幔转变带是指地壳深部410 km和660 km两个间断面之间的区域，是连接上、下地幔物质和能量交换的纽带。地震资料说明，在70～150 km深处，震波传播速度减弱，形成低速带，自此向下直到250 km深处的地幔物质呈塑性，可以产生对流，称为软流层。这样，地幔又可分为上地幔、转变带和下地幔三层。了解地幔的结构与物质状态，有助于解释岩浆活动的能量和物质来源，以及地壳变动的内动力。

3. 地核

地核是指从地下2898 km古登堡面以下向内到地心一个半径为3473 km的地球核心部分。其体积为固体地球总体积的16%。据推测，地核的密度为9.7～13.0 g/cm^3，质量占地球总质量的31.5%，压力为$(1.52\sim3.75)\times10^5$ MPa，温度为2860～6000 ℃。

地震波资料显示，地核内4640 km和5155 km处尚存在两处不连续界面，因而可将地核进一步划分为外核（2898～4640 km）、过渡层（4640～5155 km）和内核（5155～6371 km）三部分。外核不能传播横波，纵波波速降至8.1～8.9 km/s，认为呈液态；内核可传播横波，认为具固态特征；过渡层可传播横波，但波速很低，认为呈塑性状态。一般认为，地核主要由铁和镍组成，可能还含有硅、硫等其他元素。地核之所以成为实心，是因为地心引力在此引起的压力是地球表面压力的300万倍。地核的温度可以达到13000 ℉（约为7204 ℃），比太阳表面温度高2000 ℉（约为1093 ℃）。地核内的铁流使物质产生巨大的磁场，可以保护地球免受外来射线的干扰。

2.2 造岩矿物

人类已发现的矿物有3000多种，以硅酸盐类矿物为最多，约占矿物总量的50%，其中最常见的矿物有20～30种，如正长石、斜长石、黑云母、白云母、辉石、角闪石、橄榄石、绿泥石、滑石、石英（图 2 – 4）、方解石、白云石、高岭石、石膏、黄铁矿、褐铁矿、磁铁矿等。造岩矿物是指组成岩石的矿物，常见的造岩矿物只有十多种，如石英、长石、云母、角闪石和辉石等。

图 2 – 4　常见矿物（石英）

2.2.1　矿物的概念和类型

矿物是指在地质作用下天然形成的结晶状纯净物（单质或化合物）。绝对的纯净物是不存在的，所以这里的纯净物是指化学成分相对单一的物质。矿物是组成岩石的基础（像石英、长石、方解石等都是常见的造岩矿物），但矿物和岩石不同，矿物可以用化学式表示，而岩石是由许多矿物及非矿物所组成，没有一定的化学式。矿物多半是非生物产生的无机化合物，一般为固体，有有序的原子结构，但也有液态的矿物，如汞（水银）。有关矿物的精确定义尚有争议，有争议的是是否非生物产生，以及是否有有序的原子结构这两个条件。像褐铁矿、黑曜岩等没有结晶性的物质，被称为准矿物。[3]

为了系统地研究矿物，深入了解其特征和相互关系，鉴定和识别它们，必须对矿物进行分类。目前，主要的矿物分类方法有化学成分分类法、地球化学分类法、成因分类法、应用分类法及晶体化学分类法。被地质学家广泛采用的分类方法是以化学成分和晶体结构为依据的晶体化学分类法。这种分类方法首先依化学成分的不同分为大类和类，再按结晶结构划分为族，一定结构、一定成分的独立单位即为种。按照这种方法分类的矿物见表 2 – 1。

表2－1　矿物分类

类别	阴离子	代表性矿物
自然元素	无带电离子	铜（Cu）
硫化物和类似化合物	S^{2-}和类似的阴离子	黄铁矿（FeS_2）
氧化物和氢氧化物	O^{2-}、OH^-	赤铁矿（Fe_2O_3）
卤化物	Cl^-、F^-、Br^-、I^-	石盐（NaCl）
碳酸盐和类似化合物	CO_3^{2-}	方解石（$CaCO_3$）
硫酸盐和类似化合物	SO_4^{2-}	重晶石（$BaSO_4$）
磷酸盐和类似化合物	PO_4^{3-}	磷灰石[$Ca_5F(PO_4)_3$]
硅酸盐和类似化合物	SiO_4^{4-}	橄榄石{$(Mg,Fe)_2[SiO_4]$}

2.2.1.1　自然元素

自然元素矿物是自然界中呈单质产出的矿物和由多种元素组成的金属化合物矿物，约占地壳总质量的0.1%，分布极不均匀。

目前已知大约有40种元素以自然状态存在于岩石中，这些元素以还原性较强的状态存在，不与氧、硫等阴离子结合，因此称为自然元素。与其他矿物相比，自然元素矿物非常稀少，但是非常重要，主要是因为它们在工业上的用途，如可作为某些贵金属（金、银）和宝石的主要来源。本大类矿物按元素的化学性质可分为以下三种：

（1）自然金属元素矿物，如自然铂、自然金、自然银、自然铜等。

（2）自然半金属元素矿物，如自然铋等。

（3）自然非金属元素矿物，如自然硫、金刚石、石墨等。

本大类矿物的晶体构造分属三种晶格：金属晶格、原子晶格、分子晶格。由于晶体构造不同，因此，矿物的形态、物理性质也不同。

（1）金属晶格的矿物（如自然金、自然铜、自然铂等）。其内部质点等大，多呈立方或六方最紧密排列，矿物对称程度高，为等轴晶系。晶格中质点之间以金属键结合，金属阳离子之间弥漫着自由运动的电子，故自然金属元素矿物具有金属特性：有强金属光泽、金属色（如金黄色、铜红色、银白色等）、不透明、硬度低、具延展性、有强的导电性和导热性。

由于质点联合力无方向性，因此矿物的解理不发育；又由于元素原子量大，质点排列紧密，因此矿物相对密度大；化学性质稳定（铜、银除外），多见于砂矿中。

（2）原子晶格的矿物（如金刚石）。晶格质点之间以共价键结合，因此表现为金属光泽、无色透明（不含杂质）、硬度高、熔点高、不导电。

（3）分子晶格的矿物（如自然硫）。晶格中原子间以共价键结合成分子，分子之间以分子键结合。它们的光学、电学性质取决于分子内的键力，而力学性质取决于分子间的键力，因此，导电性弱，硬度小，熔点低。

2.2.1.2 硫化物和类似化合物

硫化物是金属或半金属元素与硫结合而成的天然化合物。已发现的硫化物矿物有300多种，由约26种造矿元素组成，绝大多数是热液作用的产物，表生作用亦有产出。常形成具有工业意义的矿床。

自然界中硫元素在不同的氧化还原条件下呈现不同的氧化状态：$S^{2-} \rightarrow [S_2]^{2-} \rightarrow S^0 \rightarrow S^{4+} \rightarrow S^{6+}$。硫化物中阴离子硫可以具有不同的价态，大部分硫以 S^{2-} 的形式与阳离子结合，亦能以对硫离子 $[S_2]^{2-}$ 的形式与阳离子结合，还能与半金属元素 As、Sb 组成络阴离子团 $[AsS_3]^{3-}$、$[SbS_3]^{3-}$ 等形式与阳离子结合形成硫的类似化合物。阳离子主要是铜型离子以及接近铜型离子的过渡型离子，主要是 Cu、Pb、Zn、Ag、Hg、Fe、Co、Ni 等。本类矿物类质同象代替非常广泛，在阳离子或阴离子之间都可有类质同象产生。阴离子 S、Se、Te、As、Sb、Bi 之间常发生完全的或不完全的类质同象。特别是在硫化物中，一些稀有分散元素往往呈类质同象混入物存在。例如，Re 常在辉钼矿中作为类质同象混入物代替 Mo，但它很少与硫组成独立矿物。这些硫化物矿物可作为稀有金属矿床综合利用，因而具有重要的经济价值。

硫化物的晶体结构常可认为是硫离子做最紧密堆积，阳离子位于四面体或八面体空隙，因此，金属阳离子的配位多面体很多是八面体、四面体或一些畸变的多面体。由于阳离子为亲铜元素，极化能力强，电负性中等，而阴离子硫易被极化，电负性较小，因而阴阳离子电负性差较小，致使硫化物的化学键体现为离子键向共价键的过渡，且以共价键为主；同时，由于硫离子的半径较大，因此常常带有金属键的成分。简单硫化物对称程度较高，多数为等轴晶系或六方晶系，少数为斜方、单斜晶系；对硫化物的对称程度由于对硫离子的定向性而略有降低；组成复杂的硫盐矿物对称程度较低，主要是单斜和斜方晶系。

2.2.1.3 氧化物和氢氧化物

氧化物和氢氧化物矿物是一系列金属阳离子与 O^{2-} 或 OH^- 相结合的化合物。这类矿物约有 200 种，占地壳总质量的 17% 左右，其中石英族矿物就占 12.6%，铁的氧化物和氢氧化物占 3.9%。由于氧是地壳中分布量最多的元素，因此与氧直接有关的氧化物和氢氧化物，特别是石英、磁铁矿、钛铁矿等氧化物在地壳中广泛产出。它们中有的是主要造岩矿物，如最常见的石英；有的是工业上提取特种金属和稀有金属的主要矿物原料；有的矿物的晶体可直接为工业所利用，如因硬度高而做仪表轴承或研磨材料的刚玉，以及因具压电性而用于无线电工业的石英晶体。

阳离子主要是惰性气体型离子（如 Si、Al 等）和性质接近惰性气体型离子的过渡型离子（如 Fe、Mn、Ti、Cr 等），以及少量铜型离子（如 Cu、Sb、Bi、Sn 等）。此外，在少数氧化物中还含有水分子。本大类按阴离子可分为两类：氧化物类和氢氧化物类。本大类矿物成分中的类质同象替代现象比较广泛，在成分复杂的铌钽氧化物中类质同象尤为发育，化学性质相近的元素经常成组出现于同一矿物中。这一特点对稀有元素、放射性元素的综合利用具有重大意义。

由于 O^{2-} 的半径（0.132 nm）远大于与它相结合的阳离子，因此，绝大多数氧化物的晶体构造是 O^{2-} 做等大球体最紧密堆积（立方或六方），阳离子则位于 O^{2-} 形成的八面体或四面体空隙中，配位数分别为 6 和 4，构造都比较紧密。另外，多数氧化物，尤其是惰性气体型阳离子氧化物离子电位都比较高，各向联结力都很强，因此，氧化物类矿物的硬度均大于或接近于小刀，相对密度也普遍偏大，多数在 4 以上，解理普遍不发育。

对于氢氧化物类，由于阴离子主要为 OH^- 和 O^{2-}，此外还常含中性水分子，因此它的键力比氧化物要弱得多，而 OH^- 比 O^{2-} 体积更大，导致 OH^- 相邻阳离子之间的距离增大，从而使本类中较多的矿物具有氢键和氢氧键，结构中质点堆积的紧密程度下降，主要形成层状和链状结构。层状结构的构造是由两层 OH^- 或 O^{2-} 中间夹一层阳离子形成的比较牢固的所谓“三叠层”，层内属离子键，而三叠层间则以微弱的分子键相联结，如氢氧镁石 $Mg(OH)_2$，或以较弱的氢键相联结，如一水软铝石，其中以三水铝石 [$Al(OH)_3$]（图 2－5）的构造较为典型。

图2-5 三水铝石

2.2.1.4 卤化物

卤素化合物（简称卤化物）为金属元素阳离子与卤素元素（F、Cl、Br、I、At）阴离子相互化合的化合物。卤化物矿物约有120种，其中主要是氟化物和氯化物，而其他卤化物则极为少见。

卤化物矿物中阴离子主要为F^-、Cl^-、Br^-、I^-。阳离子主要为惰性气体型离子中的轻金属离子，如Na^+、K^+、Ca^{2+}、Mg^{2+}、Al^{3+}；其次为Rb^+、Cs^+、Sr^{2+}、Y^{3+}、TR^{3+}（指稀土元素）、Mn^{2+}、Ni^{2+}、Hg^+等离子碱金属和碱土金属；铜型离子Ag^+、Cu^{2+}、Pb^{2+}、Hg^{2+}极少见，仅在特殊地质条件下形成。某些矿物含附加阴离子OH^-及H_2O分子。

由于组成卤化物的离子的性质与矿物结构中所存在的键型不同，因此，各卤化物的物理性质也不尽相同。另外，组成卤化物的阴离子半径不相同（$I^- > Br^- > Cl^- > F^-$），显著影响着化合物形成时对阳离子的选择。其中，F^-半径最小，主要与半径较小的阳离子Ca^{2+}、Mg^{2+}等组成稳定的化合物，并且大多不溶于水；而Cl^-、Br^-、I^-的半径较大，它们总是与半径较大的阳离子K^+、Na^+等形成易溶于水的化合物。在硬度上，氟化物的硬度一般比氯化物、溴化物、碘化物大，其中，氟镁石的硬度为5，是本大类矿物中硬度最大的矿物。

卤化物的离子和物理性质：惰性气体型离子的卤化物矿物一般为无色或浅色，玻璃光泽，透明，硬度不大，解理发育，性脆，相对密度小，导电性差，折射率低，大多易溶于水。铜型离子的卤化物矿物常呈浅色，金刚光泽，透明度较低，相对密度较大，导电性强，具延展性，折射率高。氟化物性质较稳定，熔点和沸点高，硬度较大，溶解度低，大多不溶于水；Cl^-、Br^-、I^-的化合物熔点和沸点低，硬度较小，易溶于水。

2.2.1.5 含氧盐大类

含氧盐是各种含氧酸根的络阴离子与金属阳离子所组成的盐类化合物。络阴离子一般呈四面体、平面三角形等，具有比一般简单化合物的阴离子大得多的离子半径。络阴离子内部的中心阳离子一般具有较小的半径和较高的电荷，与其周围的O^{2-}结合的键力远大于O^{2-}与络阴离子外部阳离子结合的键力。因此，在晶体结构中，中心阳离子是独立的构造单位。络阴离子与外部阳离子的结合以离子键为主，因而含氧盐矿物具有离子晶格的性质，如通常为玻璃光泽，少数为金刚光泽、半金属光泽，不导电，导热性差；无水的含氧盐矿物一般具有较高的硬度和熔点，一般不溶于水。

根据络阴离子团种类的不同，含氧盐大类矿物可进一步分为碳酸盐、硫酸盐、磷酸盐、硅酸盐、钨酸盐、硼酸盐等类。

2.2.2 矿物的物理性质

每种矿物都有一定的物理性质，它主要取决于矿物本身的化学成分与内部结构。矿物的物理性质主要包括光学性质、硬度、磁性等。[4]

2.2.2.1 矿物的光学性质

1. 颜色

矿物颜色取决于其化学成分。不少矿物具有鲜艳的颜色，如孔雀石的绿色、蓝铜矿的蓝色、斑铜矿的古铜色等，对这些矿物来说，其颜色是最明显、最直观的物理性质，对鉴定矿物具有重要的实际意义。

矿物学中传统地将矿物的颜色分为自色、他色和假色三类。

自色指矿物自身所固有的颜色，如黄铜矿的铜黄色、孔雀石的翠绿色、贵蛋白石的彩色等。自色的产生与矿物本身的化学成分和内部构造直接相关。如果是色素离子引起呈色，那么，这些离子必须是矿物本身固有的组分（包括类质同象混入物），而不是外来的机械混入物。对于一种矿物来说，自色总是比较固定的，在鉴定矿物上具有重要的意义。

他色指矿物因含外来带色杂质的机械混入而呈现的颜色。如纯净的石英为无色透明，但由于不同杂质的混入，石英被染成紫色（紫水晶）、玫瑰色（蔷薇石英）、烟灰色（烟水晶）、黑色（墨晶）等。引起他色的原因主要是色素离子是作为一种机械混入物存在于矿物中，而不是矿物本身所固有的组分。显然，他色的具体颜色将随混入物组分的不同而异。因此，矿物的他色不固定，一般不能作为鉴定矿物的依据，而对于少数矿物可作为辅助依据加以考虑。

假色指矿物由某些物理原因所引起的颜色，而且这种物理过程的发生，不是直接由矿物本身所固有的成分或结构所决定的。例如，黄铜矿表面因氧化薄膜所引起的锖色（蓝紫混杂的斑驳色彩）；又如，白云母、方解石等具完全解理的透明矿物，由于一系列解理裂缝、薄层包裹体表面对入射光层层反射而造成干涉，可呈现如彩虹般不同色带组成的晕色。这种锖色、晕色都属于假色。假色只对某些特定的矿物具有鉴定意义。

矿物的颜色种类繁多，对颜色的描述应力求确切、简明、通俗，使人易于理解。通常人们用三种命名法：①标准色谱法。即用红、橙、黄、绿、蓝、紫以及白、灰、黑色来描述矿物的颜色或根据实际情况加上修饰词，如浅绿色、墨绿色等。②类比法。即与常见实物的颜色相类比。例如，描述具有非金属光泽矿物的颜色时，用橘红色、橙黄色、孔雀绿等；描述具有金属光泽矿物的颜色时，常与金属的颜色类比，如锡白色、铅灰色、铜红色、金黄色等。③二名法。因很多矿物呈现两种颜色的混合色，故可用两种色谱的颜色来命名，其中主要颜色写在后面，次要色调写在前面，如黄绿色是以绿色为主。

2. 条痕

矿物的条痕是指矿物粉末的颜色。一般是将矿物在白色无釉瓷板上刻画后，观察其留在瓷板上的粉末的颜色。矿物的条痕可以消除假色，减弱他色，因而比矿物颜色更稳定。在鉴定各种彩色或金属色的矿物时，条痕色是重要的鉴定特征之一。如赤铁矿的颜色可呈铁黑色，也可呈钢灰色，但其条痕总是樱红色，由此利用其条痕可准确鉴定。然而，浅色矿物（如方解石、石膏等）的条痕色为白色或近于白色，难以作为鉴定矿物的依据，因而无鉴定意义。

有些矿物由于类质同象混入物的影响，条痕色发生变化。如闪锌矿（Zn、Fe）当含铁量高时，条痕呈褐黑色；当含铁量低时，条痕则呈淡黄色或黄白色。由此可见，某些矿物随着成分的变化，条痕色也稍有变化。因此，根据条痕色的细微变化，可大致了解矿物成分的变化。在实际观察矿物的条痕色时，要注意寻找矿物的新鲜面以及将需要鉴定的矿物颗粒在瓷板上刻画，以获得良好的效果。

3. **光泽**

矿物的光泽是指矿物表面对光的反射能力，也就是可见光照射到矿物新鲜面上之后反射出来的光线强度。一般来说，矿物表面反射出来的光线越多，透射到矿物内部的光线则越少，矿物就越不透明，光泽也就越强；反之，透射到矿物内部的光线越多，矿物的透明度就越好，矿物的光泽也就越弱。肉眼鉴定时，常配合条痕、透明度来判别光泽等级。

矿物的光泽按反射率 R 的大小可分四级：

(1) 金属光泽，$R>25\%$。矿物呈金属般的光泽，具金属色，条痕为黑色、灰黑、绿黑或金属色，不透明，如自然金、黄铁矿、方铅矿等。

(2) 半金属光泽，R 为 19%～25%。矿物呈弱金属般的光泽，条痕为深色（棕色、褐色），不透明，如铬铁矿、黑钨矿等。

(3) 金刚光泽，R 为 10%～19%。矿物表面如同金刚石般光亮，条痕为浅色（浅黄、橘黄、橘红）或无色，透明至半透明，如金刚石、辰砂、雌黄等。

(4) 玻璃光泽，R 为 4%～10%。矿物表面如同玻璃般光亮，条痕无色或为白色，透明，如石英、长石、方解石等。

当矿物表面不平坦或呈集合体时，由于光产生多次折射和散射，形成一些特殊的光泽，因此它们可与一些实物的光泽相类比。

(1) 油脂光泽和树脂光泽。前者是指矿物表面呈现油脂似的光泽，后者是指矿物表面呈现树脂那样的光泽。油脂光泽适用于对颜色较浅矿物的描述，如石英、霞石等；树脂光泽则适用于对颜色较深矿物的描述，特别是呈黄棕色的矿物，如浅色闪锌矿等。这两种光泽都出现在一些透明矿物的断口面上，这是由于反射面不很光滑，部分光发生漫反射。

(2) 珍珠光泽。指矿物呈现如同珍珠表面或蚌壳内壁那种柔和而多彩的光泽，如石膏、云母解理面上的光泽。珍珠光泽都出现在片状解理很发育的浅色透明矿物解理面上，是由光的反射、干涉造成的。

(3) 丝绢光泽。指透明矿物呈纤维状集合体时，表面所反射的那种光泽。

(4) 蜡状光泽。指矿物呈现蜡烛表面般的光泽，如致密块状叶蜡石的光泽。这种光泽多出现在透明矿物的隐晶质或非晶质致密块体上，它比油脂光泽更暗一些。

（5）土状光泽。指矿物表面光泽暗淡如土，如高岭石的光泽。土状光泽都出现在呈粉末状或土状集合体表面上。

4. **透明度**

矿物的透明度是指矿物可以透过可见光的程度。透明度的大小可以用透射系数 Q 表示。若进入矿物的光线强度为 I_0，当透过 1 cm 厚的矿物时，其透射光的强度为 I，则 I/I_0 的值称为透射系数。透射系数 Q 大，则矿物透明；反之，矿物半透明或不透明。矿物的透明度取决于矿物的化学成分与内部构造。例如，具有金属键的矿物（如自然金、自然铜等），由于含有较多的自由电子，对光波的吸收较多，禁带值（与材料能量相关的性质）小于可见光的能量，因而透过的光就少，透明度很低；反之，一些离子键或共价键的矿物（如冰洲石、金刚石等）由于不存在自由电子，禁带值大于可见光的能量，因而透过大量的光，透明度较高。

矿物的透明与否不是绝对的，例如，自然金本是不透明矿物，但金箔能透过一部分的光。因此，在研究矿物透明度时，应以同一厚度为准。

根据矿物为岩石薄片（其标准厚度为0.03 mm）时透光的程度，可将矿物的透明度分为以下三种：

（1）透明。矿物为0.03 mm厚的薄片时能透光，如石英、长石、角闪石等。

（2）半透明。矿物为0.03 mm厚的薄片时透光能力弱，如辰砂、锡石等。

（3）不透明。矿物为0.03 mm厚的薄片时不能透光，如方铅矿、黄铁矿、磁铁矿等。

在肉眼鉴定矿物时，透明度难以精确度量，常与矿物条痕色配合来判断矿物的透明度：对于不透明矿物，其条痕色常为黑色或金属色；半透明矿物的条痕则呈彩色；透明矿物的条痕常呈无色或白色。

2.2.2.2 矿物的力学特征

矿物的力学特征是指矿物受外力作用时所表现的特性。矿物的力学性质主要表现在硬度、解理、断口和韧性等方面。

1. **硬度**

矿物的硬度是指矿物对外力作用的抵抗能力。一般用两种不同矿物相互刻画来比较矿物的相对硬度。1822 年，德国矿物学家腓特烈 · 摩斯（Frederich Mohs）选择了十种硬度不同的矿物做标准，将硬度分为十级，即所谓的莫氏硬度，见表 2－2。

表 2－2　矿物的十级硬度划分

等级	1	2	3	4	5	6	7	8	9	10
标准矿物	滑石	石膏	方解石	萤石	磷灰石	正长石	石英	黄玉	刚玉	金刚玉

以上硬度顺序可以简记为：滑（石）石（膏）方，萤磷长，石英黄玉刚玉刚（金刚玉）。

以上十种标准矿物等级之间只表示硬度的相对大小，各级之间硬度的差异不是均等的。在野外工作时还可以利用指甲（硬度 2.5 左右）、小刀（硬度 5.5 左右）等代替硬度计。据此，可以把矿物硬度粗略分成软（硬度小于指甲）、中（硬度大于指甲、小于小刀）、硬（硬度大于小刀）三等。

2. 解理和断口

在力的作用下，矿物晶体沿一定方向发生破裂并产生光滑平面的性质称为解理，沿一定方向裂开的面称为解理面。如果矿物受力后不是按一定方向破裂，破裂面呈不规则形状，则称为断口。无解理的矿物受敲打时形成断口破裂面，如石英的破裂面是不规则的，多呈贝壳状断口。有解理的矿物受敲打时经常沿一定方向裂开，形成有规则的解理面，如方解石可以沿三个方向裂开，形成小菱形碎块。矿物的解理可能有一个方向，也可能有几个方向。如石墨只有一个方向，称为一向解理（图 2－6）；普通角闪石的解理有两个方向，称为二向解理；石盐晶体和方解石为三向解理；闪锌矿为六向解理；等等。不同矿物不仅解理方向不同，而且解理程度也不同。根据劈开的难易程度和肉眼观察解理面的光滑情况，可将解理分为五种：①极完全解理（云母、石膏等）；②完全解理（方解石、石盐等）；③中等解理（角闪石、辉石等）；④不完全解理（磷灰石等）；⑤极不完全解理或无解理（石英、磁铁矿等）。不同矿物的解理性质不同，而同种矿物的解理方向和解理程度总是相同的，因此，解理是鉴定矿物的重要特征之一。

矿物的断口主要依据所呈现的形态来描述。常见的有以下四种：

（1）贝壳状。断口呈现圆形或椭圆形的面，具有以受力点为圆心的不是很规则的同心条纹，形似贝壳状，如石英的贝壳状断口等。

（2）锯齿状。断口呈尖锐的锯齿状。延展性很强的矿物具有此种断口，如自然铜等。

（3）参差状。断口面参差不齐、粗糙不平。大多数脆性矿物具有这种

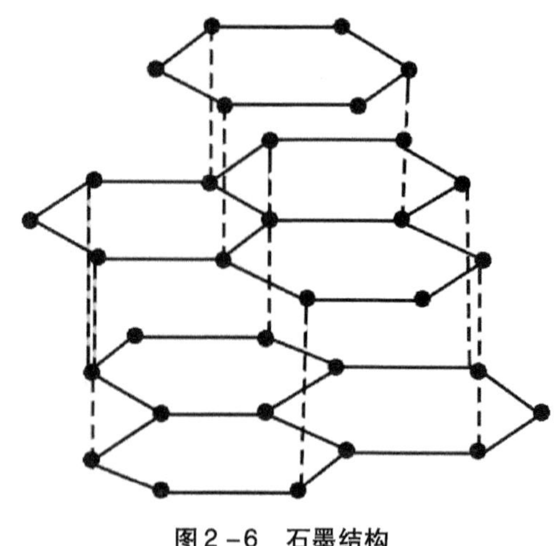

图2-6　石墨结构

断口，如磷灰石等。

(4) 土状。断口面粗糙，呈粉末状。为土状矿物所特有，如高岭石等。

矿物的解理与断口出现的难易程度是互为消长的。断口与解理不同，它既可发生于晶体矿物，也可发生于非晶质矿物。断口可用来作为鉴定矿物的一种辅助特征。

3. **韧性**

矿物抵抗切割、锤击、弯曲、拉引等外力作用的能力称为韧性。韧性根据表现形式又可分为脆性、延展性、弹性（能屈能伸的性质，如云母）和挠性（能屈而不能伸的性质，如绿泥石）等。

2.2.2.3　矿物的其他物理性质

1. **磁性**

矿物的磁性指的是矿物在外磁场作用下所呈现的被外磁场吸引、排斥和对外界产生磁场的性质。矿物的磁性主要是由组成元素的电子构型和磁性结构所决定。

根据磁化率的大小，矿物的磁性可分为抗磁性、顺磁性及铁磁性三种。

(1) 抗磁性。矿物在外磁场作用下，只有很弱的感应磁性，其磁化方向与外磁场方向相反，磁化率很小，为负值，表现为受磁场的排斥。当磁场移去，抗磁性即消失。这种矿物能被永久磁铁所排斥，如方解石、石盐、自然银等。

（2）顺磁性。矿物在外磁场作用下，产生的感应磁性稍大，其磁化方向与外磁场方向相同，磁化率不大，为正值，表现为受磁场的吸引。通常是由矿物组成中含有微量过渡金属元素所引起。这类矿物较多，它们不能被永久磁铁吸引，但可被强的电磁铁吸引，如角闪石、电气石、辉石等。

（3）铁磁性。当具有磁矩的原子或离子之间存在很强的相互作用时，在低于一定温度和无外磁场的情况下，它们的磁矩在一定区域内按一定的方向有序排列，也就是说，它们具有自发磁化的性质，因此磁化率较大。属于铁磁性的矿物很少，有磁铁矿、磁黄铁矿等，它们均具有较高的正磁化率值，一般为几千。

2. 导电性

导电性是指矿物对电流的传导能力。由于矿物内部构造不同，因此在导电性方面也不相同。根据导电性的大小，矿物分为良导体、半导体和非导体三种。金属矿物一般都是良导体，如黄铁矿、磁黄铁矿、辉钼矿、方铅矿等；绝大多数非金属矿物属于非导体，其中云母为最好的非导体；介于二者之间的属于半导体。

3. 发光性

发光性是指矿物在外来能量（如紫外线照射）的激发下发出可见光的现象。矿物在激发期间发光，激发中止，发光也中止的现象称为荧光，如白钨矿在紫外灯照射下发出浅蓝色荧光；激发中止后尚发光一段时间的现象称为磷光，如含镧系元素的磷灰石可发出彩色的磷光。

4. 密度

矿物的密度是指矿物单位体积的质量，单位为 g/cm^3。矿物密度的大小主要取决于矿物的化学成分和内部构造。因为矿物的化学成分和内部构造是一定的，所以每种矿物的密度也基本上是一定的，可以用密度作为区别矿物的指标之一。矿物按密度可以分为重、中等和轻三个相对等级：密度在 2.5 g/cm^3 以下者为轻矿物，如石墨（2.5 g/cm^3）、自然硫（2.05～2.08 g/cm^3）、石盐（2.1～2.5 g/cm^3）、石膏（2.3 g/cm^3）等；密度在 2.5～4.0 g/cm^3 之间者为中等密度矿物，大多数矿物属于此级，如石英（2.65 g/cm^3）、斜长石（2.61～2.76 g/cm^3）、萤石（3.18 g/cm^3）、金刚石（3.58 g/cm^3）等；密度在 4.0 g/cm^3 以上者为重矿物，如重晶石（4.3～4.7 g/cm^3）、磁铁矿（4.6～5.2 g/cm^3）、方铅矿（7.4～7.6 g/cm^3）、自然金（14.6～18.3 g/cm^3）等。

2.2.3 矿物的鉴别

矿物的鉴别主要分为以下两个步骤：

第一步是地质工作者根据矿物的外形和物理性质进行肉眼鉴定。其主要依据是：[5]①形状。由于矿物的化学组成和内部结构不同，形成的环境也不一样，往往具有不同的形状。凡是原子或离子在三度空间按一定规则重复排列就形成晶体，晶体可呈立方体、菱面体、柱状、针状、片状、板状等。矿物的集合体可呈放射状、粒状、葡萄状、钟乳状、鲕状、土状等。②颜色。颜色是矿物对光线的吸收、反射的特性。不同的矿物往往具有各自特殊的颜色，有许多矿物就是以颜色命名的，它对鉴定矿物、寻找矿产以及判别矿物的形成条件都有重要意义。③条痕。由于矿物粉末可以消除一些杂质造成的假色，因此，条痕的颜色更能真实地反映矿物的颜色。④光泽。光泽的强弱主要取决于矿物折射率、吸收系数和反射率的大小。⑤硬度。⑥解理和断口。此外，还可以根据矿物的韧性、密度、磁性、电性、发光性等特征来鉴别矿物。

第二步是在室内运用一定的仪器和药品对矿物进行分析和鉴定。有偏光显微镜鉴定法、化学分析法、X 射线分析法、差热分析法等。[6]

2.3 岩浆岩

2.3.1 岩浆岩的概念及成因

岩浆岩亦称为火成岩，是岩浆侵入地壳或喷出地表后冷凝而成的岩石，是组成地壳的主要岩石［图 2－7 为意大利维苏威山（公元 79 年喷发）］。岩浆岩分为侵入岩和喷出岩两种。前者由于在地下深处冷凝，故结晶好，矿物成分一般肉眼即可辨认，常为块状构造，按其侵入部位深度的不同可分为深成岩和浅成岩；后者为岩浆突然喷出地表，在温度、压力突变的条件下形成，矿物不易结晶，常具隐晶质或玻璃质结构，一般矿物肉眼较难辨认。常见的岩浆岩有花岗岩、花岗斑石、流纹岩、正长石、闪长石、安山石、辉长岩和玄武岩等。[2]

图2－7　维苏威山（意大利，公元79年喷发）

2.3.1.1　原生岩浆

20世纪30年代以来，岩石学家对原生岩浆的种类提出不同看法，概括起来可分为一元论、二元论和多元论。

1928年，加拿大科学家鲍文提出自然界中仅有一种玄武岩浆，其他的所有岩浆都是由玄武岩浆通过结晶分异而派生的，这就是所谓的一元论观点。随着对地质认识的深入，广大地质工作者发现，地壳中分布最广泛的是酸性岩（花岗岩），如果酸性岩都来自玄武岩浆，那么应该见到基性岩的量多于酸性岩，这与事实不符。

20世纪30年代，以苏联的列文生－列信格及美国的戴里为代表的岩石学家提出了二元论观点。他们认为，自然界中存在两种岩浆，一种是玄武岩浆，一种是花岗岩浆。他们的根据是，在自然界，玄武岩与花岗岩分布最为广泛。此外，他们根据地球物理及地震资料中认为的地壳主要由硅镁层和硅铝层组成，而它们相当于玄武质和花岗质成分，由此认为，在整个地质时期，存在着熔融产生的花岗岩浆与玄武岩浆。

近年来，通过对全球构造学、岩理学、高温高压实验、地球化学及地球物理的研究，科学家们在有关岩浆成因方面积累了大量的资料，多元论的观点逐渐被人们所接受。多元论的理论基础是，原生岩浆的组成取决于源区岩石的物质成分、物理化学条件、岩浆的熔融程度以及岩浆产生地区的构造条件。由于上述条件发生变化，原生岩浆的种类不可能仅一两种。目前，多数人认为超基性的金伯利岩浆、基性的玄武岩浆、中性的安山岩浆、中酸性的花岗闪长岩浆、酸性的花岗岩浆等都可能是原生岩浆。

2.3.1.2 岩浆岩的形成

对岩浆冷凝之后的岩石成分进行分析，发现主要岩浆岩岩石有几十种，而已命名的则有上千种，但这并不意味着自然界存在如此之多种类的原生岩浆，因为原生岩浆在侵入、冷凝成岩过程中经历了复杂的演化，主要表现为分异作用和同化混染作用。

1. **分异作用**

岩浆的分异作用是指原来成分均一的岩浆在没有外来物质加入的情况下，依靠本身的演化，最终产生不同组分的岩浆的全部过程。在自然界中，经常见到在岩浆岩中形成了在化学成分上逐渐变化的连续岩石系列，一般认为这种现象是由分异作用产生的。分异作用可以发生在岩浆尚未上升之前，也可以发生在岩浆上升的过程中。分异作用主要有熔离作用、结晶分异作用和气化分异作用三种。

（1）熔离作用。原来成分均匀的岩浆，在温度降低的情况下，分成成分不同、相互不混溶的两种（或几种）岩浆，这种作用称为熔离作用，也称为分液作用。

（2）结晶分异作用。在岩浆的缓慢侵入、冷凝过程中，各种组分因熔点不同，不能同时结晶出来，而是遵循一定的先后顺序。先结晶的矿物中，密度大的（重的）下沉，密度小的（轻的）上浮，由此与未结晶的残余岩浆分开，这种按一定顺序结晶而从岩浆中逐渐分离的过程称结晶分异作用。结晶分异和熔离作用都是重力因素造成的，但前者是结晶体下沉，而后者是熔体下沉。在时间上，熔离分异往往早于结晶分异。在结晶分异过程中，暗色矿物密度大而下沉，浅色矿物密度小而上升。结晶分异的结果，一些密度大的暗色矿物在下部增多，暗色矿物与对应的浅色矿物同时结晶，如辉石与拉长石同时结晶形成辉长岩，角闪石与中长石形成闪长岩。

（3）气化分异作用。岩浆中所含的气体，特别是挥发分，对于岩浆的分异作用有着重要的影响。挥发分比较活泼，可以运移某些组分，如 K、Na、Al、Si 等，结果这些组分相对地集中在岩浆的上部，使熔体上部偏酸性，同时形成含挥发分较多的一些矿物，如电气石、磷灰石、萤石、黑云母、角闪石、沸石等。

2. **同化混染作用**

岩浆在上升或停留于岩浆房期间，除与围岩具有热交换外，还可能与围岩发生物质交换，其结果是熔化围岩和捕虏体，或与之发生反应，从而使岩浆的成分发生变化，这一过程称为同化混染作用。若岩浆把围岩彻底熔化或溶解，使之与岩浆完全均一，则称为同化作用；若熔化或溶解不彻底，不同程度地保留着围岩的痕迹，则称为混染作用。同化与混染作用经常是密切相关的。同化混染作用的方式、规模以及强度取决于岩浆和围岩的热状态和组成。

2.3.2 岩浆岩的矿物成分

组成岩浆岩的矿物常见的只有十几种，这些矿物称为主要造岩矿物。详情见表2－3。

表2－3 常见岩浆岩的矿物成分

造岩矿物	花岗岩	正长岩	花岗闪长岩	闪长岩	辉长岩	纯橄榄石
石英	25%	—	12%	2%	—	—
霞石	—	—	—	—	—	—
正长石	40%	72%	15%	3%	—	—
更长石	25%	12%	—	—	—	—
中长石	—	—	46%	64%	—	—
拉长石	—	—	—	—	65%	—
黑云母	5%	2%	3%	5%	1%	—
角闪石	1%	7%	13%	12%	3%	—
单斜辉石	—	4%	—	8%	14%	—
斜方辉石	—	—	—	3%	6%	2%
橄榄石	—	—	—	—	7%	95%
磁铁矿	2%	2%	1%	2%	2%	3%
钛铁矿	1%	1%	—	—	2	—
磷灰石	微量	微量	微量	微量	—	—
榍石	微量	微量	微量	微量	—	—
色率	9%	16%	18%	30%	35%	100%

2.3.2.1 硅铝矿物和铁镁矿物

常见造岩矿物根据其化学成分特点，可以分为以下两类：①硅铝矿物。硅铝矿物中 SiO_2 与 Al_2O_3 的含量较高，不含 FeO、MgO。包括石英类、长石类及似长石类。这些矿物的颜色较浅，故又称为浅色或淡色矿物。②铁镁矿物。铁镁矿物中 FeO 与 MgO 的含量较高，SiO_2 含量较低。包括宝矿橄榄石类、辉石类、角闪石类及黑云母类等。这些矿物的颜色一般较深，故又称为深色或暗色矿物。暗色矿物和淡色矿物在岩浆岩中的比例是岩浆岩鉴定和分类的重要标志之一。岩浆岩中暗色矿物的含量（体积分数）通常称为色率，又称为颜色指数。根据岩浆岩的色率可大致推知岩石的化学性质，并可判断它们大概属于哪一类岩石。

2.3.2.2 主要矿物、次要矿物、副矿物

不同类型的岩石中矿物的含量不同。按照矿物在岩浆岩中的含量和在岩浆岩分类中的作用，可分为主要矿物、次要矿物和副矿物三类。

（1）主要矿物指在岩石中含量多，并在确定岩石大类名称上起主要作用的矿物。例如，一般花岗岩的主要矿物是石英和长石，没有石英或石英含量不够，则岩石为正长岩类；没有长石，则为石英岩或脉石英。因此，对花岗岩来说，石英和长石都是主要矿物。

（2）次要矿物指在岩石中含量少于主要矿物，对于划分岩石大类虽不起作用，但对确定岩石种属起一定作用的矿物，其含量一般小于15%。如闪长岩中石英含量达5%，可称为石英闪长岩；石英含量小于5%或无石英，则称为闪长岩。二者均属闪长岩大类。对闪长岩来说，石英不影响大类名称，是次要矿物。次要矿物的存在是岩石化学特征的反映，如石英闪长岩的 SiO_2 含量比闪长岩的要高些，是中性岩中偏酸性的变种。可见，次要矿物在详细划分岩石种属的时候是有意义的。

（3）副矿物在岩石中的含量很少，通常不到1%，因此，在一般岩石分类命名中不起作用，如磷灰石、榍石、磁铁矿等都是副矿物。虽然如此，岩石中副矿物的种类、含量、表型特征、所含微量元素等，对于了解岩体的形成条件，对比不同岩体，确定岩体时代，以及对于某些稀有元素的普查找矿等，都有很重要的意义。当然，在研究这类问题时，需要对岩石做专门的岩矿鉴定工作。

2.3.3 岩浆岩的结构和构造

2.3.3.1 岩浆岩的结构

岩浆岩的结构是指组成岩石中物质的结晶程度、颗粒大小、自形程度及颗粒间的相互关系。根据上述定义，可以从结晶程度、矿物颗粒大小、矿物的自形程度和颗粒间的相互关系等方面来认识和描述岩石结构。

1. **结晶程度**

结晶程度是指岩石中结晶物质和非结晶玻璃物质含量的比例。按结晶程度可将岩浆岩结构分为全晶质、半晶质和玻璃质三类，如图 2－8 所示。

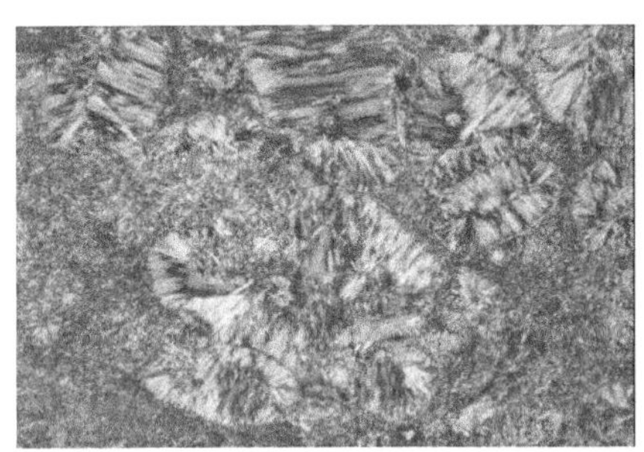

（a）全晶质结构

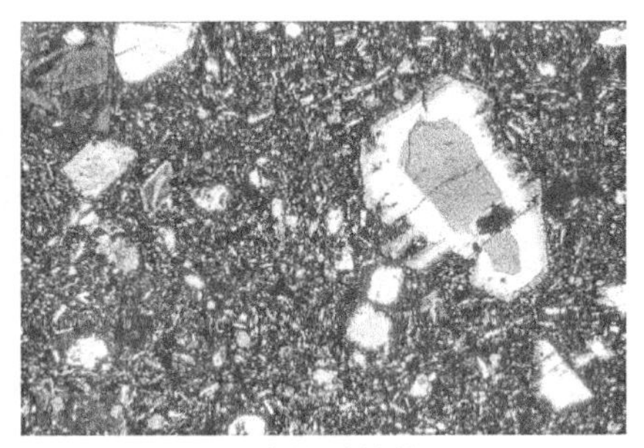

（b）半晶质结构

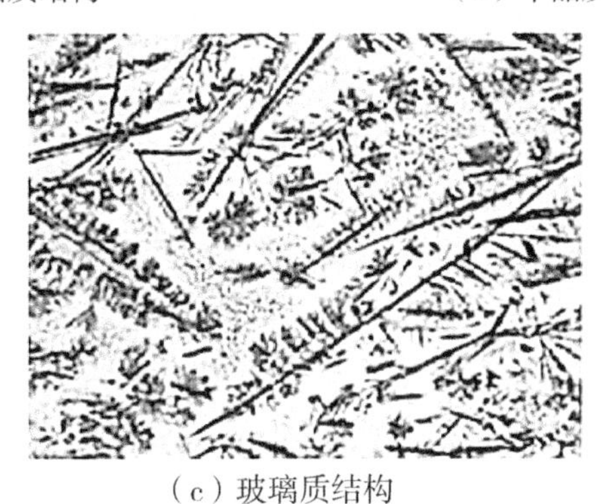

（c）玻璃质结构

图 2－8　按结晶程度划分岩浆岩的结构

（1）全晶质结构。岩石全部由已结晶的矿物组成。这是岩浆在温度下降缓慢的条件下结晶而成的，这类岩石多见于深成的侵入岩中。

（2）半晶质结构。岩石由结晶物质和玻璃质两部分组成。多见于喷出岩和浅成岩中。

（3）玻璃质结构。岩石全部由玻璃质组成。这是岩浆迅速上升至地表或近地表时，温度骤然下降到岩浆的平衡结晶温度以下而来不及结晶所形成的。

2. 矿物颗粒的大小

岩石中矿物颗粒大小可分为矿物颗粒的绝对大小和相对大小。根据主要矿物颗粒的绝对大小，可将岩浆岩的结构分为隐晶质结构和显晶质结构；根据矿物颗粒的相对大小，可将岩浆岩的结构分为等粒、不等粒、斑状、似斑状结构。

（1）隐晶质结构。一般来说，颗粒粒径 $d<0.02$ mm。

显微晶质结构：借助显微镜能够辨认；显微隐晶质结构：借助显微镜仍不能够辨认。

（2）显晶质结构。指肉眼能分辨出矿物颗粒的结构。根据粒径 d 的大小又可分为：①粗粒结构，$d>5.0$ mm；②中粒结构，d 为 2.0～5.0 mm；③细粒结构：d 为 0.2～2.0 mm；④微粒结构，$d<0.2$ mm。

$d>10$ mm 的矿物，可称为巨晶；$d>30$ mm 的矿物则称为伟晶。

3. 矿物的自形程度

矿物的自形程度是指组成岩石的矿物的形态特点。根据岩石中矿物的自形程度，可以将岩浆岩分为以下三种不同的结构：

（1）自形粒状结构。指组成岩石的矿物颗粒按自己的结晶习性，发育成被规则的晶面所包围的自形晶，如图 2－9（a）所示。这种结构说明岩浆中矿物结晶中心少，结晶时间长，有足够的空间，或者矿物结晶能力强。

（2）半自形粒状结构。指组成岩石的矿物颗粒按结晶习性发育一部分规则的晶面，其他的晶面发育不好而呈不规则的形态，如图 2－9（b）所示。

（3）它形粒状结构。指组成岩石的矿物颗粒多呈不规则的形态——它形晶，找不到完整规则的晶面，如图 2－9（c）所示。这种结构结晶中心较多，矿物颗粒几乎同时结晶，是在没有足够的结晶时间和空间的条件下形成的。

4. 岩石颗粒的相互关系

根据组成岩石颗粒的相互关系，可将岩浆岩划分为多种结构类型，但肉眼下常见的有条纹结构和文象结构两种。

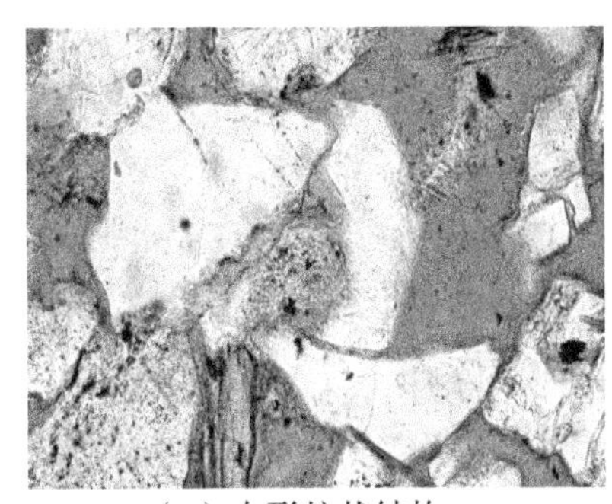

(a) 自形粒状结构

(b) 半自形粒状结构

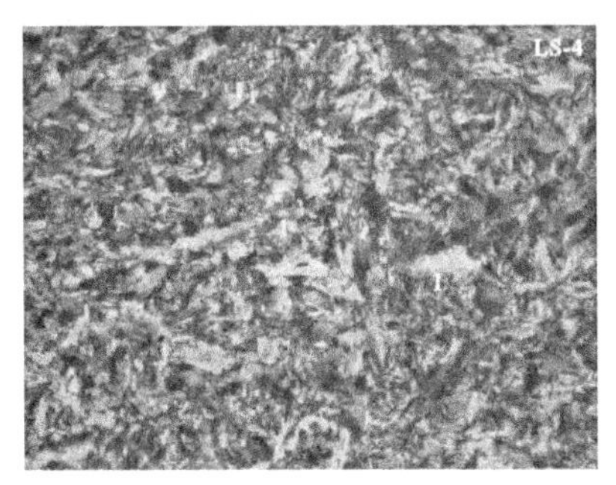

(c) 它形粒状结构

图2-9　按矿物的自形程度划分岩浆岩的结构

(1) 条纹结构。主要见于条纹长石，表现为钾长石和钠长石有规律地交生，如图2-10 (a)所示。

(2) 文象结构。指岩石中石英和钾长石成有规律共生的一种结构，这两种矿物互结成楔形连晶，似楔形文字。肉眼可见的称为文象结构，镜下才

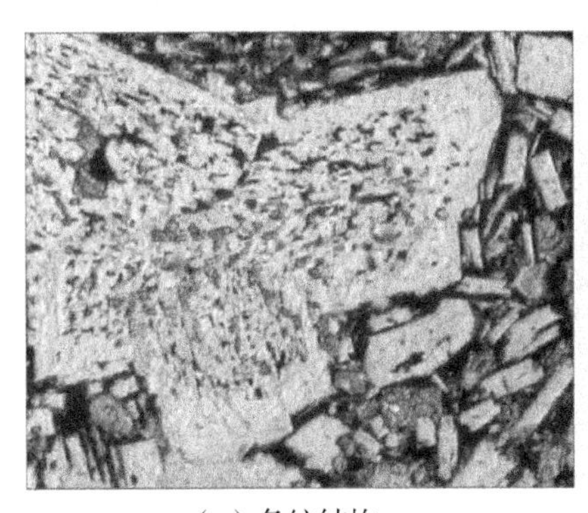

(a) 条纹结构

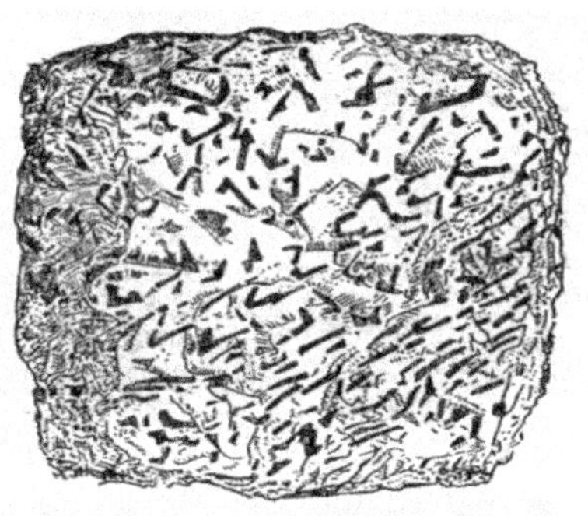

(b) 文象结构

图2-10　按岩石颗粒的相互关系划分岩浆岩的结构

能见到的称为显微文象结构，如图 2－10（b)所示。

2.3.3.2　岩浆岩的构造

岩浆岩的构造是指岩石中不同矿物集合体之间或矿物集合体与其他组成部分之间的排列、充填方式等。岩浆岩的构造类型常见的有侵入岩构造和喷出岩构造两种。

1. 侵入岩构造

（1）块状构造。这是侵入岩中较常见的构造，其特点是岩石在成分和结构上是均匀的，往往反映了静止、稳定的结晶作用，如图 2－11（a）所示。

（2）带状构造。岩石在垂向上出现矿物组合、含量、粒度、形态的交替变化，形成带状结构，类似于沉积岩的层理。这种结构形成于结晶条件发生周期性变化或因结晶分异发生堆晶作用时，如图 2－11（b)所示。

（3）斑杂构造。斑杂构造的岩石不同部位的颜色、矿物成分或结构构造有很大差别。这种结构形成于岩浆的多次脉冲侵入或同化混染围岩物质的情况。

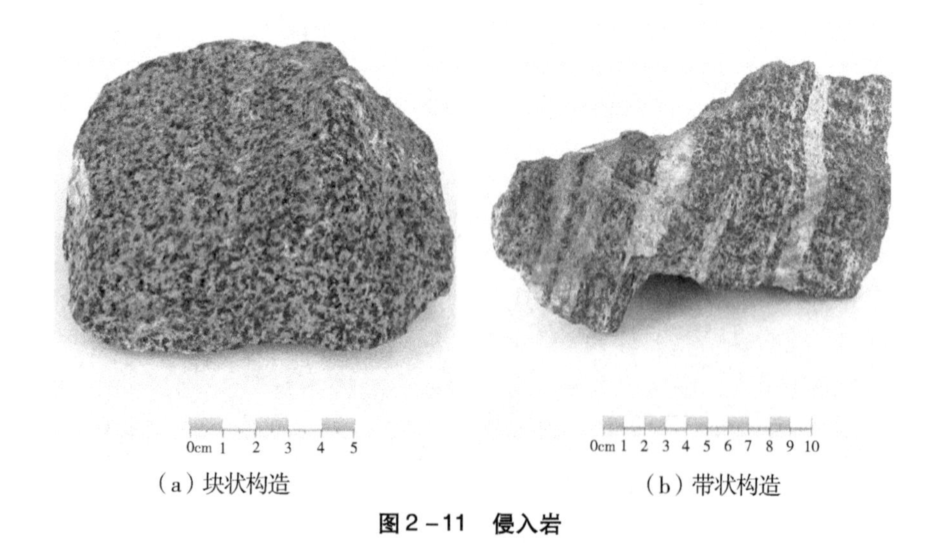

（a）块状构造　（b）带状构造

图 2－11　侵入岩

2. 喷出岩构造

（1）气孔构造和杏仁构造。这是喷出岩中常见的构造。由于岩浆迅速冷却凝固而挥发分被保留在岩石中形成空洞，为气孔构造，如图 2－12（a）

所示。当气孔被岩浆期后矿物所充填时，其充填物宛如杏仁，故称为杏仁构造，如图 2－12 (b)所示。

(2) 流纹构造。这是由不同颜色和不同成分的条纹、条带粒、雏晶定向排列，以及拉长的气孔等表现出来的一种流动构造，如图 2－12 (c)所示。

(3) 珍珠构造。主要见于酸性火山玻璃中，由玻璃质冷却收缩所形成。其特征是形成一系列圆弧形裂缝。

(4) 枕状构造。海底溢出的熔岩或陆地流入海水中的熔岩遇水淬冷，形成枕状的熔岩体，称为枕状体，这些枕状体被沉积物、火山物质胶结起来，就形成枕状构造。枕状体具玻璃质冷凝边，当水体深度不深时，内部有呈同心层状或放射状分布的气孔，中部有空腔，如图 2－12 (d)所示。

(a) 气孔构造　(b) 杏仁构造

(c) 流纹构造　(d) 枕状构造

图 2－12　喷出岩构造

2.3.4 岩浆岩的分类

自然界的岩浆岩种类很多，目前统计的岩石名称有1000多种。为了正确认识各类岩石间的差异与联系且便于实际应用，对岩浆岩进行系统的科学分类是很有必要的。岩浆岩的分类方法有很多，这里仅介绍适用于手标本的分类。岩浆岩的分类一般是根据其化学成分、矿物成分、产状及结构构造等方面来考虑。

2.3.4.1 按化学成分分类

在划分岩浆岩类型时，岩石化学成分中的酸度和碱度是主要考虑因素之一。岩石的酸度是指岩石中含有 SiO_2 的质量分数。通常，SiO_2 含量高，酸度也高；SiO_2 含量低，酸度也低。而岩石酸度低，说明它的基性程度比较高。SiO_2 是岩浆岩中最主要的一种氧化物，因此，它的含量有规律地变化是岩浆岩分类的主要基础。根据酸度，也就是 SiO_2 含量，可以把岩浆岩分成四大类：超基性岩、基性岩、中性岩和酸性岩。

岩石的碱度是指岩石中碱的饱和程度，它与碱含量的多少有一定的关系。通常把 Na_2O 和 K_2O 的质量分数之和称为全碱含量。每一大类岩石都可以根据碱度大小划分出钙碱性岩、碱性岩和过碱性岩三种类型。全碱含量小于3.3时，为钙碱性岩；在3.3～9.0之间时，为碱性岩；大于9.0时，为过碱性岩。

2.3.4.2 按矿物成分分类

岩浆岩中常见的一些矿物，它们的成分和含量由于岩石类型的不同而发生有规律的变化。如石英、长石呈白色或肉色，为浅色矿物；橄榄石、辉石、角闪石和云母呈暗绿色、暗褐色，为暗色矿物。通常，超基性岩中没有石英，长石也很少，主要由暗色矿物组成；而酸性岩中暗色矿物很少，主要由浅色矿物组成；基性岩和中性岩的矿物组成位于超基性岩和酸性岩之间，浅色矿物和暗色矿物各占一定的比例。

2.3.4.3 按产状和结构构造分类

根据产状，也就是根据岩石是侵入地下还是喷出地表，岩浆岩又可以分为侵入岩和喷出岩。侵入岩根据形成深度的不同，又细分为深成岩和浅成岩。每个大类的侵入岩和喷出岩在化学成分上是一致的，但是由于形成环境不同，它们的结构和构造有明显的差别。深成岩位于地下深处，岩浆冷凝速度慢，岩石多为全晶质，矿物结晶颗粒也比较大，常常形成大的斑晶；浅成岩靠近地表，常具细粒结构和斑状结构。而喷出岩由于冷凝速度快，矿物来不及结晶，常形成隐晶质和玻璃质的岩石。

2.4 沉积岩

2.4.1 沉积岩的概念及成因

沉积岩又称为水成岩，是组成地球岩石圈的三种主要岩石之一（另外两种是岩浆岩和变质岩）。沉积岩是在地壳发展演化过程中，在地表或接近地表的常温常压条件下，任何先成岩遭受风化剥蚀作用的破坏的产物，以及生物作用与火山作用的产物在原地或经过外力的搬运所形成的沉积层，经成岩作用而成的岩石。在地表，有70%的岩石是沉积岩，但如果从地球表面到16 km深的整个岩石圈算，那么沉积岩只占5%。沉积岩主要包括石灰岩、砂岩、页岩等。沉积岩中所含的矿产占世界全部矿产蕴藏量的80%。

沉积物被埋藏之后，在有机质、流体、温度和压力等地质因素作用下，复杂而深奥的成岩作用开始登场，于是沉积物由松散状态逐渐演变为沉积岩。研究发现，这个过程虽然复杂，但是有序，可划分为同生成岩作用、后生成岩作用和表生成岩作用三个演化阶段。[2]

2.4.1.1 同生成岩作用

同生成岩作用是相对快速的浅埋改造作用，它以生物活动（如细菌导致的效应）为特征。可以划分为两个亚阶段：初始亚阶段和早期埋藏亚阶段。

初始亚阶段是指沉积物颗粒间孔隙溶液中富含氧气的阶段。以常见的潮湿气候带海盆环境为例，当沉积颗粒沉降至沉积物表面（一般是未固结的松散沉积物表面）而不再受扰动时，即可认为它开始进入转变为岩石的过程。在这种情况下，沉积颗粒仍然与海盆底层水相接触，而且可与底层水发生作用而发生变化，作用的趋势是使颗粒与底层水在化学上达成平衡。这一作用是在开放系统中进行的，介质一般为酸性和氧化性质。

早期埋藏亚阶段出现在氧含量为零的界面以下，以喜氧细菌分解有机质产生二氧化碳，厌氧细菌分解硫酸盐产生方解石和硫化氢，后者导致产生硫化物沉淀为特征。沉积颗粒被一层薄的沉积物覆盖而被埋藏以后，颗粒即与底层水隔离，而不再受底层水影响。刚被埋藏的沉积颗粒最初仍与孔隙水和软泥水保持平衡，这是因为孔隙水和软泥水是与颗粒一起沉积的底层水，它们仍保持原来底层水性质。随着时间的推移，沉积物中所含的有机质及细菌的作用使氧逸度逐渐减小，同时产生 NH_3 和 H_2S 等，而使介质变为碱性并具有还原性质，于是，原先沉积颗粒与孔隙水之间的平衡被破坏，引起本层物质的重新分配组合，一些新生物质出现，另一些物质被溶解，作用的趋势是建立新的平衡。随着埋藏深度的增加，这种变化过程一直持续到有机质分解作用和细菌作用趋于终结。新生物质的生成与沉淀，上覆沉积物的加厚以及埋藏水的影响，产生了压实作用，导致松散沉积物的孔隙度减小，并逐渐胶结成为固结的岩石。

2.4.1.2 后生成岩作用

后生成岩作用是指在时间较长（长达亿年）、埋藏较深（深达 10 km）的情况下的改造作用（如压实作用、有机化合物的成熟化、大多数胶结作用以及硅酸盐矿物的蚀变或新生作用）。即沉积物固结为岩石以后至变质作用以前，在埋藏较深处所发生的变化，相当于欧美一些地质学家所说的埋藏作用或晚期成岩作用。

当沉积物固结为岩石之后，其中所包含的有机质的分解作用和细菌的作用趋于终结，有机质的影响已不成为促使变化的重要因素，即已摆脱了同生成岩作用而进入后生成岩作用阶段。在此阶段，随着上覆沉积物的不断加厚，已埋藏至这一深度的沉积颗粒会受到较大的压力和温度的影响。在此深度下，负 Eh（Eh 即氧化还原电位。Eh 越小，溶液还原性越强）和碱性 pH 环境占优势，但溶液的化学性质变化极大；温度的升高和压力的增加是主要的影响因素。由松散沉积物转变成固结岩石以后，构造应力会使其产生裂缝，可导致外来的气相和液相物质渗入，故此时岩石所发生的变化是在较高的温度和压力下以及有外来物质加入的情况下进行的，作用的趋势是在这些新的条件下建立新的平衡。它表现为已固结的岩石中所发生的成分、结构和构造等方面的变化。这个阶段逐渐发展则演变为变质作用。

2.4.1.3 表生成岩作用

表生成岩作用是指隆起作用导致沉积物进入淡水循环作用影响范围之内而发生的改造作用。或者可以理解为，在地表以下不太深的范围内接近常温常压的条件下，在渗透水和浅部地下水的影响下所发生变化的作用。这种作用常常有两种变化趋势：一个是趋向于破坏，一个是趋向于胶结。表生成岩作用所代表的是胶结和石化的趋势，如黄土中的钙质姜结核、碳酸盐碎屑、海岸的海滩岩，都是表生成岩很好的例子。

当被埋藏在较深处的固结沉积岩上升至地表时，又进入一个完全不同的新环境。新环境中，温度、压力等条件有很大的不同，加之渗透水和地下水的作用，生物和有机质的作用可能大大改变原来岩石的面貌。此时，一些矿物可被溶蚀，元素被带走，一些新生矿物又可被沉淀出来，在局部富集的地方形成有价值的矿产。例如，在地下水作用下所形成的许多金属层控矿床（如砂岩型铀矿）和非金属层控矿床都是表生成岩作用的产物。此阶段的改造作用是在开放系统中进行的。

2.4.2 沉积岩的矿物成分

在沉积岩中已发现的矿物有160种以上，但常见的只有20多种，而且在一种类型的沉积岩中，造岩矿物只有13种，一般不超过56种。沉积岩对岩浆岩的矿物成分而言，既存在着继承性，又有着差异性。

（1）橄榄石、普通辉石和普通角闪石等暗色铁镁矿物在岩浆岩中大量存在，但在沉积岩中含量极少。因为这些矿物是在高温高压条件下由岩浆结晶而成，在地表环境中则不稳定，易被风化分解

（2）石英、钾长石、酸性斜长石和白云母等浅色矿物在岩浆岩和沉积岩中均广泛存在，由于它们形成于岩浆结晶的晚期，因此在地表环境中比较稳定。风化作用使这些矿物在沉积岩中相对富集，其含量甚至超过在岩浆岩中的含量。

（3）在沉积作用过程中新生成的自生矿物，如某些氧化物和氢氧化物矿物、黏土矿物、盐类矿物、碳酸盐矿物，是沉积岩的主要矿物成分，但在岩浆岩中极少甚至缺乏。

2.4.3 沉积岩的结构与构造

2.4.3.1 沉积岩的结构

沉积岩的结构是指构成沉积岩颗粒的性质、大小、形态及其相互关系。常见的沉积岩结构有碎屑结构、泥质结构、结晶结构和生物结构四种。

1. **碎屑结构**

碎屑结构是由胶结物将碎屑物质胶结起来而形成的一种结构。它是碎屑岩的主要结构。碎屑物成分可以是岩石碎屑、矿物碎屑、石化的生物有机体或碎片以及火山碎屑等。

（1）按碎屑粒径的大小可分为三种：①砾状结构，碎屑粒径大于2.000 mm；②砂质结构，碎屑粒径介于2.000～0.050 mm之间；③粉砂质结构，碎屑粒径为0.050～0.005 mm，如粉砂岩。按磨圆程度则可分为角砾状结构和砾状结构两种。

（2）按胶结物的成分可分为四种：①硅质胶结，由石英及其他二氧化硅胶结而成，颜色浅，强度高；②铁质胶结，由铁的氧化物及氢氧化物胶结而成，颜色深，呈红色，强度次于硅质胶结；③钙质胶结，由方解石等碳酸钙类物质胶结而成，颜色浅，强度比较低，容易遭受侵蚀；④泥质胶结，由细粒黏土矿物胶结而成，颜色不定，胶结松散，强度最低，容易遭受风化破坏。

2. **泥质结构**

泥质结构几乎全部由小于0.005 mm的黏土质点组成，是泥岩、页岩等黏土岩的主要结构。

3. **结晶结构**

结晶结构是由溶液中沉淀或经重结晶所形成的结构。由沉淀生成的晶粒极细，经重结晶作用晶粒变粗，但多小于1 mm，肉眼不易分辨。结晶结构为石灰岩、白云岩等化学岩的主要结构。

4. **生物结构**

生物结构是由生物遗体或碎片所组成，如贝壳结构、珊瑚结构等，是生物化学岩所具有的结构。

2.4.3.2 沉积岩的构造

沉积岩在沉积过程中，或在沉积岩形成后的各种因素作用下，其各种物质成分特有的空间分布和排列方式称为沉积岩的构造。它不仅构成沉积岩的重要宏观特征，而且可据以恢复沉积岩的形成环境。

1. **层理构造**

沉积岩在沉积过程中，气候、季节等的周期性变化，必然引起搬运介质（如水）的流向、流量大小等发生变化，从而使搬运物质的数量、成分、颗粒大小以及有机质成分的多少等也发生变化，甚至出现一定时间的沉积间断，这样就会使沉积物在垂直方向上由于成分、颜色、结构的不同而形成层状构造，总称为层理构造。

在一个基本稳定的物理条件下所形成的沉积单位称为层；层与层之间常代表一个沉积条件的突变面，或代表一个侵蚀面。一个层的顶面或底面称为层面。层面可以是平的，也可以呈波状起伏。有的层很厚，有的层很薄，层厚可以反映在单位地质时间内沉积的速度。层根据层厚可以分为块状（层厚大于 100 cm）、厚层（层厚为 50 ～ 100 cm）、中厚层（层厚为 10 ～ 50 cm）、薄层（层厚为 1 ～ 10 cm）、微层（页片层，层厚为 0.1 ～ 1 cm）等类型。在一套岩层中，层的厚薄变化可以反映沉积环境的变化频率。

层理根据形态可以分为水平层理、波状层理和斜层理。

（1）在一个层内的纹层（不能再分的微细层）比较平直，并与层面平行，称为水平层理。这种层理主要是在水动力条件微弱、平静环境条件下形成的，如多形闭塞海湾、较深的海、湖泊、潟湖、沼泽、河漫滩等比较稳定的沉积环境。

（2）波状层理是纹层呈波状起伏，但总的方向平行于层面的层理。波状层理可对称或不对称，规则或不规则，连续或断续。这种层理主要是在较浅的湖泊、海湾、潟湖等处由于波浪的振荡作用形成的。单向水流对于河漫滩沉积也可形成不对称波状层理。

（3）若层内的纹层呈直线或曲线形状，并与层面斜交，则称为斜层理。若各纹层均向同一方向倾斜，则称为单向斜层理。这种层理主要由河流形成，在河床上常常形成垂直于水流方向的砂垅，在河流搬运过程中，砂垅逐渐向前移动，形成斜层理，如图 2 - 13 (a) 所示。层理的倾向代表水流的方向。在湖滨、海滨三角洲中也有显著的斜层理。有时斜层理的倾斜方向不一致，称为交错层理。在滨海、浅海（或湖滨）地带，由于海（湖）水运动方向反复不定，或在风成堆积中由于风向多变，都可形成交错层理，如图2-13 (b)所示。

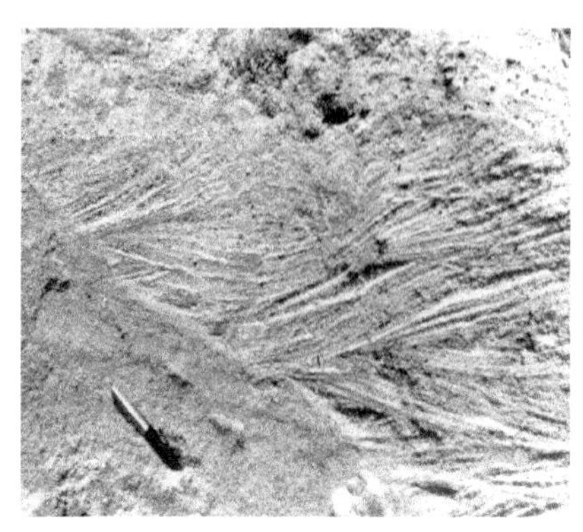
(a) 冲积斜层理

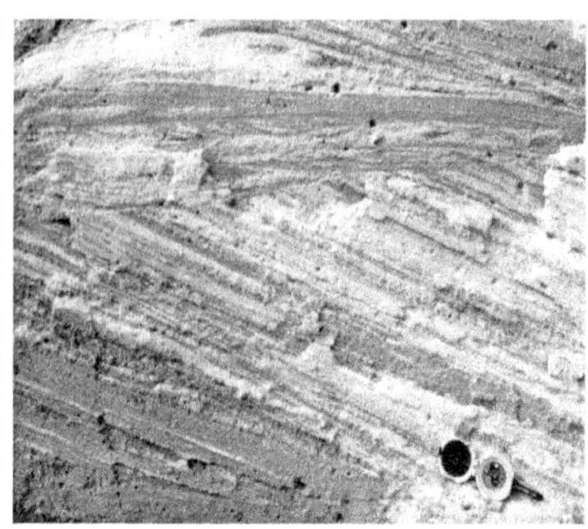
(b) 交错层理

图2-13　冲积斜层理和交错层理

层理根据沉积物的颗粒粗细情况可以分为递变层理（粒序层理）和块状层理。递变层理是在一个层内由下向上颗粒由粗逐渐变细的一种层理，块状层理是层内物质均匀或者没有分异现象、层理不很清楚的一种层理。

2. **层面构造**

在沉积岩层面上常保留着自然作用产生的一些痕迹，这些痕迹不仅标志着岩层的某些特性，更重要的是记录了岩层沉积时的地理环境。

(1) 波痕。在现代河床、湖滨、海滩以及干旱地区的表面上，常形成一种由流水、波浪、潮汐、风力作用产生的波浪状构造，称为波痕。这种构造也常保留在沉积岩层的层面上。波痕经常保存在砂岩中，在泥灰岩、薄层灰岩中亦可见到，如图2-14 (a)所示。

(2) 泥裂。泥裂在现代沉积中经常见到，是沉积物露出水面后，曝晒干涸形成的收缩裂缝。平面形态呈网格状的龟裂纹，它是沉积面暴露地表的标志，如图2-14 (b)所示。

(3) 槽模和沟槽。槽模是定向的水流在还没有固结的软泥表面冲刷形成凹槽，后来被砂质充填形成的。其长轴方向代表水流方向，高起的一端代表上游；沟槽常成组出现，是岩石底面上的一种平行脊状构造，和槽模一样，也是确定古水流方向的标志之一。

（a）波痕

（b）泥裂

图2－14　波纹和泥裂构造

3. 化学形成的构造

晶体印模和结核是化学作用形成的构造。晶体印模是原来在松软沉积物表面形成的石盐晶体，后来被熔融掉，留下的印痕被其他物质代替或充填，以假象的形式保留下来；结核是与周围岩石有显著差别的团块状矿物的集合体。

4. 生物成因的构造

生物成因的构造有生物遗迹构造和生物扰动构造。生物遗迹构造是生物生存期间运动、居住、寻找食物等活动留下的痕迹；底栖生物的活动使沉积物的原始构造受到破坏，形成生物扰动沉积岩。[7]

（1）生物遗迹构造，包括叠层石构造等。叠层石是由单细胞或简单多细胞藻类（还有细菌）等在固定基底上周期性繁殖形成的一种纹层状构造，其中的纹层称为藻纹层，可出现在碳酸盐岩、硅质岩、铁质岩或磷质岩中。形成叠层构造的藻类个体大小从几微米到几十微米，没有骨骼，在岩石中以富含有机质的痕迹形式存在，故称为隐藻。当条件适宜时，藻类大量繁殖，所形成的纹层含有机质较多，称为富藻层或暗层；当条件不适宜时，藻类基本处于休眠状态，所形成的纹层含有机质较少或不含有机质，称为贫藻层或亮层（富屑纹层）。富藻层和贫藻层叠置所显示的痕迹称为叠层石构造。

（2）生物扰动构造，包括痕迹构造等。生物在沉积物表层或内部活动时，遗留下来的具有一定形态的痕迹为痕迹构造。如岩层表面保存下来的生物的爬痕、大型爬行动物的足迹等，如图2－15所示为恐龙脚印。

图2－15　恐龙脚印

2.4.4　沉积岩的分类

由于沉积岩种类繁多，并在成因和成分以及其他方面具有复杂性，目前对于沉积岩的分类尚有不同的观点。一般认为，物质来源是划分沉积岩类型最重要的依据。因为沉积物来源不同，其成分和性质也不同，搬运和沉积作用的方式以及后生成岩阶段的作用方式和特点也会有所不同，所以，物质来源决定了沉积岩的大类划分。成分和结构是进一步分类的依据。相同来源的沉积岩，根据其成分和结构可再细分为若干类型。

2.4.4.1　陆源沉积岩

陆源沉积岩主要由机械搬运沉积的陆源物质组成，包括主要由碎屑物质组成的陆源碎屑岩（砾岩、砂岩、粉砂岩等）和主要由黏土组成的黏土岩（又称为泥质岩）。

2.4.4.2　火山源沉积岩

火山源沉积岩主要由火山喷发的火山碎屑物质经机械搬运沉积而成。按粒度、结构可进一步细分为集块岩、火山角砾岩和凝灰岩。

2.4.4.3 内源沉积岩

内源沉积岩由发生在沉积盆地内的由生物沉积作用和化学沉积作用所形成的沉积物组成，组成内源沉积岩最原始的物质主要来自生物和陆源溶解物质。由生物和化学作用形成的沉积物往往会受到机械搬运或机械沉积作用的改造而具有某些与陆源碎屑岩类似的特点。按成分和沉积作用方式，内源沉积岩可进一步分为由化学沉积作用形成的蒸发岩，由生物作用形成的可燃有机岩，由生物、化学和生物化学作用形成的碳酸盐岩、硅质岩、铝质岩、铁质岩、锰质岩和磷质岩。

2.5 变质岩

2.5.1 变质岩的概念及成因

变质岩是由变质作用所形成的岩石，是地壳中先形成的岩浆岩或沉积岩在环境条件改变的影响下，矿物成分、化学成分以及结构构造发生变化而形成的。它的岩性特征既受原岩的控制，具有一定的继承性，又因经受了不同的变质作用，在矿物成分和结构构造上具有新生性（如含有变质矿物和定向构造等）。[2]

2.5.1.1 变质作用的类型

变质作用根据考虑的角度不同而划分为不同的类型。一般根据变质作用发生的地质环境和变质过程中起作用的物理化学因素，将变质作用分为以下四种类型：

（1）接触变质作用。这是岩浆沿地壳的裂缝上升，停留在某个部位上，入侵围岩之中，因为高温而发生热力变质作用，使围岩在化学成分基本不变的情况下，出现重结晶作用和化学交代作用。例如，中性岩浆入侵石灰岩地层中，使原来石灰岩中的碳酸钙熔融，发生重结晶现象，晶体变粗，颜色变白（或因其他矿物成分出现斑条），形成大理岩。从石灰岩变为大理岩，化学成分没有变，而方解石的晶形发生变化，这就是接触变质作用最普通的例子。又如页岩变成角岩，也是接触变质造成的。它的分布范围附近一定有入侵体。接触变质作用包括热接触变质作用和接触交代变质作用。热接触变质作用引起变质的主要因素是温度；接触交代变质作用的原理是，从岩石中分泌的挥发性物质对围岩进行作用，导致围岩化学成分发生显著变化，产生大量的新矿物，形成新的岩石和结构构造。

（2）动力变质作用。动力变质作用是由地壳构造运动所引起的、使局部地带的岩石发生变质的作用。特别是在断层带上经常可见此种变质作用。受动力变质作用而变质的岩石主要是受到强大的、定向的压力，故产生的变质岩石也就破碎不堪。从破碎的程度而言，有破碎角砾岩、碎裂岩、糜棱岩等。这些岩石的原岩容易识别，故在岩石命名时就按原岩名称而定，如花岗破裂岩、破碎斑岩等。

（3）区域变质作用。区域变质作用的分布面积很大，可达数千至数万平方千米，甚至更大，影响深度可达 20 km 以上；变质的因素多而且复杂，几乎所有的变质因素——温度、压力、化学活性等都参加了变质作用。凡寒武纪以前的古老地层出露的大面积变质岩及寒武纪以后造山带内所见到的变质岩分布区，均可归于区域变质作用类型。区域变质作用中，温度与压力总是联合作用的，一般来说，地下的温度与压力随深度增加而增大，但是，由于各处地壳的结构、构造、运动性质不同，温度与压力随深度而增大的速率并非处处相同，有的变质地区压力增加慢而温度增加快，有的地区恰好相反，这样就出现了不同的区域变质环境。区域变质环境主要有三类：低压高温环境、正常低温梯度环境、高压低温环境。区域变质作用的代表性岩石有板岩、千枚岩、片岩、片麻岩、变粒岩、斜长角闪石、麻粒岩、榴辉岩等。

（4）混合岩化作用。在区域变质的基础上，地壳内部的热流继续升高，于是在局部地段，熔融浆渗透、交代或贯入变质岩系中，形成一种深度变质的混合岩，这种作用即混合岩化作用。混合岩由两部分物质组成，一部分是变质岩，称为基体；另一部分是通过熔体和热液注入、交代而新形成的岩石，称为脉体。基体是混合岩在形成过程中残留的变质岩，如片麻岩、片岩等，具变晶结构、块状构造，颜色较深；脉体是混合岩在形成过程中新生的脉状矿物（或脉岩）贯穿其中，通常由花岗质、细晶岩或石英脉等构成，颜色比较浅淡。基体与脉体混合的形态是多样的，其混合岩也有多种，如肠状混合岩、条带状混合岩、眼球状混合岩等。

2.5.1.2　变质作用的方式

岩石在变质作用过程中，矿物成分和结构构造都会发生变化，这些变化的方式和过程是极其复杂的。变质作用的方式主要包括重结晶作用、变质结晶作用、交代作用、变质分异作用以及变形和碎裂等。

（1）重结晶作用。指原岩中的矿物发生溶解、组分迁移、再沉淀结晶，致使矿物形状、大小发生改变，而无新矿物相形成的作用。例如，石灰岩因方解石在变质作用过程中发生重结晶而形成大理岩。

（2）变质结晶作用。指在变质作用的温度、压力范围内，原岩基本保持固态的条件下，新矿物相形成，同时，相应的原有矿物质相消失的作用。因为这种作用常常造成岩石中各种组分的重新组合，所以又称为重组合作用。

通过变质结晶作用形成新矿物质的途径很多，最简单的是同质多象的转变，如常见的红柱石、蓝晶石、矽线石之间的转变。更为普遍的则是几种矿物之间通过化学反应形成新矿物，如绢云母和绿泥石形成黑云母的反应，方解石和石英形成硅灰石的反应等。此外，通过氧化、还原、脱水、水化等作用形成新矿物，如赤铁矿变成磁铁矿，高岭石变成红柱石等，也都属于变质结晶作用的范畴。

（3）交代作用。指在变质作用过程中，由于流体相运移而发生物质组分的带入、带出，引起组分复杂置换的作用。交代作用的结果是使原岩的化学成分发生改变。在交代作用过程中，新矿物的形成与旧矿物的消失是同时发生的。

（4）变质分异作用。指使得成分、结构、构造均匀的原岩变得不均匀的各种作用。这是由于温度、压力、应力和溶液的影响，岩石中某些组分发生了迁移和聚集。

（5）变形和碎裂。应力作用时，如果应力超过弹性限度，矿物和岩石就会出现塑性变形；当应力超过破裂强度时，就会发生碎裂。此外，还伴随应力下的重结晶，从而改变原岩的岩性。变形和碎裂的强度与应力大小、作用方式、持续时间及岩石本身的力学性质有关。

2.5.2 变质岩的矿物成分

变质岩的矿物成分与沉积岩、岩浆岩相比，更为复杂多样，这是由变质原岩的多样性（取决于原岩化学成分）及变质作用的复杂性（取决于变质方式及类型）造成的。

2.5.2.1 矿物成分

1. 与岩浆岩和沉积岩共有的矿物

除似长石族外，岩浆岩中的其他矿物，如长石类、石英、云母、角闪石、辉石、橄榄石等，在变质岩中也是主要矿物，只不过含量变化较大，如岩浆岩中石英很少有超过50%的，而变质岩中石英可达95%。沉积岩中除黏土矿物、碳酸盐、硅质矿物、盐类矿物外，其余碎屑矿物在变质岩中也存在。

2. 变质岩特有的矿物

变质岩特有的矿物是指只出现于变质岩中，而在其他两大类岩石中基本不出现的矿物，如红柱石、蓝晶石、矽线石、十字石、透闪石、硅灰石等。

2.5.2.2 变质岩矿物成分的特征

组成变质岩的矿物归纳起来有以下特征：

（1）变质岩中，层状、链状矿物（如绿泥石、云母、角闪石、辉石等）较多，常发育有较多的纤维状、鳞片状、柱状、针状矿物等。

（2）矿物具有显著的变形特点，如弯曲、破碎、波状消光等。

（3）变质岩中同质多象变体矿物发育，如红柱石、蓝晶石、矽线石为 Al_2SiO_5 的同质多象变体。

（4）变质矿物中的包体较多，如变斑晶。

（5）变质岩中常有相对密度大、分子体积小的矿物，如石榴石、硬玉等。

2.5.3 变质岩的结构和构造

变质岩的结构、构造是变质作用条件和变质作用演化历史的直接记录，是变质岩重要的鉴定特征，也是变质岩命名的重要依据之一。

2.5.3.1 变质岩的结构

变质岩的结构是指变质岩中矿物的粒度、形态及晶体之间的相互关系。变质岩的结构按成因可划分为变余结构、变晶结构、交代结构和碎裂结构四类。

1. **变余结构**

变余结构是由于变质结晶和重结晶作用不彻底而保留下来的原岩结构的残余，如变余砂状结构（保留岩浆岩的斑状结构）、变余辉绿结构、变余岩屑结构等。根据变余结构，可查明原岩的成因类型。

2. **变晶结构**

变晶结构是岩石在变质结晶和重结晶作用过程中形成的结构，它表现为矿物形成、长大而且晶粒相互紧密嵌合。变晶结构的出现意味着火成岩及沉积岩中特有的非晶质结构、碎屑结构及生物骨架结构趋于消失，并伴随着物质成分的迁移或新矿物的形成。

变晶结构按矿物粒度的绝对大小，可分为粗粒（粒径大于3 mm）、中粒（粒径为1～3 mm）、细粒（粒径小于1 mm）变晶结构；按矿物粒度的相对大小，可分为等粒、不等粒、斑状变晶结构。按变质岩中矿物的结晶习性和形态，可分为粒状、鳞片状、纤状变晶结构。按矿物的交生关系，可分为包含、筛状、穿插变晶结构。

少数以单一矿物成分为主的变质岩常以某一结构为其特征（如以粒状矿物为主的岩石为粒状变晶结构，以片状矿物为主的岩石为鳞片变晶结构）；在多数变质岩的矿物组成中，既有粒状矿物，又有片状、柱状矿物。因此，变质岩的结构常采用复合描述并命名，如具斑状变晶的中粒鳞片状变晶结构等，如图2－16（a）(b)所示。变晶结构是变质岩的主要特征，是其成因和分类研究的基础。

3. **交代结构**

交代结构是由交代作用形成的结构，表示原有矿物被化学成分不同的另一新矿物所置换，但仍保持原来矿物的晶形甚至解理等内部特点。一种变质岩有时具有两种或更多种结构，如兼具斑状变晶结构与鳞片变晶结构等，如图2－16（c)所示。

4. **碎裂结构**

碎裂结构是岩石在定向应力作用下，发生碎裂、变形而形成的结构。原岩的性质、应力的强度、作用的方式和持续的时间等因素决定着碎裂结构的特点。其特点是矿物颗粒破碎成外形不规则的带棱角的碎屑，碎屑边缘常呈锯齿状，并出现扭曲变形等现象。按碎裂程度可分为碎裂结构、碎斑结构、碎粒结构等，如图2－16（d)所示。

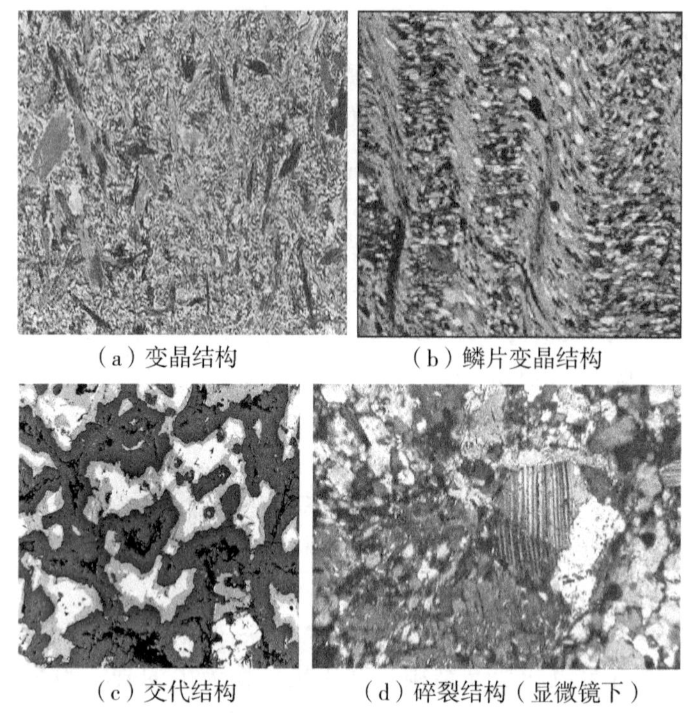

（a）变晶结构 （b）鳞片变晶结构

（c）交代结构 （d）碎裂结构（显微镜下）

图 2－16 变质岩结构

2.5.3.2 变质岩的构造

变质岩的构造是指岩石中各种矿物的空间分布和排列方式等特点。

1. 变余构造

变质岩中残留着原岩的构造，如变余气孔构造、变余杏仁构造、变余层状构造等。当变质程度不深时，变质岩的变余结构、构造可以部分地保留下来，用来判断原岩属性，如判断是岩浆岩还是沉积岩。

2. 变成构造

变成构造是指变质作用过程中（主要是变质结晶和重结晶）所形成的构造。主要有以下六种类型：

（1）斑点状构造。岩石中的某些组分集中成为斑点，其成分常为碳质、硅质、铁质、云母或红柱石，基质为隐晶质—细晶，形成于较低的变质温度，进一步升温则形成变斑晶，如图 2－17（a）所示。

（2）板状构造。岩石具有平行而密集的破裂面，沿此面岩石易分裂成薄板状。板状构造是岩石受到较强的定向压力形成的，如图 2－17（b）

所示。

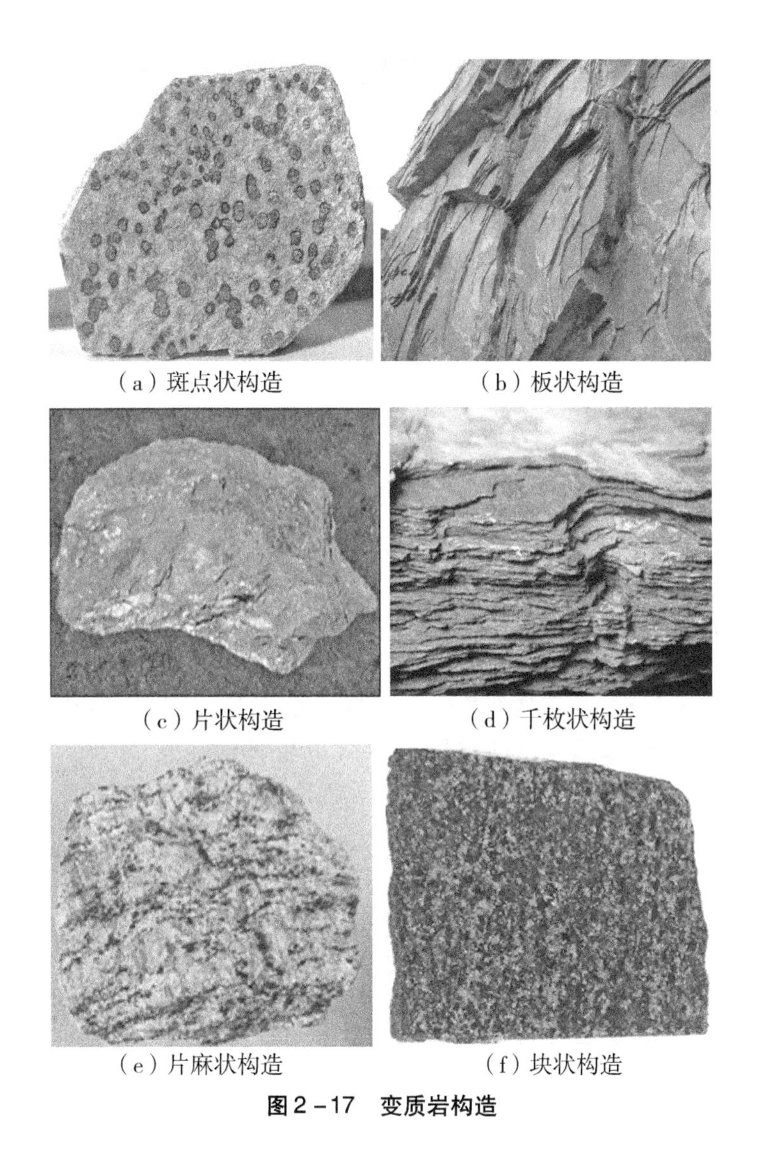
（a）斑点状构造 （b）板状构造 （c）片状构造 （d）千枚状构造 （e）片麻状构造 （f）块状构造

图 2－17 变质岩构造

（3）片理构造。岩石中片状或柱状矿物连续而平行排列形成片理构造。若矿物颗粒较粗，肉眼能清楚识别，则称为片状构造，如图 2－17（c）所示。若岩石的组成矿物颗粒细小且在片理面上出现绢丝光泽，则称为千枚状构造，如图 2－17（d）所示。

（4）片麻状构造。组成岩石的片状、柱状矿物断续地平行定向排列形成片麻状构造，粒状矿物以长石为主，如图 2－17（e）所示。片麻状构造除与形成片理的成因有关外，还受原岩成分的控制，可以由不同的成分层变质成为不同的矿物条带，也可由岩石的组分发生分异形成。具有片麻状构造的岩石，其矿物颗粒一般较粗。有时长石可以变成粗大、似眼球者，称为眼球状构造。

（5）块状构造。块状构造的矿物均匀分布，无定向排列，如图 2－17（f）所示。主要是温度和静压力对岩石联合作用的结果。

（6）流状构造。细小碎基和新生的鳞片状、纤维状矿物呈纹层状定向分布，颇似流纹构造。流状构造系应力所致。

2.5.4　变质岩的分类

根据变质作用的类型，变质岩可分为动力变质岩、热接触变质岩、交代变质岩和区域变质岩四类。

2.5.4.1　动力变质岩

由动力变质作用形成的变质岩称为动力变质岩，又称为构造岩或碎裂变质岩。动力变质岩主要有构造角砾岩（断层角砾岩）［图 2－18（a）］、碎裂岩、糜棱岩、千枚糜棱岩（千糜岩）、假玄武玻璃等。

2.5.4.2　热接触变质岩

热接触变质岩由热接触变质作用形成，分布于紧靠岩浆岩体的围岩中。主要是在岩浆体散发的热量和挥发分作用下，围岩发生重结晶和变质结晶，如图 2－18（b）所示。热接触变质岩主要有以下四类：

（1）长英质岩类。如变质砂岩、变质粉砂岩、石英岩、长石石英岩（角岩）等。具典型角岩结构，可含少量云母、红柱石、堇青石、石榴子石等。

（2）泥质岩类。当温度较低时，非晶质的褐铁矿变成磁铁矿，有机质变成石墨，还可出现红柱石、堇青石等雏晶，且常聚集成斑点状，故称之为斑点板岩。随着温度升高，红柱石、堇青石等迅速生长，构成斑状变晶结构，称之为红柱石板岩、堇青石板岩，其基质常具变余泥状结构。温度继续升高，变质程度进一步加深，岩石全部重结晶，形成各种角岩。在更高热接触变质条件下，重结晶更完善，矿物组合也发生变化，白云母消失，出现矽线石、正长石、铁铝榴石等，构成粒度较大的角岩或片岩、片麻岩。

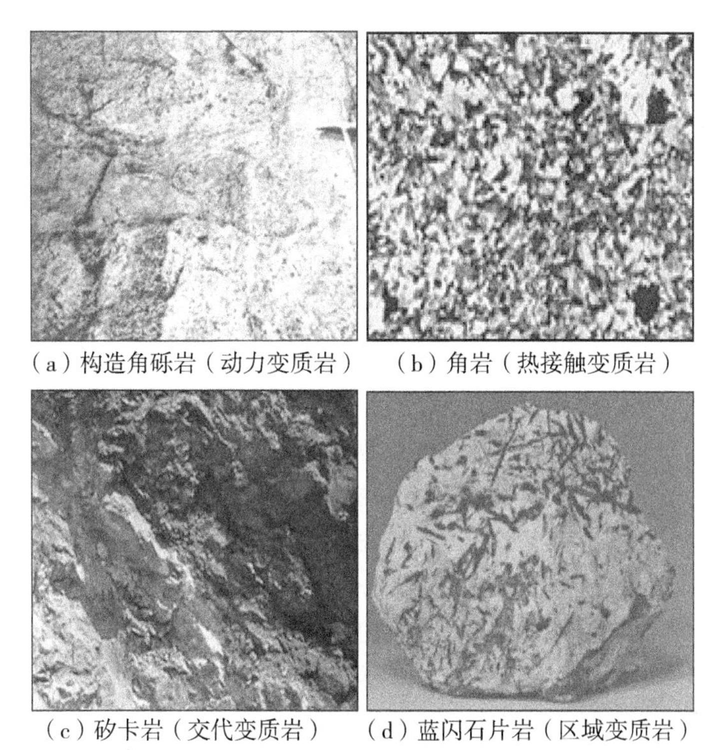

（a）构造角砾岩（动力变质岩）（b）角岩（热接触变质岩）

（c）矽卡岩（交代变质岩）（d）蓝闪石片岩（区域变质岩）

图2-18 变质岩构造

（3）碳酸盐质岩类。纯粹的石灰岩在温度的作用下，主要发生重结晶，形成大理岩。当含 SiO_2 时，则形成石英大理岩、硅灰石大理岩等。当含 MgO、SiO_2、Al_2O_3、FeO 等杂质时，随着温度升高，可形成各种新生变晶矿物，如方镁石、透闪石、符山石、镁橄榄石、钙铝榴石等；进一步还可出现硅灰石、方柱石、透辉石等。可根据这些不同的变晶矿物分别给岩类命名，如硅灰石大理岩、钙铝榴石大理岩等。

（4）基性岩和镁铁质岩类。晶质的基性岩、超基性岩由于其本身形成温度较高，因此在热变质时，不易发生变化。已蚀变的晶质岩石和火山岩经热变质后，可形成橄榄石角岩、直闪石角岩、角闪石角岩等。

2.5.4.3 交代变质岩

交代变质岩是在热的气液态溶液作用下原岩发生交代作用所形成的岩石。交代作用是一种伴随着化学成分改变的变质作用。交代变质岩的化学成分和矿物成分与原岩相比都有显著的变化且相对富水，故交代作用又称为蚀变作用。交代变质岩的种类较多，变化也比较复杂。根据交代作用的产物和原岩的成分，可将交代变质岩分为以下主要类别：蛇纹岩、青磐岩、云英岩、黄铁绢英岩、次生石英岩、矽卡岩［图2－18（c）］。

2.5.4.4 区域变质岩

区域变质岩是原岩经区域变质作用所形成的岩石，如图2－18（d）所示。区域变质岩有以下三种：

（1）板岩。指具板状构造的岩石。原岩主要是泥质岩、泥质粉砂岩和中酸性凝灰岩。重结晶不明显或轻微，镜下可见部分绢云母、绿泥石及泥质等。常具变余泥质结构等，是区域变质作用的低级产物。板岩类可根据其颜色或杂质的不同做进一步定名，如碳质板岩、钙质板岩、黑色板岩等。

（2）千枚岩。指具千枚状构造的岩石。其原岩类型同板岩，重结晶程度比板岩高，基本已重结晶。矿物组分主要是绢云母、绿泥石、石英，也可有少量长石等。岩石常具显微变晶结构或显微鳞片变晶结构。

千枚岩的进一步划分和命名可在基本名称之前加上颜色、所含特征矿物及主要矿物，如灰绿色硬绿泥石千枚岩、黄灰色绢云母千枚岩等。

千枚岩在我国南方中晚元古代变质岩系（昆阳群、双桥山群等）中广泛分布。

（3）片岩。具片理构造，是常见的区域变质岩。原岩已全部重结晶，由片状、柱状和粒状矿物组成，一般为鳞片变晶结构、纤状变晶结构等。常见矿物有云母、绿泥石、滑石、角闪石、阳起石等；粒状矿物以石英为主，长石次之。可根据特征矿物和主要片状矿物来命名，如十字石石榴石黑云母片岩。

2.6 三大岩类的转化

三大类岩石具有不同的形成条件和环境，而岩石形成所需的环境条件又会随着地质作用的进行不断地发生变化。沉积岩和岩浆岩可以通过变质作用形成变质岩。在地表常温常压条件下，岩浆岩和变质岩又可以通过母岩的风化、剥蚀和一系列的沉积作用而形成沉积岩。变质岩和沉积岩进入地下深处后，在高温高压条件下又会发生熔融形成岩浆，经结晶作用而变成岩浆岩。

因此，在地球的岩石圈内，三大岩类处于不断演化过程之中。

太阳能是岩石发生演变过程的能量来源之一，它控制着外动力地质作用的进行；包含在岩石内部的放射性能量是地球内力地质作用的能量来源。此外，地球重力能和地球旋转能在各种地质作用中也是不可忽视的重要方面。构造运动是地球内力作用重要的表现形式，它可使地下深处的侵入岩和变质岩上升到地表遭受破坏，也可使地表岩石发生强烈凹陷而产生变质；同时，构造运动对岩浆的形成和上升也有重要影响。

2.7 岩石与岩体的工程地质性质

2.7.1 岩石强度

岩石强度一般包括抗压强度（包括单轴抗压强度和三轴抗压强度）、抗拉强度、剪切强度（也称为抗剪强度），其中，抗压强度和剪切强度往往是确定岩石工程稳定性的主要因素。[8]

2.7.1.1 单轴抗压强度

1. 定义

在单向压缩条件下，岩块能承受的最大压应力称为单轴抗压强度（单位为 MPa）。

2. 研究意义

（1）抗压强度是衡量岩块基本力学性质的重要指标。

（2）抗压强度是岩体工程分类、建立岩体破坏判据的重要指标。

（3）抗压强度可用来估算其他强度参数。

3. 测定方法

抗压强度可采用抗压强度试验法、点荷载试验法测定。

4. 常见岩石的单轴抗压强度

常见岩石的单轴抗压强度见表 2－4。

表2-4　常见岩石的单轴抗压强度

岩石名称	抗压强度/MPa	岩石名称	抗压强度/MPa	岩石名称	抗压强度/MPa
辉长岩	180～300	辉绿岩	200～350	页岩	10～100
花岗岩	100～250	玄武岩	150～300	砂岩	20～200
流纹岩	180～300	石英岩	150～350	砾岩	10～150
闪长岩	100～250	大理岩	100～250	板岩	60～200
安山岩	100～250	片麻岩	50～200	千枚岩、片岩	10～100
白云岩	80～250	灰岩	20～200		

2.7.1.2　三轴压缩强度

1. 定义

试件在三向压应力作用下能抵抗的最大轴向应力称为三轴压缩强度（也称为三轴抗压强度）。

2. 测定方法

三轴压缩强度可采用三轴试验法测定。

根据一组试件（4个以上）试验得到三轴压缩强度σ_1和相应的σ_3以及单轴抗拉强度τ。在$\sigma-\tau$坐标系中可绘制出岩块的强度包络线。除顶点外，强度包络线与σ轴的夹角及其在τ轴上的截距分别代表相应破坏面的内摩擦角φ和黏聚力C（也称为凝聚力、内聚力）。

2.7.1.3　单轴抗拉强度

1. 定义

在单向拉伸条件下，岩块能承受的最大拉应力称为单轴抗拉强度（单位为MPa）。

2. 研究意义

（1）抗拉强度是衡量岩体力学性质的重要指标。

（2）抗拉强度可用来建立岩石强度判据，确定强度包络线。

（3）抗拉强度是选择建筑石材时不可缺少的参数。

3. 测定方法

抗拉强度可采用直接拉伸法、间接法（劈裂法、点荷载法）测定。

4. **常见岩石的单轴抗拉强度**

常见岩石的单轴抗拉强度见表2-5。

表2-5 常见岩石的单轴抗拉强度

岩石名称	抗拉强度/MPa	岩石名称	抗拉强度/MPa	岩石名称	抗拉强度/MPa
辉长岩	15～36	花岗岩	7～25	页岩	2～10
辉绿岩	15～35	流纹岩	15～30	砂岩	4～25
玄武岩	10～30	闪长岩	10～25	砾岩	2～15
石英岩	10～30	安山岩	10～20	灰岩	5～20
大理岩	7～20	片麻岩	5～20	千枚岩、片岩	1～10
白云岩	15～25	板岩	7～15		

2.7.1.4 剪切强度

1. **定义**

在剪切荷载作用下，岩块抵抗剪切破坏的最大剪应力称为剪切强度。

2. **类型**

剪切强度有以下三种类型：

（1）抗剪断强度。指试件在一定的法向应力作用下，沿预定剪切面剪断时的最大剪应力：

$$\tau = \sigma \tan\varphi + C \tag{2-1}$$

式中：τ 为剪应力；σ 为剪切面上的法向应力；φ 为内摩擦角；C 为岩石的黏聚力。

（2）抗切强度。指当试件上的法向应力为零时，沿预定剪切面剪断时的最大剪应力：

$$\tau = C \tag{2-2}$$

（3）摩擦强度。指试件在一定的法向应力作用下，沿已有破裂面（层面、节理等）再次剪切破坏时的最大剪应力：

$$\tau = \sigma \tan\varphi_j + C_j \tag{2-3}$$

式中：C_j 为含破裂面时岩石的黏聚力。

3. **研究意义**

（1）剪切强度是反映岩块力学性质的重要指标。

（2）剪切强度可用来估算岩体力学参数及建立强度判据。

4. **测定方法**

剪切强度可采用直剪试验法、变角板剪切试验法、三轴试验法测定。

5. **常见岩石的剪切强度**

常见岩石的剪切强度见表2-6。

表2-6 常见岩石的剪切强度

岩石名称	内摩擦角/(°)	黏聚力/MPa	岩石名称	内摩擦角/(°)	黏聚力/MPa
辉长岩	50～55	10～50	花岗岩	45～60	14～50
辉绿岩	55～60	25～60	流纹岩	45～60	10～50
玄武岩	48～55	20～60	闪长岩	53～55	10～50
石英岩	50～60	20～60	安山岩	45～50	10～40
大理岩	35～50	15～30	片麻岩	30～50	3～5
页岩	15～30	3～20	灰岩	35～50	10～50
砂岩	35～50	8～40	白云岩	35～50	20～50
砾岩	35～50	8～50	千枚岩、片岩	26～65	1～20
板岩	45～60	2～20			

2.7.2 岩石硬度

硬度是矿物抵抗某种外来机械作用，特别是抵抗刻画作用的能力。一般用两种不同矿物互相刻画来比较它们之间的相对硬度（硬度大的可以刻画硬度小的）。通常采用莫氏硬度计测定矿物的相对硬度。鉴定时，可以在未知矿物上选一平滑面，用已知硬度矿物的一种加以刻画，若在未知矿物面上留下刻痕，则表示已知矿物硬度比未知矿物高；若在已知矿物面上留下刻痕，则表示已知矿物硬度比未知矿物低。如此依次实验，即可求得未知矿物的相对硬度。例如，能被石英刻画而不能被长石刻画的矿物，其硬度在6～7之间。

在野外工作时，还可以利用指甲（硬度2.0～2.5）、铜钥匙（硬度3.0）、小钢刀（硬度5.0～5.5）等来代替硬度计。据此，可以把矿物粗略分成软（硬度小于指甲）、中（硬度大于指甲而小于小刀）、硬（硬度大于小刀）三等。在野外不方便的情况下可以采用定性分级[9]，见表2-7。

表2-7　岩石硬度定性分级

坚硬程度		定性鉴定	代表性岩石
硬质岩	坚硬岩	锤击声清脆，有回弹，震手，难击碎，基本无吸水反应	未风化至微风化花岗岩、闪长岩、辉绿岩、玄武岩、安山岩、片麻岩、石英岩、石英砂岩、硅质砾岩、硅质石灰岩等
	较硬岩	锤击声较清脆，有轻微回弹，稍震手，较难击碎，有轻微吸水反应	1. 微风化的坚硬岩石； 2. 未风化的大理岩、板岩、石灰岩、白云岩、钙质砂岩等
软质岩	较软岩	锤击声不清脆，无回弹，轻易击碎，浸水后指甲可刻出印痕	1. 中风化至强风化的坚硬岩或较硬岩； 2. 未风化至微风化的凝灰岩、千枚岩、泥灰岩、砂质泥岩等
	软岩	锤击声哑，无回弹，有较深凹痕，浸水后手可捏碎、掰开	1. 强风化的坚硬岩或较硬岩； 2. 中风化至强风化的较软岩； 3. 未风化至微风化的页岩、泥岩、泥质砂岩等
	极软岩	锤击声哑，无回弹，有较深凹痕，浸水后手可捏成团	1. 全风化的各种岩石； 2. 各种半成岩

2.7.3　岩体的工程地质特征

岩体是在漫长的地质历史中形成与演变而来的地质体，它被许许多多不同方向、不同规模的断层面、节理面、裂隙面、层面、不整合面、接触面等地质界面切割为形状不一、大小不等的各种各样的块体。因此，岩体是指一定工程范围内，一种或多种岩石中的各种结构面、结构体的总体。岩体不能以单块岩石为代表。单块岩石强度较高，但被结构面切割破碎，其构成的岩体的强度就较小。岩体中结构面的发育程度、性质及连通程度等对岩体的工程地质性质都有很大的影响。

2.7.3.1 岩体结构面

岩体结构面是指在构造应力作用下岩体所产生的各种构造遗迹（包括断层、节理和破碎带等）具有一定方向、延展较大、厚度较小的两维面状地质界面。结构面的分布规律、发育规模、物理力学性质等指标不仅与岩体强度、受力状态有关，而且与其形成的地质历史、环境等因素有关，因此，其分布状态各种各样，物理力学性质千变万化。为便于掌握结构面的分布规律，研究其物理力学性质及其对工程稳定性的影响，下面按地质成因、结构面的破坏属性、结构面的分布规律等因素对结构面进行分类。

1. **按地质成因分类**

根据地质成因的不同，可将结构面划分为原生结构面、构造结构面和次生结构面三类。各类结构面的主要特征及其工程稳定性影响见表 2－8。

表 2－8 结构面按地质成因分类

<table>
<tr><th colspan="2">成因类型</th><th>地质类型</th><th>产状特征</th><th>工程地质评价</th></tr>
<tr><td rowspan="3">原生结构面</td><td>沉积结构面</td><td>1. 层理、层面；
2. 软弱夹层；
3. 不整合面、假整合面；
4. 沉积间断面</td><td>一般与岩层产状一致，为层间结构面</td><td>较大的坝基滑动及滑坡，地下工程，尤其是煤矿巷道的冒落、片帮等通常由此类结构面所造成</td></tr>
<tr><td>岩浆结构面</td><td>1. 侵入体与围岩接触面；
2. 岩脉、岩墙接触面；
3. 原生冷凝节理</td><td>岩脉受构造结构面控制，而原生节理受岩体接触面控制</td><td>一般不造成大规模的岩体破坏，但有时与构造断裂配合，也可形成岩体的滑移，如有的坝肩局部滑移、峒室围岩片落等</td></tr>
<tr><td>变质结构面</td><td>1. 片理；
2. 片岩软弱夹层</td><td>产状与岩层或构造方向一致</td><td>在变质较浅的沉积岩，如千枚岩等路堑边坡常见塌方。片岩夹层有时对工程及地下洞体稳定也有影响</td></tr>
<tr><td colspan="2">构造结构面</td><td>1. 节理；
2. 断层；
3. 层间错动；
4. 羽状裂隙、劈理</td><td>产状与构造面呈一定关系，层间错动与岩层一致</td><td>对岩体稳定性影响很大，许多岩体在破坏的过程中，有构造结构面的配合作用。此外，常造成边坡及地下工程的塌方、冒顶</td></tr>
</table>

续上表

成因类型	地质类型	产状特征	工程地质评价
次生结构面	1. 卸荷裂隙； 2. 风化裂隙； 3. 泥化夹层； 4. 次生夹泥层	受地形及原结构面控制	在天然及人工边坡上造成危害，有时对坝基、坝肩及浅埋隧洞等工程亦有影响。一般在施工中予以清基处理

2. **按结构面的破坏属性分类**

通过大量的野外观察、地质勘探和工程实践，缪勒根据岩体结构面的破坏属性和分布密度两方面的因素，将结构面分为单个节理、节理组、节理群、节理带以及破坏带或糜棱岩五大类型。

3. **按结构面的分布规模分类**

结构面的分布规模与结构体的强度、结构面的充填特性、应力状态、形成和发育环境等因素相关，直接影响岩体的力学性质，控制着区域性岩体的整体稳定或工程围岩的稳定性。根据不同的研究对象和工程应用的要求，可以对结构面进行相对分类和绝对分类。相对分类是相对于工程的尺度和类型对结构面的规模进行分类，可分为细小、中等、大型三类；绝对分类只考虑结构面的延伸长度和破坏带的宽度，将结构面分为五级，见表2－9。

表2－9　结构面的绝对规模分类

分级序号	分布规模	地质类型	力学属性	工程地质评价
Ⅰ级	一般延伸数千米至数十千米甚至更远，破碎带宽度为数米至数十米乃至几百米	通常为大断层或区域性断层	属于软弱结构面，通常处理为计算模型的边界	区域性大断层往往具有现代活动性（可能伴有地震活动等），给工程建设带来很大的危害，直接控制区域性岩体及其工程的整体稳定性。一般的工程应尽量避开
Ⅱ级	贯穿整个工程岩体，长度一般为数百米至数千米，破碎带宽度为数十厘米至数米	多为较大的断层、层间错动、不整合面及原生软弱夹层等	属于软弱结构面、滑动块裂体的边界	通常控制工程区的山体或工程围岩的稳定性，构成滑动岩体边界，直接威胁工程的安全稳定性。工程应尽量避开或采取必要的处理措施

续上表

分级序号	分布规模	地质类型	力学属性	工程地质评价
Ⅲ级	延伸长度为数十米至数百米，破碎带宽度为数厘米至1米	断层、节理、发育好的层面及层间错动，软弱夹层等	多数属于软弱结构面或较坚硬结构面	主要影响或控制工程岩体，如地下洞室围岩及边坡岩体的稳定性等
Ⅳ级	延伸长度为数厘米至二三十米，宽度为数厘米	节理、层面、次生裂隙、小断层及较发育的片理、劈理面等	多数为坚硬结构面，构成岩块的边界面	该级结构面数量多，分布随机，主要影响岩体的完整性和力学性质，是岩体分类及岩体结构研究的基础，也是结构面统计分析和模拟的对象
Ⅴ级	规模小，连续性差，常包含在岩块内	隐节理、微层面、微裂隙及不发育的片理、劈理等	属于硬结构面	主要影响或控制岩块的物理力学性质

2.7.3.2 岩体质量评价与分类

影响岩体稳定性的因素有很多，如岩性、岩石结构构造、结构面特征及其组合、岩体结构及其完整性、地下水、地应力等。如何评价各方面因素对岩体性质及岩体稳定性的影响，如何充分考虑各种影响因素对工程岩体质量和岩体稳定性进行评价，为岩石工程设计和施工提供依据，并保证岩石工程建设与运营的安全可靠、经济合理，前人提出了一种方法，即工程岩体分类（分级）。主要包括岩石质量指标分类和岩体地质力学分类两种。[8]

1. 按岩石质量指标（*RQD*）分类

在钻孔时，大于75 mm的双层岩芯管、金刚石钻头获取的大于10 cm的岩芯段累计长度与计算总长度的百分比即岩芯采样率。迪尔（Deer）于1967年提出根据钻探得到的岩芯来定量评价岩体的质量。（表2－10）他认为，钻探时岩芯的采取率、岩芯的平均长度和最大长度受岩体的原始裂隙、硬度、均质性支配，岩体质量的好坏取决于长度小于10 cm的细小岩块所占的比例，即：

$$RQD=\frac{10\text{ cm及以上岩芯的累计长度}}{\text{钻孔长度}}\times 100\%$$

表 2－10　岩石质量指标（*RQD*）

分类	很差	差	一般	好	很好
RQD/%	0～25	25～50	50～75	75～90	90～100

2. 按岩体地质力学（*RMR*）分类

岩体地质力学分类考虑了岩石强度、*RQD*、结构面间距、结构面条件、地下水条件和结构面产状与工程走向的关系等六个指标，对影响岩体稳定性的各个主要因素进行评分，并以其总和作为岩体的 *RMR* 值，以满足岩体加固与支护的需要。该分类系统能用于估计岩体的强度和变形模量。相关参数及其评分值见表 2－11 至表 2－15。

表 2－11　分类参数及其评分

<table>
<tr><td colspan="3">分类参数</td><td colspan="7">数值范围</td></tr>
<tr><td rowspan="3">1</td><td colspan="2">点荷载强度/MPa</td><td>>10</td><td>4～10</td><td>2～4</td><td>1～2</td><td colspan="3">强度较低的岩石宜用单轴抗压强度</td></tr>
<tr><td colspan="2">单轴抗压强度/MPa</td><td>>250</td><td>100～250</td><td>50～100</td><td>25～50</td><td>5～25</td><td>1～5</td><td><1</td></tr>
<tr><td colspan="2">评分值</td><td>15</td><td>12</td><td>7</td><td>4</td><td>2</td><td>1</td><td>0</td></tr>
<tr><td rowspan="2">2</td><td colspan="2">RQD/%</td><td>90～100</td><td>75～90</td><td>50～75</td><td>25～50</td><td colspan="3"><25</td></tr>
<tr><td colspan="2">评分值</td><td>20</td><td>17</td><td>13</td><td>8</td><td colspan="3">3</td></tr>
<tr><td rowspan="2">3</td><td colspan="2">结构面间距/cm</td><td>>200</td><td>60～200</td><td>20～60</td><td>6～20</td><td colspan="3"><6</td></tr>
<tr><td colspan="2">评分值</td><td>20</td><td>15</td><td>10</td><td>8</td><td colspan="3">5</td></tr>
<tr><td rowspan="2">4</td><td colspan="2">结构面条件</td><td>不连续，紧闭，岩壁很粗糙，未风化</td><td>岩壁稍粗糙，宽度小于 1 mm，轻微风化</td><td>岩壁稍粗糙，宽度小于 1 mm，严重风化</td><td>面光滑或软弱夹层，厚度小于 5 mm，宽度 1～5 mm，连续</td><td colspan="3">软弱夹层，厚度大于 5 mm 或张开度大于 5 mm，连续</td></tr>
<tr><td colspan="2">评分值</td><td>30</td><td>25</td><td>20</td><td>10</td><td colspan="3">0</td></tr>
<tr><td rowspan="4">5</td><td rowspan="4">地下水条件</td><td>隧洞每 10 m 长的流量/$(L \cdot min^{-1})$</td><td>无</td><td><10</td><td>10～25</td><td>25～125</td><td colspan="3">>125</td></tr>
<tr><td>节理水压/最大主应力的值</td><td>0</td><td><0.1</td><td>0.1～0.2</td><td>0.2～0.5</td><td colspan="3">>0.5</td></tr>
<tr><td>一般条件</td><td>完全干燥</td><td>潮湿</td><td>洞壁湿</td><td>滴水</td><td colspan="3">流水</td></tr>
<tr><td>评分值</td><td>15</td><td>10</td><td>7</td><td>4</td><td colspan="3">0</td></tr>
</table>

表 2－12　按结构面产状修正评分值

走向和倾向	非常有利	有利	一般	不利	非常不利
隧洞和矿山	0	－2	－5	－10	－12
地基	0	－2	－7	－15	－25
边坡	0	－5	－25	－50	－60

表 2－13　按总评分值确定岩体级别及其含义

RMR 值	81～100	61～80	41～60	21～40	<21
级别	Ⅰ	Ⅱ	Ⅲ	Ⅳ	Ⅴ
岩体质量描述	非常好	好	一般	差	很差
隧洞无支护自稳时间/跨度	20 年/15 m	1 年/10 m	1 周/5 m	10 h/2.5 m	30 min/1 m
岩体黏聚力/kPa	>400	300～400	200～300	100～200	<100
岩体摩擦角/(°)	>45	35～45	25～35	15～25	<15

表 2－14　结构面条件分级的指标

分级参数		数值范围				
1	结构面延伸长度	<1	1～3	3～10	10～20	>20
	评分值	6	4	2	1	0
2	张开度	无裂缝	<0.1	0.1～1.0	1.0～5.0	>5.0
	评分值	6	5	4	1	0
3	粗糙度	非常粗糙	粗糙	稍粗糙	平滑	光滑
	评分值	6	5	3	1	0
4	充填情况	无填充	硬质填充小于 5 mm	硬质填充大于 5 mm	软弱填充小于 5 mm	软弱填充大于 5 mm
	评分值	6	4	2	2	0
5	风化情况	未风化	轻微风化	中等风化	严重风化	破碎
	评分值	6	5	3	1	0

表 2－15　结构面走向和倾角对隧道开挖的影响

走向与隧道轴垂直				走向与隧道轴平行		走向与隧道轴无关
沿倾向掘进		反倾向掘进		倾角 20°～45°	倾角 45°～90°	倾角 0°～20°
倾角 45°～90°	倾角 20°～45°	倾角 45°～90°	倾角 20°～45°			
非常有利	有利	一般	不利	一般	非常不利	不利

课外阅读

黄丽巍：《黄大年：以身许国的地球物理学家》，见人民画报，http//www.rmhb.com.cn/rw/201709/t20170908_800104333.html，2017－09－18。

练习题 2

1. 岩石按成因可分为几类？
2. 绘制不同成因岩石类型的转化图。
3. 矿物的主要物理性质有哪些？
4. 主要的造岩矿物有哪几种？
5. 矿物的力学性质包括哪些？
6. 岩浆岩的常见矿物成分有哪些？主要构造和产状类型有哪些？
7. 简述沉积岩的形成过程。
8. 何谓变质作用？分为哪些类型？

本章参考文献

[1] 南京天文爱好者协会. 宇宙 [EB/OL].(2020－12－02) [2021－01－18]. https://baike.baidu.com/item/%E5%AE%87%E5%AE%99/31801?fr=aladdin.

[2] 杨坤光，袁晏明. 地质学基础 [M]. 武汉：中国地质大学出版社，2009.

[3] 黄定华. 普通地质学 [M]. 北京：高等教育出版社，2014.

[4] 徐明，曾书明. 矿物鉴定 [M]. 北京：地质出版社，2014.

[5] 叶真华，刘琦. 矿物和岩石鉴定实验指导书 [M]. 上海：同济大学出版社，2015.

[6] 邹伟奇，邹育良，张学军. 显微 - 红外光谱在矿物鉴定方面的应用 [J]. 大庆石油地质与开发，2013，32 (3)：45 - 51.

[7] 杜远生，童金男. 古生物地史学概论 [M]. 武汉：中国地质大学出版社，2009.

[8] 唐辉明. 工程地质学基础 [M]. 北京：化学工业出版社出版，2008.

[9] 杨宝忠，徐亚军. 地质学基础实习指导书 [M]. 武汉：中国地质大学出版社，2010.

3 地质构造

在漫长的地质历史演化过程中，地壳经历了不断的变化，产生了无数次剧烈的构造运动，形成了复杂多变的地质结构体和地貌形态。这些地质结构体和地貌十分复杂，其自身的稳定性和性质对工程结构安全至关重要。研究地质结构体和地貌形态对工程建设具有重大的意义。

所谓地质构造，是指地质体在长期的构造应力作用下，产生变形破坏后遗留下来的各式各样的构造形迹。地质构造主要包括褶皱、断层和裂隙等，其规模相差巨大；不变的是，它们都是构造运动造成的永久性变形和错位产生的形迹。[1]

3.1 地质年代

3.1.1 地质年代的概念

地球形成至今，产生了很多的变化，这些变化可以按距今的年代划分为若干个阶段，也即可以划分成不同的地质年代。[2]一般来讲，所谓的地质年代，是指地壳运动、变化和发展的时间段。有两种确定地质年代的方法，分别为绝对地质年代和相对地质年代。

3.1.2 绝对地质年代

绝对地质年代是指地层形成到现在的实际年数，是用距今多少年前来表示的。通过测定开采的岩石样品所含的放射性同位素量，可以得到绝对地质年代。可以根据下式来求得岩石或矿物的同位素年龄：

$$t = \frac{1}{\lambda}\ln\left(1 + \frac{D}{N}\right) \tag{3-1}$$

式中：t 为某一放射性同位素的年龄；λ 为衰变常数，是每年每克母体同位素能产生的子体同位素的克数；N 为矿物中放射性同位素蜕变后剩下的母体同位素含量；D 为蜕变而成的子体同位素含量。

3.1.3 相对地质年代

相对地质年代是指根据地质事件发生的先后顺序，确定各地质年代之间的相对顺序。确定地层形成的先后顺序的主要依据是岩层的沉积顺序、生物演化和地质构造的关系，主要方法有地层层序法、古生物层序法、岩性对比法和地层接触关系法。

3.1.3.1 地层层序法

地层是层状岩石的总称，包括沉积岩、岩浆岩（火山岩）和浅变质岩。地层形成的先后顺序称为层序。[3]一般来说，先形成的地层在下面，后形成的在上面。只要没有因为构造作用发生倒转或推覆，我们看到的地层一定是上新下老。这一原理称为地层层序原理，也称为地层层序律。地层层序法是确定地层相对年代的基本方法，其主要思路是根据地层上新下老的规律来确定地层相对新老关系。

在正常情况下，新地层中不可能出现老的事件。如图 3－1 所示，地层形成时，上新下老，一般是水平的。地层受到构造作用的影响，会发生褶皱，变为倾斜地层，但只要还是上新下老，就仍称为正常地层。而图 3－2 所示为后期地质作用导致岩层发生倒转的情况。

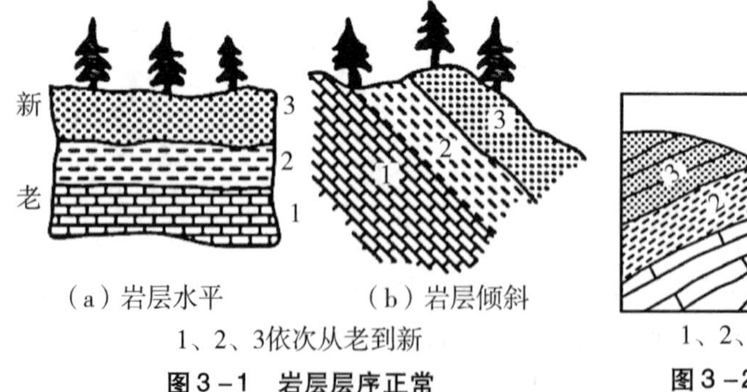

（a）岩层水平　（b）岩层倾斜

1、2、3依次从老到新

图 3－1　岩层层序正常

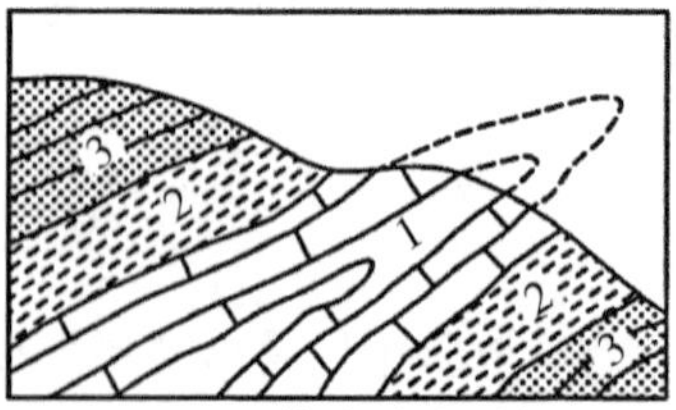

1、2、3依次从老到新

图 3－2　岩层层序倒转

我们还可以利用地层的某些特征判断地层是正常还是倒转，如波痕、泥裂、交错层理、粒序层理、包卷层理等。(图 3 –3)

图 3 –3　地层特征示意

3.1.3.2　古生物层序法

所谓古生物，是指地质历史上存在过的生物。地质历史演变的进程中，在地质作用下，地球表面的自然环境不断发生变化。图 3 –4 所示为生物进化的划分。生物为了适应地球自然环境的改变，不断改变自身的条件，例如，改变自身内外器官的功能等，进而形成了不同的能适应各地质时代自然环境的生物群；而那些不能适应自然环境变化的生物就会大量死亡，甚至灭绝。如图 3 –5 所示，按照生物进化的规律，一般来说，生物都是从原始、简

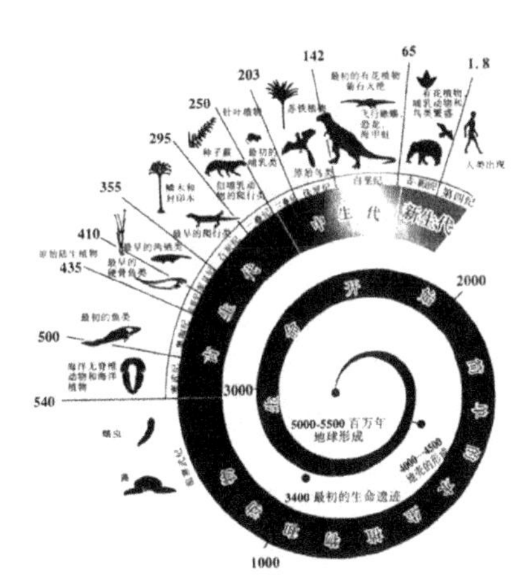

图 3 –4　生物进化划分示意

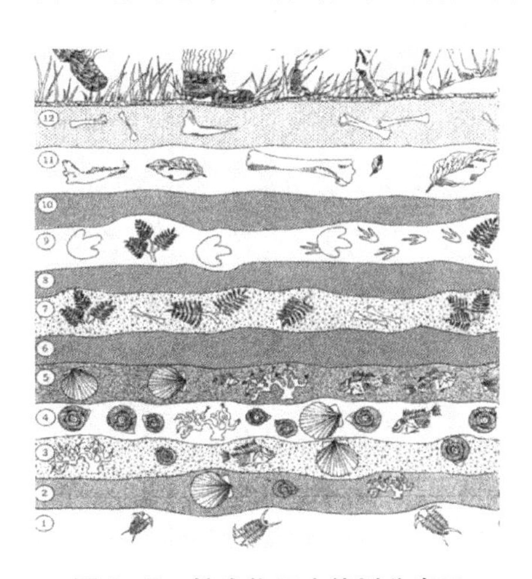

图 3 –5　按生物层序律划分岩层

单、低级到进步、复杂、高级。即年代越老的地层，我们能观察到的生物化石结构就越简单；年代越新的地层，我们能观察到的生物化石结构就越复杂。我们把这一规律称为生物层序律。根据生物层序律划分岩层中生物化石的种属，进而确定地质年代和地层新老关系的方法，称为古生物层序法。

3.1.3.3 岩性对比法

由于在不同的地质时代沉积环境不同，因此，不同的地质时期形成的沉积岩的岩性特征也会有很大的差别，而在同一地质时期形成的沉积岩具有相似的岩性特征。我们可以根据岩石地层的这一特征，通过对比其岩性特征，确定该岩石地层形成的地质时代。这一方法称为岩性对比法。

3.1.3.4 地层接触关系法

所谓地层接触关系，是指不同地质年代的地层之间的接触关系，包括沉积岩之间的整合接触、不整合接触，以及岩浆岩与沉积岩之间的侵入接触和沉积接触。地层接触关系法就是根据地层接触关系来确定地层的相对年代的方法，也称为叠复原理。[4]

（1）整合接触。在地壳长期下降的情况下，沉积物连续沉积，岩层层序无间断、产状一致、时代连续，生物的演化是渐变的，我们称这种接触关系为整合接触，如图3－6（a）所示。这是因为该沉积地区处于长期的构造稳定状态，也就是说该沉积地区缓慢下降，或者虽然存在上升，但没有超出沉积的基准面。

（2）不整合接触。在地壳运动的过程中，受其运动的影响，地层之间出现明显的沉积间断或缺失，层序也有间断，即部分地层无沉积或虽有沉积但被剥蚀，并且岩石特性和古生物的演化表现出不连续性，我们称这种接触关系为不整合接触。不整合接触可分为平行不整合接触和角度不整合接触。

平行不整合接触（假整合接触）是指新老地层之间发生较长时间的沉积间断，导致部分时代地层缺失，并且新老地层的产状基本一致。新老地层的岩层面是大致平行的，但是它们之间存在一侵蚀面，也称为不整合面，如图3－6（b）所示。侵蚀面的产生是由于地壳的上升运动使早先形成的地层露出水面，不再继续接受沉积，并且还遭受风化剥蚀。

角度不整合接触是指新老地层之间部分时代地层缺失，并且上下两套地

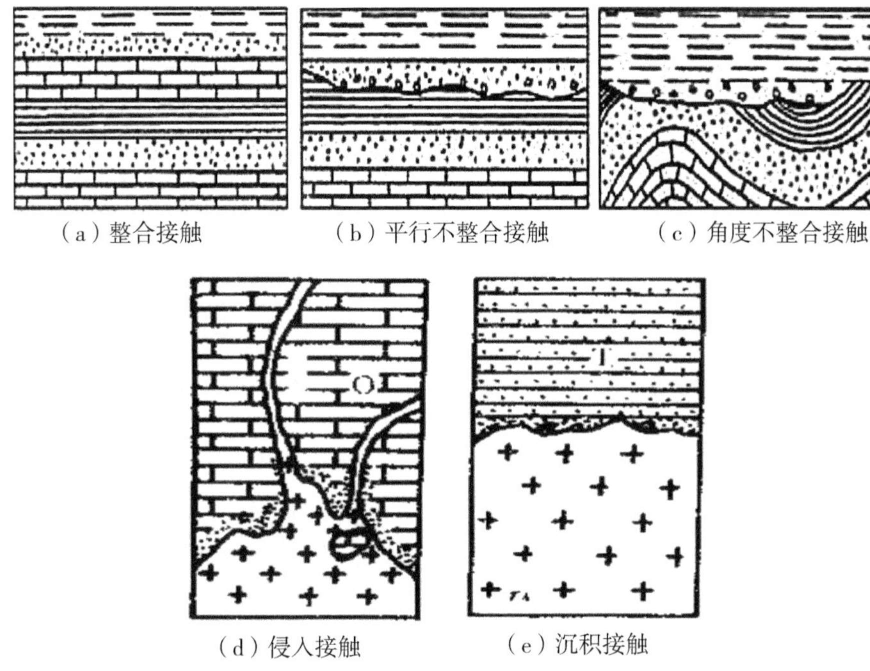

（a）整合接触　（b）平行不整合接触　（c）角度不整合接触

（d）侵入接触　（e）沉积接触

图3－6　岩浆岩与地层的接触关系

层的岩层产状不同，成一定的角度相交，如图3－6（c）所示。产生这种接触关系是因为地壳从下降转变到上升这个过程中产生的剧烈运动，使早先形成的地层产生褶皱和断裂，从而导致岩层发生倾斜。

（3）侵入接触。侵入接触是指岩浆侵入地层之中所形成的接触关系。岩浆侵入围岩，使围岩发生热力变质现象，出现冷凝边和混合边等，并且侵入体和围岩的界限表现出不规则性，如图3－6（d）所示。侵入接触关系表明，岩浆侵入体形成的地质年代要晚于被侵入地层的地质年代，或者后期侵入体晚于早期侵入体。

（4）沉积接触。沉积接触是指侵入岩体之上覆盖一层沉积地层，并且两者之间存在剥蚀面将其分隔。这是由于岩浆岩在形成之后，经长期风化作用而剥蚀，进而形成风化剥蚀面，然后地壳下降，经过沉积形成一套新地层，产生了沉积接触这一关系，如图3－6（e）所示。沉积接触关系表明，岩浆岩侵入体形成的地质年代早于剥蚀面上覆沉积地层的地质年代。

3.2 岩层产状

我们把被两个平行或近平行的界面限制的，并由同一岩性组成的层状岩体称为岩层。岩层划分的主要依据是岩石的成分、颜色、结构和层理等特征。[5]岩层不涉及地质时代的归属问题，这也是它与地层之间的区别所在。岩层的界面称为层面，其中，上界面称为顶面，下界面称为底面，顶面与底面之间的距离称为岩层的厚度。天然形成的层状岩体以沉积岩为主，在沉积岩形成的过程中，其主要的原始形态表现为水平或近水平（沉积在盆地边缘或盆地底部的突起部分除外）。

由于存在构造运动，岩层在形成后会产生变形和变位，而构造运动强度的不同和岩层产出特性的差异，会使岩层形成不同的倾斜程度。如图3－7所示，我们可以根据倾斜角度的大小将岩层分为水平、倾斜、倒转和直立四种形态。

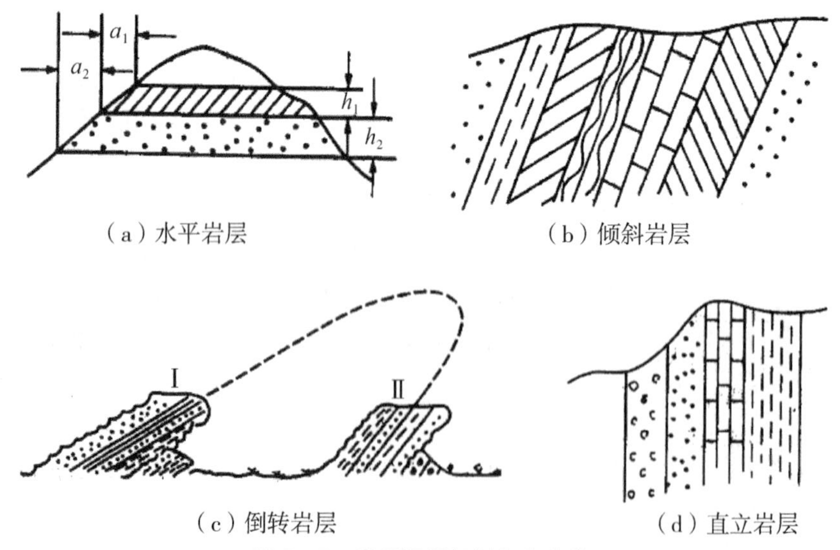

图3－7 岩层根据倾斜角度分类

3.2.1 岩层产状的概念

岩层产状是指岩层在地壳中的空间方位和产出状态。它用岩层的走向、倾向和倾角来确定，它们称为岩层的产状要素。

（1）走向。如图3－8所示，岩层层面与水平面的交线称为该岩层的走向线，走向线所指的方向称为走向。走向线是一条直线，两头各指一方。例如，一头指向南边，另外一头指向北边，我们就称该岩层的走向为南北向。

（2）倾向。如图3－8、3－9所示，在岩层层面上，垂直于走向线的射线称为岩层的倾斜线，其在水平面上的投影称为倾向线，而岩层的倾向就是倾向线所指的方向。值得一提的是，因为倾向线是一条射线，所以岩层的倾向也就只有一个方向。

（3）倾角。岩层的倾角是指岩层层面与水平面之间的二面角，即如图3－9所示的倾斜线和倾向线的夹角。

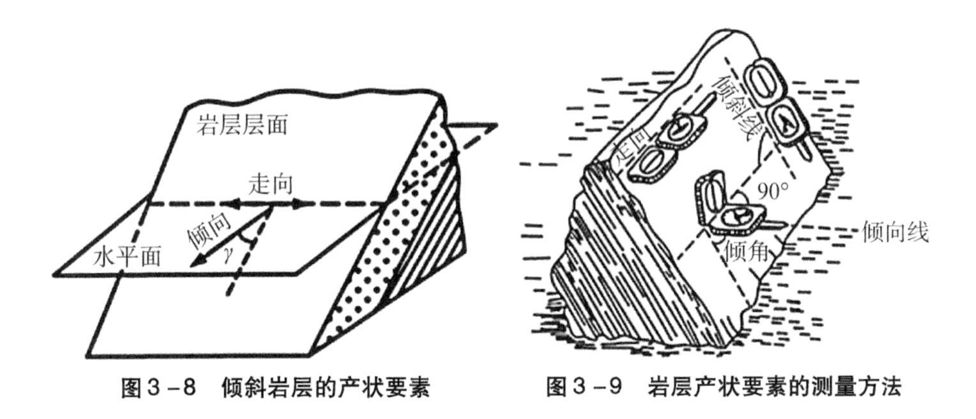

图3－8 倾斜岩层的产状要素　　图3－9 岩层产状要素的测量方法

3.2.2 岩层产状的描述

3.2.2.1 产状的测定

岩层产状的测定在地质调查工作中是一项重要的工作。其要素在现场是用地质罗盘直接测定的，如图3－9所示。具体测定方法如下：

（1）岩层层面的选择。正确选择岩层层面是测定岩层产状的第一步，其选择的正确与否也影响后面产状要素的测定。要注意以下几点：①不要将节理面误认为岩层层面；②选择的岩层层面要平整，层面产状要具有代表性。

（2）岩层走向的测定。测定岩层走向时，将罗盘的长边（即水平度盘NS向）的下棱边紧贴岩层面，将罗盘放平，使圆水准气泡居中，此时罗盘磁北针所指外表盘刻度即为岩层走向方位值。该值其实为磁北方向与岩层走向线间的夹角。

（3）岩层倾向的测定。测定岩层倾向时，将罗盘的短边（即水平度盘N端）紧贴岩层面，调整水平，使圆水准气泡居中，此时罗盘磁北针所指外表盘刻度即为岩层倾向方位。同一岩层面的倾向与走向相差90°。

（4）岩层倾角的测定。测定岩层倾角时，将罗盘的长边平面紧贴岩层面，并使罗盘面与岩层面垂直。调整罗盘位置使其长边与岩层走向垂直，即罗盘面平行于倾向线与反光镜中的细实线所组成的平面。实际操作时，可使罗盘面垂直于倾向测量中合页轴的方向，转动罗盘背面倾斜拨片，使得水平长管气泡居中，倾角指示针所指内表盘刻度即为岩层倾角。

3.2.2.2 产状的表述方法

产状的表述方法主要包括方位角表示法、象限角表示法、符号表示法三种。

（1）方位角表示法。如岩层走向为330°、倾向为240°、倾角为50°，记为NW330°SW240°∠50°，读作“走向北西330°、倾向南西240°、倾角50°”。因为岩层走向与倾向相差90°，所以在野外测量岩层产状时，往往只记录倾向和倾角，其简单记法为SW240°∠50°，读作“倾向南西240°、倾角50°”。

（2）象限角表示法。以正北或正南方向为准（0°），一般记走向、倾斜象限和倾角。如走向330°、倾向240°、倾角50°，记为N330°W SW240°∠50°，读作“走向北偏西330°、南西倾斜240°、倾角50°”。此种表示方法主要用于构造线方位。应当指出的是，岩层产状有两种特殊产状，一种是岩层直立，其倾角为90°，走向为实测的走向方位；另一种是岩层呈水平状，倾角为0°，无走向与倾向方位。

（3）符号表示法。在地质图上，岩层产状要素通常用符号表示，常用符号有以下几种：

—┼—：水平岩层（倾角0°～5°）。

—↓—：直立岩层（倾角85°～90°），箭头指向较新岩层。

∠30°：倾斜岩层，长线为走向，短线为倾向，长短线均为实测方位，度数是倾角。

30°：倒转岩层，箭头指向倒转后的倾向，度数是倾角。

3.3　褶皱构造

地壳的剧烈构造运动，使地壳中存在着很大的应力，另外，岩石具有的流变性导致地壳表层坚硬的脆性岩石产生明显的弯曲变形。岩石发生连续弯曲形成褶皱的主要原因是：①岩石承受缓慢的构造应力的作用；②岩石处于地下高温高压并富含蚀变流体的环境中。另外，沉积岩在形成的初期，因为固结和胶结程度较弱，会表现出强烈的可塑性，在构造应力的作用下，也容易形成褶皱。[6]

3.3.1　褶皱构造的概念

褶皱是指岩石在主要由地壳运动所引起的地应力长期作用下所发生的永久性弯曲变形。褶皱构造普遍存在于层状岩石中，是沉积岩常见的构造形式之一。褶皱的形态样式较多，并且在地壳中广泛分布。另外，其规模差别巨大，大型的褶皱可以延伸到数十千米甚至数百千米，小型的褶皱需要借助显微镜才可以观测得到。褶曲是褶皱中的一个弯曲，或者说是褶皱的基本单元，其基本类型有两种：背斜和向斜，如图 3 – 10 所示。

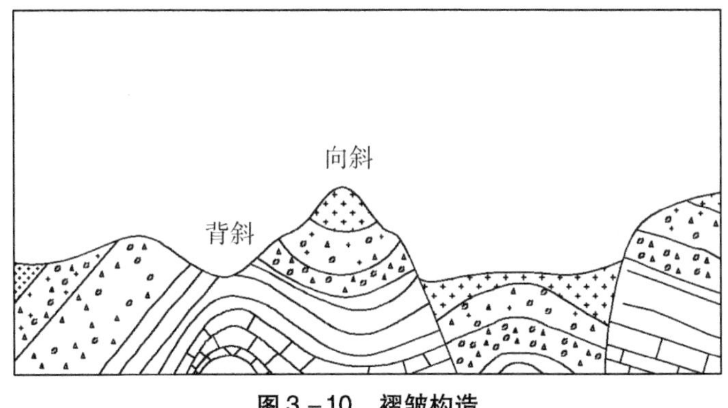

图 3 – 10　褶皱构造

（1）背斜。背斜是指处于中部的岩层相对较老，呈向上凸出弯曲，而两侧的岩层相对较新，呈相背倾斜的褶曲。

（2）向斜。向斜是指处于中部的岩层相对较新，呈向下凹陷弯曲，而两侧的岩层相对较老，呈相向倾斜的褶曲。

褶皱在形成之初，表现为“背斜成山，向斜成谷”的地形。但在长期地表风化剥蚀作用下，原始地面不断被破坏、重塑，而演变为当前地貌形态。通常由于背斜核部张裂隙发育、岩体破碎、地形突出，风化剥蚀作用强烈，易形成沟谷、低地；而向斜核部岩体相对完整，初期地形低，利于堆积，风化剥蚀作用弱，易形成向斜山。因此，在野外，不能将现代地形与褶皱初始形态直接对接。

3.3.2 褶皱特征

3.3.2.1 褶皱的成因

褶皱的形成原因主要可以分为三种：①水平挤压作用形成褶皱；②水平扭动作用形成褶皱；③垂直运动形成褶皱。不过，绝大多数褶皱的形成是由于水平构造的挤压作用，如图 3－10 所示。

3.3.2.2 褶曲要素

褶曲要素是指褶曲构造形体的各组成部分。为了对各式各样的褶曲的空间形态进行描述和表示，认识和区分不同形状、不同特征的褶曲构造，我们要对褶曲各个部分的名称做一个统一的规定。褶曲要素主要包括核部、翼部、枢纽、轴面、轴和转折端等，如图 3－11 所示。

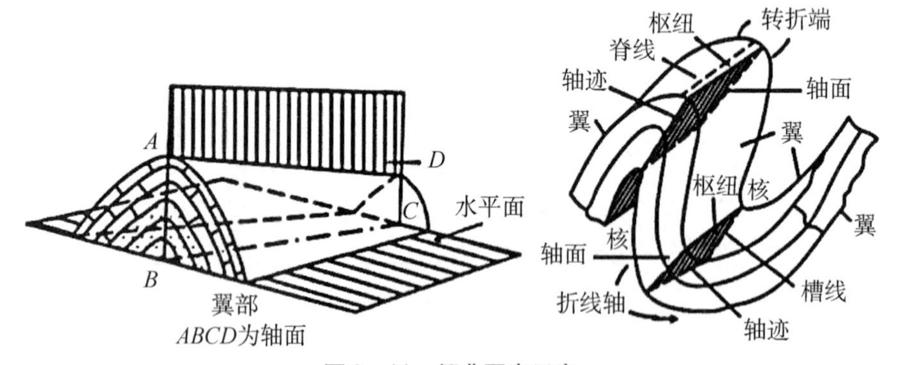

图 3－11　褶曲要素示意

（1）核部。核部是指褶曲中心部分的岩体，也称为轴部。核部的范围没有明确的规定，它只是一个相对的概念。核部出露的地层与岩层的剥蚀作用的强弱有着紧密的联系，背斜剥蚀越深，核部地层出露就越老。

（2）翼部。翼部是指在褶曲核部两侧的岩体。在背斜和向斜相连时，褶曲的翼部是共有的。其范围也是相对的，没有硬性的指定。

（3）枢纽。枢纽是指组成褶曲的同一岩层面上最大弯曲点的连线，或者褶曲中同一层面与轴面的交线。枢纽可以是直线，也可以是曲线或折线。其产状有水平的、倾斜的、直立的，也有波状起伏的。

（4）轴面。轴面是指连接褶曲各岩层枢纽所构成的面，即平分褶曲为两部分的假想面。其形态可以是平面，也可以是曲面；其产状可以是直立的，也可以是倾斜的或平卧的，随褶曲的形态而变化。

（5）轴。轴是指褶曲轴面与水平面的交线。它是一条水平线，代表褶曲纵向延伸的方向，即轴的方位代表了褶曲的方位。其形态可以是直线，也可以是曲线。

（6）转折端。转折端是指从褶曲一翼向另一翼过渡的弯曲部分，即两翼的汇合部分。其形态常为圆滑弧形，也可以是尖棱状、箱状或扇状。

3.3.2.3 褶曲的分类

一般来说，褶曲的不同形态是根据褶曲要素的变化，从不同的方面，如力学性质、基本形式和形态特征等来进行分类的。按形态特征可以将褶曲分为四种形态：①褶曲的横剖面形态；②褶曲的纵剖面形态；③褶曲的弯曲形态；④褶曲的平面形态。

1. 按褶曲的横剖面形态分类

（1）直立褶曲。其褶曲轴面直立，两翼岩层倾向相反，倾角基本相等。因横剖面上两翼对称，故又称为对称褶皱，如图 3－12 (a)所示。

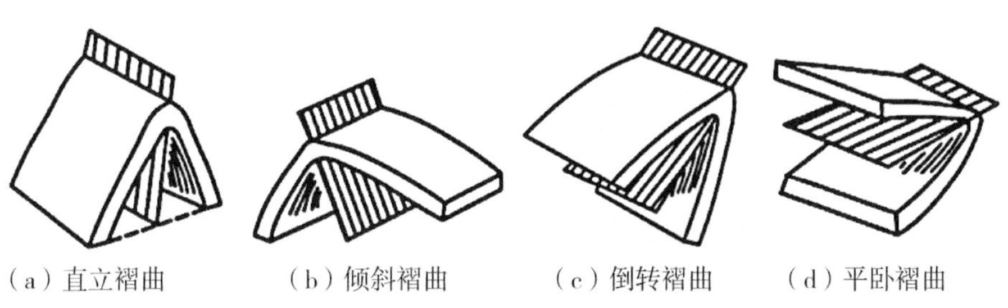

(a) 直立褶曲　(b) 倾斜褶曲　(c) 倒转褶曲　(d) 平卧褶曲

图 3－12　按褶曲的横剖面形态分

（2）倾斜褶曲。其褶曲轴面倾斜，两翼岩层倾向相反，倾角不等。因横剖面上两翼不对称，故又称为不对称褶曲或斜歪褶曲，如图 3－12（b）所示。

（3）倒转褶曲。其褶曲轴面倾斜，两翼岩层倾向相同，一翼岩层层位正常，另一翼老岩层覆盖于新岩层之上，即岩层层位发生了倒转，如图 3－12（c）所示。

（4）平卧褶曲。其褶曲轴面水平或接近水平，两翼岩层产状也接近水平状态，一翼岩层层位正常，另一翼岩层层位发生倒转，如图 3－12（d）所示。

2. 按褶曲的纵剖面形态分类

（1）水平褶曲。其褶曲枢纽近于水平延伸，呈直线状，两翼岩层走向大致平行并对称分布，如图 3－13（a）所示。

（2）倾伏褶曲。其褶曲枢纽向一端倾伏，两翼岩层露头线不平行，发生弧形合围，呈现类似“之”字形的分布，如图 3－13（b）所示。

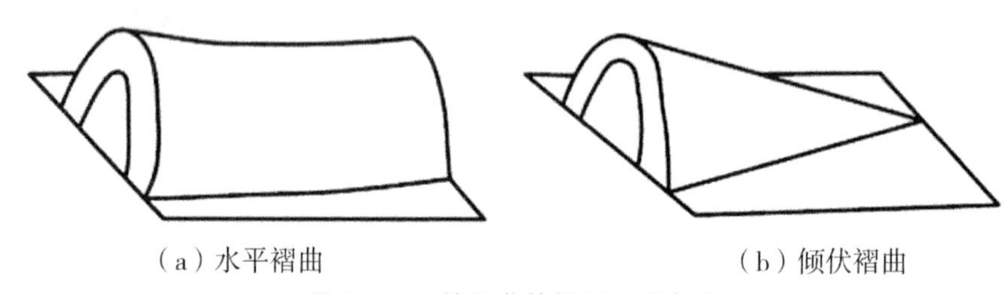

（a）水平褶曲　　（b）倾伏褶曲

图 3－13　按褶曲的纵剖面形态分

3. 按褶曲的弯曲形态分类

（1）圆弧褶曲。其褶曲两翼岩层呈圆弧状弯曲，一般转折端较宽缓。

（2）尖棱褶曲。其褶曲两翼岩层平直相交，挤压紧密，转折端呈尖角状。

（3）箱形褶曲。其褶曲两翼岩层近直立状态，转折端平直，整体形态近似箱形，常有一对共轭轴面。

（4）扇形褶曲。其褶曲两翼岩层大致对称呈弧形弯曲，局部层位倒转，转折端平缓，横截面呈扇形。

（5）挠曲。其水平或缓倾岩层中的某段的倾角突然变陡，形成台阶状。

4. 按褶曲的平面形态分类

（1）线形褶曲。其褶曲沿一定方向延伸很远，延伸的长度长，但分布的宽度短，其长宽比大于10∶1。

（2）短轴褶曲。其褶曲两端延伸不远，即倾伏。其长宽比介于10∶1至3∶1之间，呈长椭圆形。

（3）穹隆。其褶曲长宽比小于3∶1，背斜。

（4）构造盆地。其褶曲长宽比也小于3∶1，向斜。

3.3.3 褶皱工程地质问题

3.3.3.1 褶曲的识别

在少数情况下，沿山区河谷或道路两侧，或者小尺度范围内，岩层的弯曲可能直接暴露，是背斜还是向斜一目了然；在多数情况下，地面岩层呈倾斜状态，无法看清岩层的弯曲全貌，无法确定岩层是否弯曲，或者判断褶曲的类型。

除一些出露良好的小型褶皱可直接观察到褶曲形态外，多数大型褶皱已遭到严重剥蚀，地表形态与岩层分布产生了较大的变化。须按一定的辨别方法进行考察、分析，方可获悉褶皱的性质与空间状态。

在野外，判断和确定褶皱及其类型的方法有两种，分别是穿越法和追索法。穿越法是指沿垂直岩层走向方向进行观察，根据线路通过地带的岩层重复规律与对称性质，判断褶皱构造是否存在，并根据岩层出露层序及新老关系判断褶曲所属类型。通过考察、分析两翼岩层产状及其与轴面的空间关系，可进一步判断褶皱的形态特征。追索法是指沿岩层走向方向进行观察的方法，主要用以查明褶皱的延伸方向及其构造变化情况。若岩层彼此平行展布，则表明枢纽水平，为水平褶皱；若两翼岩层弧形交接，则枢纽倾伏，为倾伏褶皱；若岩层闭合交圈，则为双倾伏褶皱。在实际考察褶皱构造时，通常以穿越法为主，追索法为辅。

3.3.3.2 褶曲的工程评价

从地质构造条件看，在路线工程中往往遇到的是大型褶皱构造的一部分，无论是背斜还是向斜，在褶皱的翼部遇到的基本上是单斜构造。因此，在实际工程中，倾斜岩层的产状与路线或隧道轴线走向的关系问题就显得尤其重要。

对于深路堑和高边坡来说，当路线垂直于岩层走向，或路线和岩层走向平行但岩层倾向与边坡倾向相反时，只就岩层产状与路线的走向而言，对路基边坡的稳定性是有利的；不利的情况是路线走向和岩层走向平行，边坡与岩层的倾向相同，特别是在云母片岩、绿泥石片岩、滑石片岩、千枚岩等软质岩石分布地区，坡面容易发生风化剥落，产生严重坍塌，对路基边坡及路基排水系统造成经常性的危害；最不利的情况是路线与岩层走向平行，岩层倾向与路基边坡倾向一致，而边坡的坡角大于岩层的倾角，特别是在石灰岩、砂岩与泥岩互层，且有地下水作用时，如路堑开挖过深，边坡过陡，或者开挖使软弱结构面暴露，都容易引起斜坡岩层发生大规模的顺层滑移，破坏路基的稳定。

对于隧道工程而言，从褶皱的翼部通过是比较有利的。若中间有软质岩层或软弱构造面，则在顺倾向一侧的洞壁出现明显的压扁现象，甚至会导致支撑破坏，发生局部坍塌。

褶皱构造的轴部，从岩层的产状来说，是岩层倾向发生显著变化的地方；就构造作用对岩层整体性的影响来说，又是岩层受应力作用最集中的地方。因此，在褶皱构造的轴部，不论是公路、隧道，还是桥梁工程，都容易遇到工程地质问题，主要是由岩层破碎产生的岩体稳定性问题和向斜轴部的地下水问题。这些问题在隧道工程中尤为突出，容易产生隧道塌顶和涌水问题，严重影响正常施工。

3.4 断裂构造

岩体或岩层在地壳构造力的作用下产生变形，一旦变形超过岩体或岩层的变形极限，其连续性和完整性就会遭到破坏，从而产生大小不一且形态各异的破裂形式，我们称这个现象为断裂构造。[7] 在地壳的表层岩石圈中，断裂构造是十分常见的构造形式，其分布范围较广，特别是在大型的构造带附近。另外，断裂经常成组、成群出现，并且这些断裂可能是不同成因和不同级次的，这就导致附近的岩层呈现出复杂多变的岩体结构形态，以及表现出强度软弱、各向异性突出的工程特性。根据断裂面两侧岩体的相对位移情况，可将断裂构造分为节理和断层两种。

3.4.1 断层特征

断层是指岩体承受构造力的作用而发生断裂后，在破裂面两侧的岩体沿着断裂面发生显著的相对位移的断裂构造。断层是地壳岩体中广泛发育的地质构造，其类型多样，形态各异，且规模大小不一。大断层可以延展数百至数千千米，甚至可以切穿地壳或整个岩石圈层；而小断层在手标本上就能见到。断层是一种重要的地质构造类型，主要是由地质构造运动引起，有时滑坡、崩塌、陷落等地质现象也可形成断层。中、大型断层对多数工程，尤其是重大工程的选址、设计、运营具有控制性作用。此外，大多数地震也与断层的活动有关。

3.4.1.1 断层要素

断层要素是指断层的各个组成部分。它包括断层面、断层线、断盘、断距等几个方面，如图 3－14 所示。

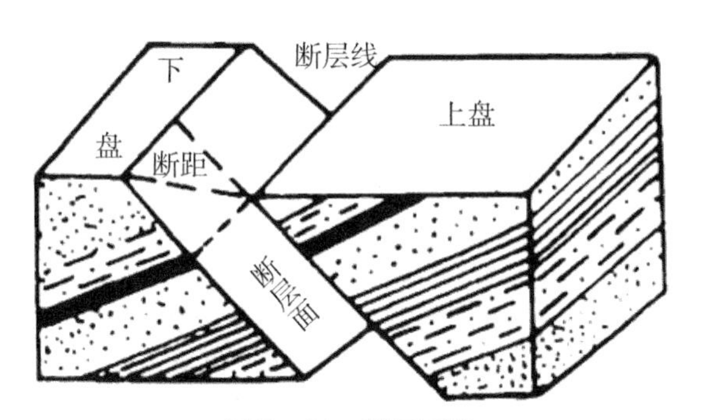

图 3－14 断层要素

（1）断层面。断层面是指相邻的岩层发生位移的破裂面。它可以是平面，也可以是曲面，空间状态根据其走向、倾向以及倾角决定。有些断层面，或者说大多数大型断层不是一个简单的断裂面，而往往是具有一定宽度的破碎带，称为断层带或断层破碎带。断层带可由一系列近于平行或相互交织的小断层组合而成，也可由构造岩或破碎岩充填而成。断层带的宽度为数厘米到数十米，甚至几百米，长度为数千米，甚至数十千米。随着断层的规模增大，断裂带也会变得更宽、更复杂。

（2）断层线。断层线是指断层面与地平面的交线。它是断层在地表的出露线，反映了断层在地表的延伸方向。断层线可以是直线，也可以是曲线，其形状取决于断层面的形态、产状和地形的起伏状况。

（3）断盘。断盘是指断层面两侧相对移动的岩块。当断层面为倾斜状态时，位于断层面以上的岩体称为上盘，位于断层面以下的岩体称为下盘。当断层直立或性质不明时，一般用断块所在的方位表示，如东盘、西盘等。

（4）断距。断距是指断层两盘相对错开的距离。岩层原来的一点在断裂之后沿断层面错开形成的两点之间的距离称为总断距。实际上，在地质调查中找到这样的特征点是很难的。总断距在不同方向上的分量也不同。总断距的水平分量称为水平断距，断层面走向线上的分量称为走向断距，倾斜线上的分量称为倾斜断距，而铅垂线上的分量称为铅直断距（也称为断层落差）。

3.4.1.2　断层分类

在对断层进行分类时，由于涉及断层的几何形态、位移方向、力学成因等诸多因素，不同学者、技术人员基于各自视角提出了不同分类方案，并不存在一个统一的分类方案。主要包括以下三个分类方案：①按断层两盘相对位移分类；②按断层力学性质分类；③按断层与相关构造关系分类。

1. 按断层两盘相对位移分类

根据断层两盘之间相对位移的情况，可将断层分为正断层、逆断层和平移断层，如图 3－15 所示。

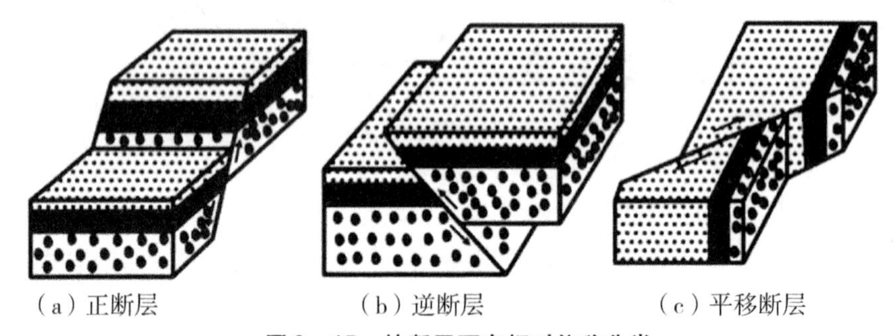

（a）正断层　（b）逆断层　（c）平移断层

图 3－15　按断层两盘相对位移分类

（1）正断层。正断层是指上盘沿断层面相对下降，下盘沿断层面相对上升的断层。其表示方法如图 3－16 所示。在受张拉或重力作用为主的地层中，常出现正断层，表现为断层面较陡直，倾角大多在 45°以上。研究表明，某些断层面陡立的大型正断层，向地下深处产状逐渐变缓，总体呈铲状或犁状；而一些高角度正断层会在地下深处联合形成一个规模巨大的低角度正断层。在地表形成的相对下降盘称为地堑，而相对上升盘称为地垒。

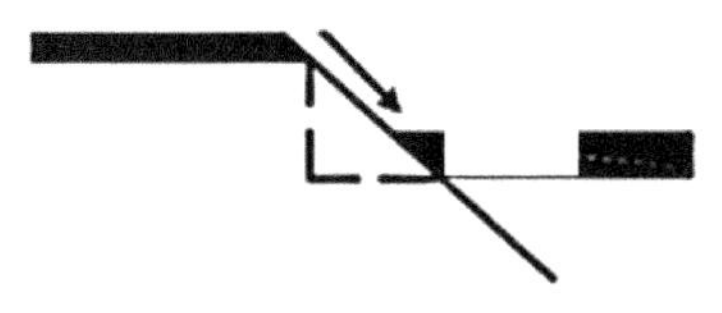

图3－16　正断层的表示方法

（2）逆断层。逆断层是指上盘沿断层面相对上升，而下盘沿断层面相对下降的断层。其表示方法如图3－17所示。逆断层的形成一般是受到地壳水平方向的强烈挤压作用，由于其形成力学条件与多数褶皱相同，因此多与褶皱伴生。由于逆断层面倾角变化范围较大，我们根据倾角的大小，将逆断层又分为以下几类：将倾角大于45°的称为逆冲断层；介于25°～45°之间的称为逆掩断层，常由倒转褶皱发展而来，形成叠瓦构造；而小于25°的称为碾掩断层，通常为规模巨大的区域性断层，常有时代较老的地层被推覆至时代较新的地层之上，形成推覆构造。

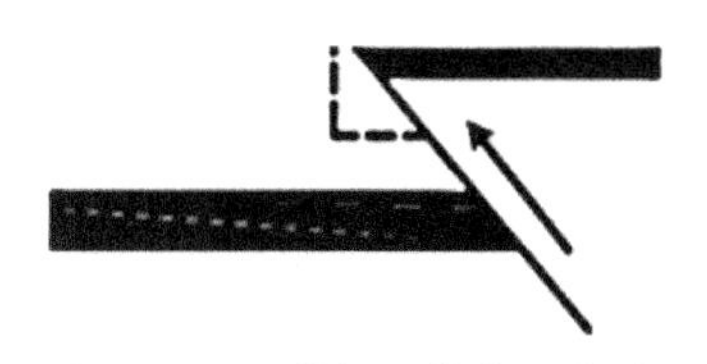

图3－17　逆断层的表示方法

（3）平移断层。平移断层是指两盘沿断层发生相对水平位移而形成的断层，是由于地壳水平剪切或不均匀侧向的挤压作用而形成的。平移断层的倾角很大，断层线平直，断层面常陡立，通常可见水平状擦痕。根据两盘相对运动方向，可将平移断层分为左行平移断层和右行平移断层。观察者站在一盘上，若对盘向左平移，则称为左行平移断层；若对盘向右平移，则称为右行平移断层。

一般来说，多数的真实断层并不仅仅沿断层面倾向或走向滑动，而是两者都会存在，即同时具备两种滑动方式。因此，可用复合名称表达断层性质，如正平移断层、平移逆断层等，前者表示以平移断层为主兼有正断层性质，而后者则以逆断层为主兼有平移断层性质。

2. **按断层力学性质分类**

根据断层形成的力学原因，可将断层分为压性断层、张性断层以及扭性断层。

（1）压性断层。压性断层的走向与压应力作用方向垂直，多以逆断层形式产出，并成群出现，形成挤压构造带。断层带往往由断层角砾岩、糜棱岩和断层泥构成软弱破碎带。在坚硬岩层中，断层面上常可见到反映断层运动方向的擦痕。

（2）张性断层。张性断层的走向垂直于张应力作用方向，多以正断层形式出现。其断层面粗糙，且形状不规则，有时呈锯齿状。断层破碎带宽度变化大，断层带中常有较疏松的断层角砾岩和破碎岩块。

（3）扭性断层。扭性断层一般为两组共生，呈“X”状交叉分布，且往往一组发育，另一组被抑制，常以平移断层形式出现。其断层面光滑，产状稳定，延伸极远，断层面上可见近于水平的擦痕，断层带内有断层角砾岩与破碎岩块。

3. **按断层与相关构造关系分类**

根据断层与岩层产状的关系，可将断层分为走向断层、倾向断层及斜向断层，如图 3－18 所示。根据断层与褶皱轴的关系，可将断层分为纵断层、横断层及斜断层，如图 3－19 所示。图 3－18、3－19 中，断层以断层走向线、箭线与四条短线表示，其中箭线代表断层倾向，而四短线所指方向为断层上盘运动方向，这也是地质图中常用的表示方法。

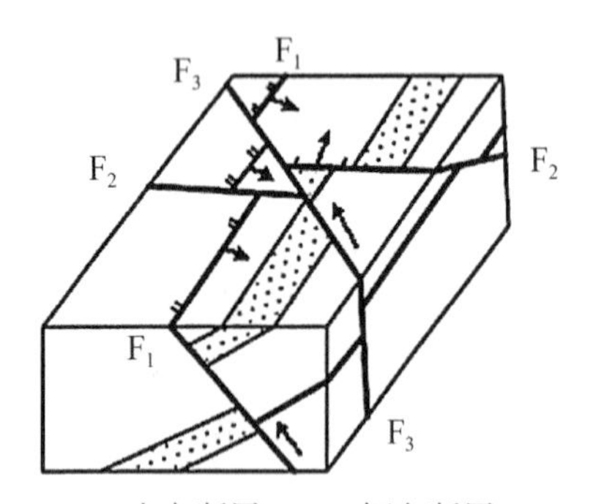

F_1—走向断层；F_2—倾向断层；
F_3—斜向断层

图 3－18　断层与岩层产状的关系

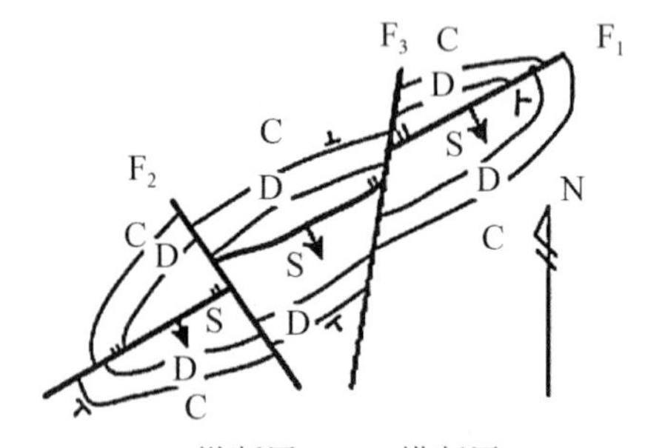

F_1—纵断层；F_2—横断层；
F_3—斜断层

图 3－19　断层与褶皱轴的关系

当断层面切割褶曲时，同一地层露头线在上、下盘的宽度或距离会有所不同。背斜上升盘核部（即褶皱中心部分的地层）同一地层露头线间距变宽，而向斜上升盘核部同一地层露头线间距变窄。

3.4.2 断层工程地质问题

3.4.2.1 断层的野外识别

断层的存在在很多情况下对实际工程是不利的。为了防止其对工程建（构）筑物产生不良影响，在工程建设时应先识别断层的存在。

岩层发生断裂并形成断层不但会改变原有地层的分布规律，还常在断层面及其相关部位形成各种伴生构造，并形成与断层构造有关的地貌现象。我们在野外时可以根据以下标志来识别断层：[8]

（1）地貌特征。当断层的断距较大时，可能会形成陡峭的断层崖，再经过剥蚀，会形成断层三角面；如果断层破碎带岩石破碎，就容易侵蚀下切，可能会形成沟谷或峡谷地形。如山脊错断、错开，河谷跌水瀑布，河谷方向发生突然转折，串珠状泉水出露等，很可能都是断裂在地貌上的反映。

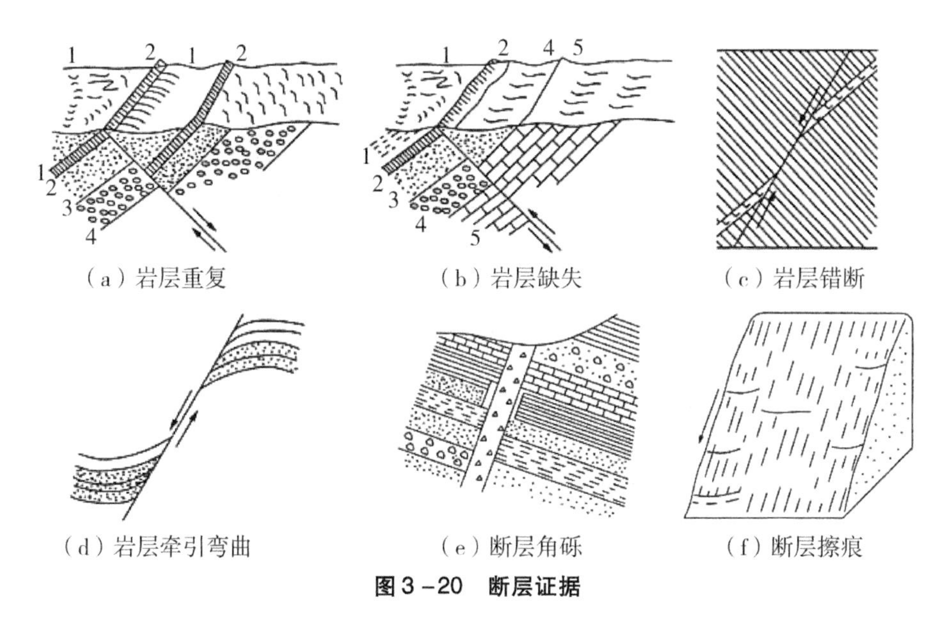

（a）岩层重复　（b）岩层缺失　（c）岩层错断

（d）岩层牵引弯曲　（e）断层角砾　（f）断层擦痕

图3－20　断层证据

（2）地层特征。若岩层发生重复［图3－20（a）］或缺失［图3－20（b）］、岩层被错断［图3－20（c）］、岩层沿走向突然发生中断或者不同性质的岩层突然接触等，则说明断层存在的可能性很大。

（3）断层的伴生构造现象。断层的伴生构造是断层在发生、发展过程中遗留下来的痕迹。常见的有岩层牵引弯曲、断层角砾、糜棱岩、断层泥和断层擦痕等。岩层的牵引弯曲是岩层因断层，两盘发生相对错动，受牵引而形成的弯曲［图3－20（d）］，多形成于页岩、片岩等柔性岩层和薄层岩层中。当断层发生相对位移时，其两侧岩石因受强烈的挤压，有时沿断层面被研磨成细泥，称为断层泥；若被研碎成角砾，则称为断层角砾［图3－20（e）］。断层角砾一般是胶结的，其成分与断层两盘的岩性基本一致。断层两盘相互错动时，因强烈摩擦而在断层面上产生一条条彼此平行的、密集的细刻槽，称为断层擦痕［图3－20（f）］。顺擦痕方向抚摸，感到光滑的方向即为对盘错动的方向。可以看出，断层伴生构造现象是野外识别断层存在的可靠标志。

3.4.2.2 断层的工程地质评价

岩层发生强烈的断裂变动，岩体的裂隙增多、岩石破碎、风化严重、地下水发育，从而降低了岩石的强度和稳定性，对工程建设造成种种不利影响。因此，在公路工程建设中确定路线布局、选择桥位和隧道位置时，要尽量避开大的断层破碎带。

在研究路线布局，特别是在安排河谷路线时，要特别注意河谷地貌与断层构造的关系。当断层走向与路线平行，路基靠近断层破碎带时，开挖路基容易引起边坡发生大规模坍塌，直接影响施工和公路的正常使用。

在进行大桥桥位勘测时，要注意查明桥基部分有无断层存在及其影响程度如何，以便根据不同情况，在设计基础工程时采取相应措施。

在断层发育地带修建隧道是最不利的一种情况。由于岩层的整体性遭到破坏，加之地面水和地下水的侵入，其强度和稳定性是很差的，容易产生洞顶塌落事件，影响施工安全。因此，当隧道轴线与断层走向平行时，应尽量避免与断层破碎带接触。隧道横穿断层时，虽然只有个别地段受断层影响，但因地质与水文条件不良，必须预先考虑措施，保证施工安全。特别是当断层破碎带规模很大时，施工会十分困难，在确定隧道平面位置时，应尽量设法避免。

3.5 地震

通俗地说，地震就是大地发生突然的振动。一般是指在地下深处，因为某种原因导致岩层发生突然破裂、滑移，或者由地下岩体塌陷、火山喷发等地质现象所释放的能量以弹性波的形式传递至地表的现象。[9] 大多数地震是由地壳运动引起的，是岩石圈内积累和释放能量所产生的一种地质作用。地震可引起地表产生迅速而强烈的无规则振动，导致地面开裂、错动、隆起、沉陷，并能引发诸如崩塌、滑坡、泥石流、海啸等多种次生灾害，从而导致各类建（构）筑物产生变形、开裂乃至倒塌，给人类造成巨大的生命和财产损失。

3.5.1 地震活动

地球几乎每时每刻都在发生地震。据统计，地球每年大概发生 500 万次地震，但是绝大多数地震因为能量微弱，人们察觉不到它的存在，而人们能够感觉到的地震大概有 5 万次，其中能够造成破坏的约 1000 次。我国地处太平洋地震带及地中海至中亚地震带之间，是典型的地震多发国家，地震活动具有一些典型的特点：震源浅，强度大，频度高，分布广。根据相关统计，从古至今，我国都是地震灾害最严重的国家之一。我国早期的强震有 1303 年的山西洪洞赵城地震、1556 年的陕西华县地震、1920 年的宁夏海原地震等，近期的强震有 1966 年的河北邢台地震、1975 年的辽宁海城地震、1976 年的河北唐山地震、2008 年的四川汶川地震等。

3.5.1.1 地震的基本概念

一般情况下，在大地震发生的前后，会陆续发生多次属于同一震源体的中小地震，我们称这个现象为地震序列。在地震序列中，有前震、主震和余震之分。前震是指最初发生的小振动，也是在主震发生之前的地震；主震是指前震活动逐渐加强后，接着发生的激烈的大地震，也是地震序列中最大的一次地震；而余震则指主震后继续发生的大量小地震。

震源是指在地震发生时，地壳内部发生振动的部位，震源在地面上的垂直投影位置称为震中，而从震中到震源的距离就是震源深度；震中距是指地面上任何一个地方或观测点（如地震台）到震中的直线距离；地震影响程度相同的各点连线称为等震线，如图3－21所示。地震按震源深度可以分为浅源地震（震源深度0～70 km）、中源地震（震源深度70～300 km）、深源地震（震源深度超过300 km）。震源不仅限于地壳和岩石圈的范围，而且有些位于地幔的范围内。浅源地震对地表的建（构）筑物危害最大，约占地震总数的72.5%，同时其释放的能量也最多，占地震总能量的85%；中源地震发震次数较少，占地震总数的23.5%，释放的能量约占总能量的12%；深源地震仅占地震总数的4%，释放的能量只占总能量的3%左右。

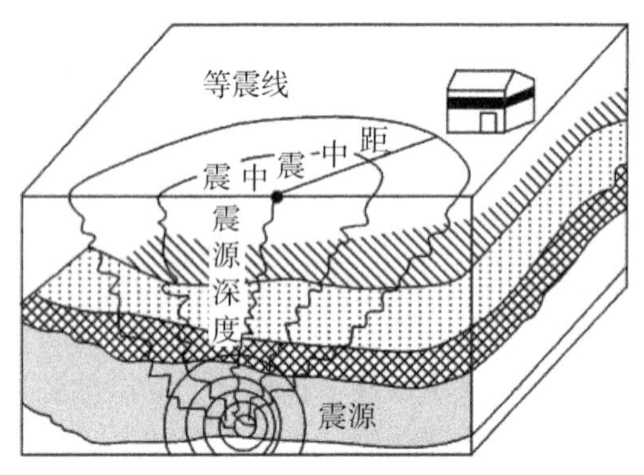

图3－21　地震构造示意

1. **地震波**

在地震发生时，震源释放的应变能以弹性波的形式向四面八方传播，称为地震波。地震波使地震具有巨大的破坏力，也使人们得以研究地球内部。地震波包括在地球内部传播的体波和沿地面附近岩土体传播的面波。

（1）体波。体波包括纵波与横波两种类型。纵波（P波）是指由震源传出的压缩波，其质点的振动方向与波的前进方向一致，一疏一密向前推进，所以又称为疏密波。它周期短，振幅小，传播速度是所有波当中最快的一种，在近地表岩石中可达5～6 km/s，振动的破坏力较小。横波（S波）是由震源传出的剪切波，其质点的振动方向与波的前进方向垂直，传播时介质体积不变，但形状改变。它周期较长，振幅较大，传播速度较小，为纵波速度的1/2～3/5，在近地表岩石中的传播速度为3～4 km/s，振动的破坏力较大。

（2）面波。面波（L 波）是体波达到界面后激发的次生波，它只是沿着地球表面或地球内的边界传播。随着震源深度的增加，面波迅速减弱、消失，震源越深，面波越不发育。面波振幅最大，波长最长，衰减及波速也最慢。在一次地震过程中，典型地震仪记录到的首先是纵波，其次是横波，最后才是面波。一般情况下，横波和面波到达时振动最强烈，是造成地震破坏的主因。

2. 地震震级

地震震级是用来对地震本身大小和程度进行等级划分的，以符号 M 表示，其量值与震源释放出来的能量大小相关，能量越大，震级越大。震级是根据地震仪记录的地震波最大振幅经过计算求出的，是一个没有量纲的数值。震级标准又称为里氏震级，最先是由美国地震学家里克特提出来的。因为每次地震所积蓄的能量是有一定限度的，所以地震的震级也不会无限大。一次地震只有一个震级。震级（M）和震源释放出的总能量（E）之间的关系见表 3－1。

表 3－1　震级（M）和震源释放出的总能量（E）之间的关系

M	E/J
1	2.0×10^{6}
2	6.3×10^{7}
3	2.0×10^{9}
4	6.3×10^{10}
5	2.0×10^{12}
6	6.3×10^{13}
7	2.0×10^{15}
8	6.3×10^{16}
8.5	3.6×10^{17}
8.9	1.4×10^{18}

震级从小到大，其能量以 30 倍左右的比例递增。一次 7 级地震所释放出的能量（2.0×10^{15} J）相当于 30 个 2 万吨级原子弹爆炸释放的能量。按照震级大小，可以把地震划分为超微震、微震、弱震、强震和大地震。

(1) 超微震。指震级小于1的地震，人们感觉不到，只能用仪器测出。

(2) 微震。指震级大于1且小于3的地震，人们也感觉不到，只能靠仪器测出。

(3) 弱震。又称为小震，指震级大于3且小于5的地震，人们可以感觉到，但地震一般不会造成破坏。

(4) 强震。又称为中震，指震级大于5且小于7的地震，可以造成不同程度的破坏。

(5) 大地震。指7级及以上的地震，常造成极大的破坏。

3. 地震烈度

地震烈度是指地震对地表和建（构）筑物等破坏强弱的程度。[10]它不仅取决于地震能量，而且也与震源深度、震中距、地震传播介质等因素有关。一次地震只有一个震级，如辽宁海城地震（1975年）是7.3级，河北唐山地震（1976年）是7.8级。但同一次地震对不同地区的破坏程度不同，地震烈度也不一样。如同一个炸弹，其所含炸药量相当于震级，炸弹爆炸后对不同地点的破坏程度相当于地震烈度。地震烈度是根据人的感觉、家具及物品振动的情况、房屋等建（构）筑物受破坏的程度和地面受破坏的情况等进行划分的。根据地面建（构）筑物受破坏程度和影响程度，我国把地震烈度分为十二度，每一烈度均有地震加速度、地震系数以及地震情况，以作为确定地震烈度的标准，见表3-2。

表3-2 中国地震烈度划分（1980年）

烈度	人的感觉	对建筑物的影响	其他现象
Ⅰ	无感	—	—
Ⅱ	室内个别静止的人有感	—	—
Ⅲ	室内个别静止的人有感	门、窗轻微作响	悬挂物微动
Ⅳ	室内多数人有感，室外少数人有感，少数人惊醒	门、窗作响	悬挂物明显摆动，器皿摇晃作响
Ⅴ	室内人普遍有感，室外多数人有感，多数人惊醒	门、窗、屋顶、屋架颤动，灰土掉落，抹灰出现细微裂缝	不稳定器物翻倒

续上表

烈度	人的感觉	对建筑物的影响	其他现象
Ⅵ	人们惊慌失措，室内人仓皇出逃	建筑物损坏，个别砖瓦掉落，墙体出现细微裂缝	河岸和松散土上出现裂缝，饱和砂土出现喷砂冒水，地面上有的砖烟囱出现轻度裂缝、掉土
Ⅶ	室内大多数人仓皇出逃	建筑物轻度损坏，局部遭破坏、开裂，但不影响使用	河崖出现坍方、喷砂冒水现象，松软土裂缝较多，大多数砖烟囱遭中等破坏
Ⅷ	摇晃颠簸，行人行走困难	建筑物中等损坏，结构受损，需要修理	干硬土上有裂缝，大多数烟囱遭严重破坏
Ⅸ	人们坐立不稳，行走的人可能摔倒	建筑物严重损坏，墙体龟裂，局部倒塌，修复困难	干硬土上许多地方出现裂缝，基岩上可能出现裂缝，滑坡、坍方常见，砖烟囱倒塌
Ⅹ	骑自行车的人会摔倒，处于不稳状态的人会摔出几尺远，有抛起感	建筑物大部分倒塌，不堪修复	山崩和地震断裂出现，基岩上的拱桥遭破坏，大多数烟囱从根部遭破坏或倒塌
Ⅺ	—	建筑物倒塌、损毁	地震断裂延续很长，山崩常见，拱桥遭破坏
Ⅻ	—	—	地面剧烈变化，山河改观

注：Ⅰ～Ⅴ度以地面上人的感觉为主；Ⅵ～Ⅹ度以房屋震害为主，人的感觉仅供参考；Ⅺ、Ⅻ度以地表现象为主，其评定需要专门研究。

一般来说，在其他条件相同的情况下，震级越大，震中烈度就越大，地震影响波及的范围也越广。若震级相同，则震源越浅，对地表的破坏性越大。如 1960 年 2 月 29 日，摩洛哥艾加迪尔发生地震，虽然它的震级为 5.8 级，但震源深度仅为 2～3 km，震中烈度竟然达到Ⅸ度，造成十分严重的破坏。深源地震一般震级很大，而烈度却很小。

地震烈度的大小与震中距有很大关系。如1975年2月辽宁海城地震(7.3级)震中烈度为Ⅸ度，在沈阳减为Ⅵ度，北京减为Ⅳ度，长江以南地区则不受任何影响。震中距相同，而地质构造、房屋等建(构)筑物结构以及其他条件不同，往往也出现不同的地震烈度。例如，地质基础坚实，烈度就相应小些；地质基础薄弱，或有断层、古河道通过，烈度就相应提高。1976年7月28日唐山地震，玉田、丰润距离震中只有几十千米，但受破坏程度较轻；而距唐山较远的平谷(今北京市平谷区)、通县(今北京市通州区)、大兴(今北京市大兴区)的某些地方，反倒遭到较重的破坏。以平谷将军关为例，那里正好有一条断层通过，坐落于断层上的民房有很多倒塌。基于上述原因，在高烈度区中会出现小范围的低烈度区(称为“安全岛”)，在低烈度区中也会出现小范围的高烈度区。这些异常现象统称为地震烈度异常。根据地震资料准确地划出“安全岛”的范围，对于建设规划有着重要的现实意义。

作为工程中的抗震设防标准，地震烈度又可分为基本烈度、场地烈度和设防烈度。

(1)基本烈度。基本烈度是指在今后一定时期内(一般指100年内)，某一地区在一般场地条件下可能遭遇的最大地震烈度。基本烈度所指的地区，并不是某一具体工程场地，而是指一较大范围，如一个区、一个县或更广泛的地区，因此，基本烈度又常称为区域烈度。

鉴定和划分各地区地震烈度大小的工作，称为烈度区域划分，简称烈度区划。烈度区划不应只以历史地震资料为依据，而应采取地震地质与历史地质资料相结合的方法进行综合分析，深入研究活动构造体系与地震的关系，才能较准确地划分。各地基本烈度定得准确与否，与该地工程建设的关系甚为密切。如果烈度定得过高，设计标准提高，就会造成人力和物力上的浪费；定得过低，设计标准降低，一旦发生较大地震，必然造成重大损失。

(2)场地烈度。场地烈度是指在建(构)筑物场地范围内，因地形地貌、水文等地质条件不同而引起的基本烈度变化后的烈度水平，也称为小区域烈度。它提供的是地区内普遍遭遇的烈度，具体场地的地震烈度与地区内的平均烈度常常是有些差别的。对许多地层进行的调查研究表明，在烈度高的地区内可以包含烈度较低的区域，而在烈度低的地区内也可以包含烈度较高的区域，也就是常在地震灾害报道中出现的“重灾区里有轻灾区，轻灾区里有重灾区”的情况。

通过专门的工程地质、水文地质调查工作，查明场地条件，确定场地烈度，对工程设计有重要的意义：①有可能避重就轻，选择对抗震有利的地段布设路线和桥位；②使设计所采用的烈度更切合实际情况，避免偏高或偏低。

（3）设防烈度。在场地烈度的基础上，考虑工程的重要性、抗震性和修复的难易程度，根据规范进一步调整，得到设计烈度，亦称为设防烈度。设防烈度是国家审定的一个地区抗震设计实际采用的地震烈度，一般情况下，可采用基本烈度。

《建筑抗震设计规范》（GB 50011—2010）（2016 年版）将抗震设防烈度定为Ⅵ～Ⅸ度，并规定Ⅵ度区建筑以加强结构措施为主，一般不进行抗震验算；设防烈度为Ⅹ度的地区的抗震设计宜按有关专门规定执行。

3.5.1.2 地震的成因类型

地震可根据其形成的原因分为自然地震与人工地震。[11] 自然地震是目前灾害性地震活动的主要类型，包括构造地震、火山地震和塌陷地震三种类型。随着人类活动能力的增强，人工地震越来越多，影响也越来越大，主要包括诱发地震和引发地震两种类型。

1. 自然地震

（1）构造地震。构造地震是指地壳活动导致地下岩层错动、断裂而形成的地震，即构造变动所产生的地震。全球已发生的绝大多数地震是构造地震，占全球地震活动总数的 90% 以上，破坏力最强，是目前人类主要研究和预防的地震类型。构造地震的孕育、发生过程大致为：地壳板块间持续相对运动，会在板块结合部位及内部大型断裂带上产生形变并积蓄大量应变能，一旦应力超过岩体或断裂面的极限强度，就发生大范围的突然断裂或错动，并释放大量能量，其中部分能量以弹性波的形式到达地面形成地震。地壳岩体中先期断裂带的强度往往相对较弱，更易滑动形成地震。事实上，地震常发生于先期断裂带的端点、转折处及不同断裂的交会处。由于地壳运动缓慢，应力积累往往需要较长时间，加之地壳岩体组成、结构、构造复杂，因此，目前的理论很难预测其发生的时间、地点、规模等内容，有人甚至认为地震是随机事件，无法进行准确预测。

（2）火山地震。火山地震是指由于火山活动引起的地震。在火山活动时，岩浆喷发冲击岩体，或高压引起局部应力变动而导致小构造活动，从而引发地震。此类地震可发生于火山喷发前，亦可发生于火山喷发中。通常震源限于火山活动地带附近，深度不超过 10 km，影响范围小，数量较少，仅占地震总数的7%左右。火山地震主要发生在日本、意大利、印度尼西亚等国。

(3) 塌陷地震。塌陷地震是指因岩层崩塌陷落而形成的地震，此外，巨型崩塌、滑坡所引起的地震也可归入此类。塌陷地震主要发生在石灰岩岩溶区，石灰岩岩层长期受地下水溶蚀形成溶洞，洞顶塌落形成地震。塌陷地震一般震源浅、能量小，影响范围及危害程度亦较小，数量仅占地震总数的3%左右。

2. 人工地震

(1) 诱发地震。诱发地震是指人类的工程活动（如水库蓄水、油田注水等）引起深部岩体的强度或应力条件发生变化，并导致先前积蓄的应变能释放，从而形成地震。诱发地震中最常见的是由水库蓄水所引起的地震。如1962年3月19日，我国广东新丰江水库发生地震，最大震级达6.4级；1967年12月11日，印度科因纳水库发生地震，震级达6.5级，并造成数千人伤亡，水坝及附属设施严重受损。

(2) 引发地震。引发地震是指人类进行地下核爆炸、集中爆破及采空区塌陷等直接引发的地震效应。如2016年9月9日，朝鲜核试验引发5级地震。

3.5.2 地震特征

我国是一个地震多发的国家，早在夏朝就有了地震记录。中华人民共和国成立后，1976年的唐山大地震以及2008年的汶川大地震都造成了大量的人员伤亡和经济损失。从若干地震发生的过程不难总结出，我国地震有发生时间短，但振动延续周期较长的特征。

3.5.2.1 地震分布

构造地震数量多、危害大，是目前地震研究的主要类型，这里所讨论的地震分布是指构造地震的分布。构造地震并非均匀地分布于地球的各个角落，而是集中于某些特定的条带上或板块边界附近，我们将这些地震分布集中的地带称为地震带。

1. 全球地震分布

地震在世界范围内的分布极为广泛，几乎没有国家不受地震的影响。地震不仅发生在陆地上，也会形成于大洋底部，其分布受构造条件控制，多与近代造山运动和地壳大断裂带重合。世界范围内的主要地震带包括：①环太平洋地震带；②地中海—喜马拉雅地震带；③大洋中脊和大陆裂谷地震带。

（1）环太平洋地震带。环太平洋地震带的地震活动最强，全世界约80%的浅源地震、90%的中源地震及几乎全部的深源地震都发生在这一带，其释放的能量占全球地震总能量的80%。该地震带沿南北美洲西海岸向北至阿拉斯加，经阿留申群岛至堪察加半岛，再转向西南，沿千岛群岛至日本列岛，随后分为两支，一支向南经马里亚纳群岛至伊里安岛，另一支向西南经我国台湾、菲律宾、印度尼西亚至伊里安岛，两支交会后经所罗门群岛至新西兰。

（2）地中海—喜马拉雅地震带。地中海—喜马拉雅地震带是一条穿越欧亚大陆的地震带，亦称为欧亚地震带。它总长约15000 km，还包括非洲北部，大致呈EW（东西）走向，宽度各地不一，在大陆部分常有较宽的宽度，并有分支现象。该带地震西起大西洋亚述尔群岛，经地中海、希腊、土耳其、印度北部、我国西部及西南地区，过缅甸至印度尼西亚与环太平洋地震带汇合。该带地震活动性也较为强烈，环太平洋地震带之外的几乎所有地震均发生于此带，其释放的地震能量约占全球地震总能量的15%。

（3）大洋中脊和大陆裂谷地震带。大洋中脊地震带呈线状分布于各大洋中部，带内地震多为弱震且小于5级，极少达到7级。与大陆地震不同的是，由于洋壳较薄，该带地震多发生于地幔顶部，震源深度小于30 km。大陆裂谷地震带分布于各大陆中部的大型活动断裂带上，如东非裂谷带、我国西部以及中亚的若干活动断裂带。

2. 中国地震分布

我国地处环太平洋地震带与地中海—喜马拉雅地震带的交汇区域，受太平洋板块、印度板块和菲律宾海板块的挤压，地震断裂带十分发育。因此，我国是一个地震多发的国家。我国陆地上主要分布着五大地震带，具体如下：

（1）东南沿海及台湾地震带。属环太平洋地震带，其中台湾地震最为频繁。

（2）郯城—庐江地震带。自安徽庐江向北至山东郯城一线，并穿越渤海，经辽宁营口与吉林舒兰、黑龙江依兰断裂带连接，是我国东部的强地震带。

（3）华北地震带。北起燕山，向南经山西至渭河平原，形成“S”形地震带。

（4）南北向地震带。北起贺兰山、六盘山，横越秦岭，过甘肃文县，沿岷江向南，经四川盆地西缘直达云南东部地区。

（5）西藏—云南西部地震带。属地中海—喜马拉雅地震带。

此外，我国还有河西走廊地震带、天山南北地震带及塔里木盆地南缘地震带等。

3.5.2.2 我国地震地质的基本特征

我国地震地质的基本特征可归纳为如下五个方面：

（1）强震活动受活动构造的严格控制。如地震活动最为强烈的 SN（南北）向地震带自云南东部向北，经四川西部至甘肃东部，越过秦岭西到六盘山、贺兰山一带，由近 SN 向的红河断裂、小江断裂、则木河断裂、安宁河断裂、鲜水河断裂、龙门山断裂、六盘山断裂及银川地堑等一系列著名的活动断裂带展布，地震活动的强度大而频率高。而呈“S”形展布的汾渭地堑内部历史上多次发生的强烈地震活动，均受控于该地堑内断裂的活动。

（2）我国大陆地震受控于现代构造应力场的特征。西部地区地震活动的强度和频率较之东部地区要大得多，这是因为印度板块向北推挤所造成的强大的近 SN 向主压应力，使这一地区形成了巨大的活动断裂，有近 EW 向的逆掩和逆冲断裂、近 SN 向的正断裂，还有更多的 NW（北西）和 NE（北东）向走滑断裂，现代构造活动强烈而复杂。东部地区地震活动主要分布于华北断块的银川地堑、汾渭地堑、河北平原和郯城—庐江大断裂带，因受太平洋板块俯冲所造成的 NEE（北东东）向主压应力作用，这些活动构造都做右旋走滑错动。它们都有过发生 8 级地震的历史记载，但地震频度不高。而华南断块则以现代构造活动和地震活动较微弱为基本特征。

（3）强震活动经常发生在断裂带应力集中的特定地段上，这些地段有：活动断裂转折部位、端点部位、分支部位以及不同方向活动断裂的变汇部位。如 1920 年宁夏海原 8.5 级地震发生在祁连山北缘大断裂由 NWW（北西西）向转为 SSE（南南东）向的转折处。1950 年西藏察隅 8.5 级地震亦发生在喜马拉雅褶皱断裂带东缘急剧转折部位。1927 年甘肃古浪 8 级地震发生在 NWW 向皇城—塔儿庄断裂和 NNW（北北西）向武威—天祝断裂的交汇处。1976 年河北唐山 7.8 级地震亦发生在活动强烈的 NE 向沧县—唐山断裂与五条向唐山、丰南聚敛的 NW 向断裂交汇部位。

（4）绝大多数强震发生在一些稳定断块边缘的深大断裂带上，而稳定断块内部很少或基本没有强震分布。如四川台块、鄂尔多斯台壕、塔里木台块和准噶尔台块等就是这类稳定断块。围绕这些断块的深大断裂带则为强震发生带。

（5）裂谷型断陷盆地控制了强震的发生。裂谷型断陷盆地是由张应力作用产生的，有地堑型和断裂型两种，其中形成于晚第三纪和第四纪的新生盆地是强震发生的主要场所。如银川地堑和汾渭地堑呈 NE－NNE 走向，地堑内部构造活动复杂，强震都发生在地堑内特殊的构造部位，而其两侧的活动性断裂则极少有强震发生。断裂型盆地是由走滑型活动断裂带某些部位诱发的张应力所产生的串珠式断陷盆地，如川滇的安宁河断裂带和小江断裂带内的盆地、新疆富蕴断裂带内的盆地等，这些盆地内同样可以孕育强震。据统计，我国大陆地区与断陷盆地有关的 6 级以上强震，70% 发生在这两种盆地内。

3.6　地质图

地质图是反映地质现象和地质条件的图件，通常是将野外测绘、调查的结果按一定比例缩小后，以规定的符号标注在平面图上形成的。地质图是进行地质研究、工程建设所必需的基本资料，掌握其阅读、分析及绘制方法，对正确认识工程区域地质环境、指导工程建设具有重要意义。

3.6.1　地质图的概念

3.6.1.1　地质图的分类

根据地质图所反映地质内容侧重点的不同，可将其分为以下六个类型：

（1）普通地质图。普通地质图是表示某地区的地层分布、岩性和地质构造等基本地质内容的图件。

（2）构造地质图。构造地质图是反映区域内褶皱、断层等地质构造类型或构造格架规模和分布情况的图件。

（3）第四纪地质图。第四纪地质图是反映第四系松散沉积物的成因、年代、成分和分布情况的图件。

（4）基岩地质图。基岩地质图是假想将第四系松散沉积物剥除后，仅反映第四系以前基岩的时代、岩性和分布情况的图件。

（5）水文地质图。水文地质图是反映地区水文地质情况的图件，可分为岩层含水性图、地下水化学成分图、潜水等水位线图和综合水文地质图等类型。

（6）工程地质图。工程地质图是指各类工程建设专用地质图，如房屋建筑工程地质图、水库坝址工程地质图、矿山工程地质图、铁路工程地质图、公路工程地质图、港口工程地质图以及机场工程地质图等。此外，工程地质图可根据具体工程项目进一步细分，如铁路工程地质图还可分为线路工程地质图、工点工程地质图，而工点工程地质图又可分为桥梁工程地质图、隧道工程地质图和站场工程地质图等。各工程地质图包括各自的平面图、纵剖面图和横剖面图等。

工程地质图一般是在普通地质图的基础上，增加各种与工程有关的内容形成的。如在线路工程地质平面图上，应绘制线路位置、滑坡、泥石流、崩塌等不良地质现象的分布情况等；而在隧道工程地质纵剖面图上，应增加隧道位置、围岩类别、地下水位和水量、岩石风化界线和节理产状等地质内容。

实践中最常用的地质图为普通地质图，一幅完整的普通地质图包括地质平面图、地质剖面图和综合地层柱状图。地质平面图主要表达区域地表地质条件，主要涉及地层和地质构造两个方面，通常是将野外地质勘测结果直接绘制在地形图上而得到；地质剖面图主要反映某断面地表以下的地质条件，可通过野外测绘与勘探工作编制，也可在室内根据地质平面图制作，其主要作用是配合地质平面图反映某些重要部位的地质条件，对区域地层层序、相互交切关系以及构造形态等地质条件的反映比平面图更为直观、清晰；综合地层柱状图是专门反映区域内各地层的年代、厚度、接触关系等特征的图件，不涉及地层构造特征。

3.6.1.2 地质图的内容

一幅正规的地质图应有统一的规格，除图幅本身外，还包括图名、比例尺、图例、编图单位、编图日期、编图人和资料来源等，并附有地质剖面图、综合地层柱状图和接图表。

（1）图名。图名常用美观的大字整齐地书写于图幅的上方中间位置，图名应表明图幅所在地区和图的类型，如“广州市区域地质图”等。为了进一步表明该图所在的地理位置，一般在图框外图名正下方注明图幅的国际统一编号，以便查图之用。

（2）比例尺。比例尺是用以表明图幅内反映实际地质情况的详细程度和地质体的大小。地质图的比例尺与地形图的比例尺一样，常用数字比例尺和线段比例尺两种。一般数字比例尺放在图名之下，线段比例尺放在图框外正下方。

（3）图例。图例是一张地质图不可缺少的组成部分，不同类型的地质图有不同的图例。一般地质图图例是用各种规定的颜色、花纹和符号等表示地层时代、岩性和产状等。图例通常放在图框的右侧或下方，也可绘在图框内。当图例置于图框外右侧时，一般是按地层、岩石和构造的顺序依次从新到老、自上而下排列；当图例置于图框下方时，应按沉积岩、岩浆岩、变质岩和构造符号等的顺序从左到右依序绘制。

对已确定时代的喷出岩和变质岩，要按时代列于相应的地层图例位置上。侵入岩图例放在地层图例之下，已确定时代的侵入岩图例按由新到老的顺序自上而下依次排列。时代未确定的岩浆岩则按由酸性到基性的顺序自上而下排列。构造符号的图例置于岩浆岩图例之下，一般由上而下依次排列地质界线、褶皱轴迹、断层、节理及层理、劈理、片理、流线、流面的产状要素。除断层用红色线条绘制外，其余均用黑色。对实测与推测的地层界线和断层图例应分别用不同的符号表示，一般实测的地质界线用实线，推测的地质界线用虚线。

必须指出，凡图幅内表示的地层、岩石、构造和其他地质内容都应有图例。图内没有的地质内容不能列在图例中。地形图上的图例一般不列在地质图上。

（4）地质剖面图。地质剖面图一般位于地质图框外的正下方，一幅正式的地质图应附有一两幅切过全区主要地质构造的剖面图。地质剖面图有一定的要求（如要有图名、比例尺、剖面方位、图例、标高等）。剖面图的垂直比例尺和水平比例尺一般应与地质图比例尺一致。剖面图的放置，一般是将剖面线的南端和南东、北东、东端放在图的右边，北端和南西、北西、西端放在图的左边。剖面图图例亦应与地质图图例一致。

（5）综合地层柱状图。正式的地质图或地质报告常附有工作区的综合地层柱状图，一般位于地质图框外左侧，有时附在地质图的右侧，或绘成单独的一幅图。比例尺可根据反映地层的详细程度和地层总厚度确定。图名置于地层柱状图正上方，一般标为“××地区综合地层柱状图”。

综合地层柱状图是将工作区所有出露地层的新老叠置关系恢复成水平状态，然后切出一个具代表性的柱子。柱子内包含各地层单位、层厚、时代、地层接触关系、古生物化石和岩性等，一般只绘出地层（包括喷出岩），不含侵入体。当地质图内侵入岩比较多时，也可按照综合地层柱状图的式样，按照岩石谱系单位将侵入岩的代号、时代、侵入关系、岩石花纹及其与围岩的接触关系绘在柱状图上。

在地质柱状图中，各栏目可根据工作区实际情况和工作任务适当调整。如“化石”一栏有时可并入“岩性简述”栏内，水文地质、地貌和矿产等可列成不同栏，也可归入“岩性简述”栏内，有时甚至将其省略。

（6）接图表。接图表一般位于地质图框外的右下方，从接图表中可以清楚地看到该地质图与相邻哪些地质图相接壤。内容有图幅名和国际统一编号，以便查找所需地质图幅。

（7）责任栏。责任栏一般位于地质图右下方。内容有地质图的编制单位、编审人员和成图日期等，以便于查找。

3.6.1.3 地质内容在地质图上的反映

1. 地层岩性的表示

地层岩性在地质图上是通过地层分界线、地层年代代号、岩性符号和颜色，并配合图例说明来表示的。

（1）第四纪松散沉积层。第四纪松散沉积层形状不规则，但有一定的规律性，大多在河谷斜坡、盆地边缘、平原与山地交界处，大致沿山麓等高线延伸。

（2）岩浆侵入体的界线。岩浆侵入体的界线形状最不规则，也无规律可循，需根据实地情况测绘。

（3）层状岩层的界线。层状岩层的界线最常见。若上下地层之间的接触关系为整合接触或平行不整合接触，则上下岩层界线是平行的；若上下地层之间的接触关系是角度不整合接触，则上下岩层界线是相交的。

（4）水平岩层。水平岩层的产状与地形等高线平行或重合，呈封闭的曲线。

2. 不同产状岩层的分布特征

在地质图上，根据图例和标志可知岩层在空间的展布状况，也可通过地质界线与地形等高线之间的关系判断其空间展布。

（1）水平岩层。水平岩层界线与地形等高线平行或重合。

（2）倾斜岩层。倾斜岩层可分为三种不同的情况：当岩层倾向与地形坡向相反时，地层界线的弯曲方向（“V”字形弯曲尖端）和地形等高线的弯曲方向相同，但地层界线的弯曲程度比地形等高线的弯曲程度小［图3－22（a）］；当岩层倾向与地形坡向相同，而且倾角大于地面坡角时，地层界线的弯曲方向与地形等高线的弯曲方向相反［图3－22（b）］；当岩层倾向与地形坡向相同，而且倾角小于地面坡角时，地层分界线的弯曲方向与地形等高线的弯曲方向相同，但地层界线的弯曲程度比地形等高线的弯曲程度大［图3－22（c）］。

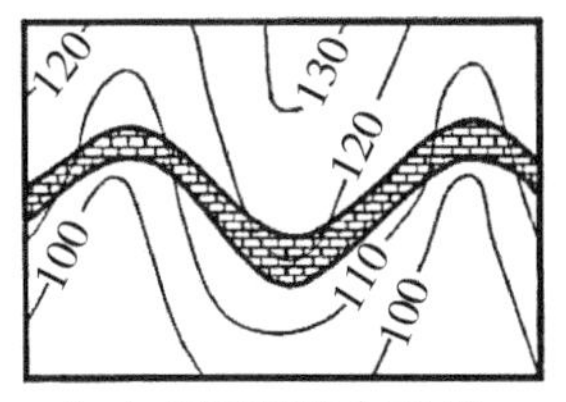

（a）岩层倾向与地形坡向相反

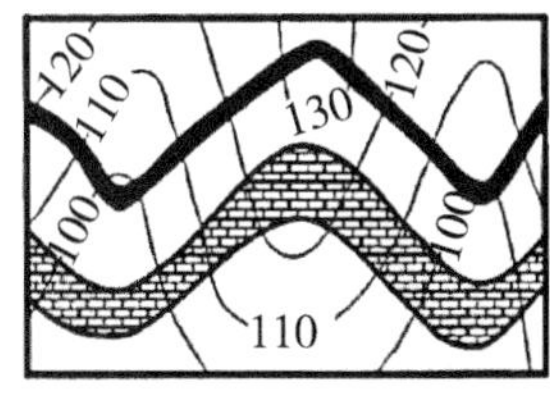

（b）岩层倾向与地形坡向相同且倾角大于地面坡角

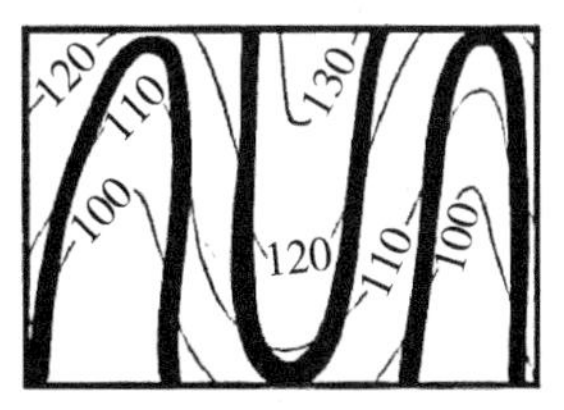

（c）岩层倾向与地形坡向相同且倾角小于地面坡角

图3－22　倾斜岩层在地质图上的分布特征

（3）直立岩层。直立岩层界线不受地形等高线的影响，走向呈直线延伸，并与地形等高线直交。

3. 褶曲

一般根据图例符号识别褶曲。若没有图例符号，则须根据地层的新老对称分布关系来确定。一般来说，当地表地层出现对称重复时，有褶曲存在。若核部地层老，两翼地层新，则为背斜；若核部地层新，两翼地层老，则为向斜。然后根据两翼地层产状，再具体判别其纵横剖面上的褶曲形态，确定褶皱的具体类型。

4. 断层

一般也是根据图例符号识别断层。若无图例符号，则根据地层的重复、缺失、中断、宽窄变化或错动等现象来识别。

断层在地质图上用断层线来表示。如果断层倾角较大，那么断层线在地质平面图上通常是一段直线，或近于直线的曲线；如果断层倾角较小，那么断层线在地质平面图上通常是弧线，其弯曲程度取决于断层倾角。断层线两侧地层出现重复、缺失、中断、宽窄变化或前后错动等现象。

当断层走向大致平行于地层走向时，断层线两侧出现同一地层不对称重复或缺失。地面被剥蚀后，出露老地层的一侧为上升盘，出露新地层的一侧为下降盘。当断层走向与地层走向垂直或斜交时，不论正断层、逆断层还是平移断层，在断层线两侧地层都会出现中断和前后错动现象。

当断层与褶皱轴线垂直或斜交时，表现为翼部地层顺走向不连续，褶皱核部的地层宽度在断层线两侧也有变化。若是背斜，上升盘核部地层出露的范围变宽，下降盘核部地层出露变窄［图 3－23（a)］；向斜的情况正好与背斜相反，上升盘核部地层出露变窄，而下降盘核部地层出露变宽［图 3－23（b)］。平移断层两盘核部岩层的宽度不会发生变化，或者变化较小，在断层线两侧仅表现为褶曲轴线和地层错开。

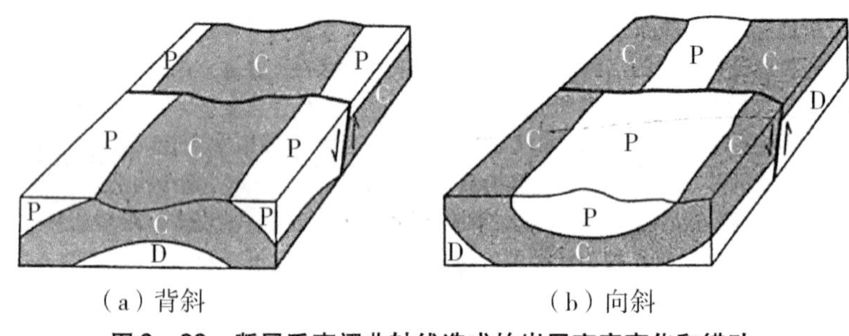

（a）背斜　　（b）向斜

图 3－23　断层垂直褶曲轴线造成的岩层宽窄变化和错动

5. 地层接触关系

（1）整合接触和平行不整合接触。整合接触在地质图上的表现是上下相邻地层的产状一致，地层分界线彼此平行，较新的地层只与一个较老地层相邻接触，且地层年代连续。平行不整合接触（假整合接触）在地质图上表现为两套地层的界线大体平行，较新的地层也只与一个较老地层相邻接触，但地层年代不连续。

（2）角度不整合接触。角度不整合接触在地质图上的特征是上下相邻两套地层之间的地质年代不连续，而且产状也不相同，即成角度交接，新地层的界线遮断了下部老地层的界线。

（3）侵入接触和沉积接触。侵入接触在地质图上表现为沉积岩层界线被侵入岩界线截断，但在侵入体两侧无错动。沉积接触表现为侵入体界线被沉积地层覆盖并截断。

3.6.2 地质图的阅读

地质图涉及内容较多，线条、符号、图例复杂，在阅读过程中应遵循由浅入深、循序渐进、先图外后图内的原则。一般从阅读、认识地形信息切入，结合地质符号、图例逐步了解和掌握图中所反映的构造信息，并在深入分析、研究地层及构造特征之后，能对其所反映的区域地质、构造运动信息有较深的理解和认识。

对地质图的阅读应在了解图名、比例、方位等基本信息的基础上进行。首先，阅读地形图，认识区域内地形起伏情况，建立地貌轮廓；其次，阅读图例，了解图中涉及地层的类型、岩性、年代及地质构造等信息；最后，深入研读区域内地质构造情况。可从以下两方面展开：①阅读地层分布、产状、岩性及岩层露头情况等，分析不同年代地层的空间分布规律、接触关系，了解区域地层的基本特点；②查找、阅读图中褶皱与断裂构造的几何要素，分析其形态与空间展布特征。

在了解区域内地层岩性、空间分布、厚度，以及古生物、接触关系、褶皱、断裂构造等内容的基础上，进一步对区域构造运动的性质在空间、时间上的发育、演变规律，地质发展简史等内容进行总结、分析，从而对区域的总体地质状况形成较全面的认识。

3.6.3 地质模型

随着科学技术的发展，三维地质建模软件不断发展和完善，功能也稳步提高。如今，三维地质建模软件众多，主要有以下几类：[12]

（1）国外主要三维地质建模软件有 GoCAD、Petrel、MineSight、LYNX-Micro Lynx、Earth Vision 等。

（2）国内主要三维地质建模软件有 MapGIS K9、Longruan GIS（龙软）、DeepInsight（深探）、GeoView、GeoI3D（智岩）等。

三维地质模型展示如图 3－24 所示。

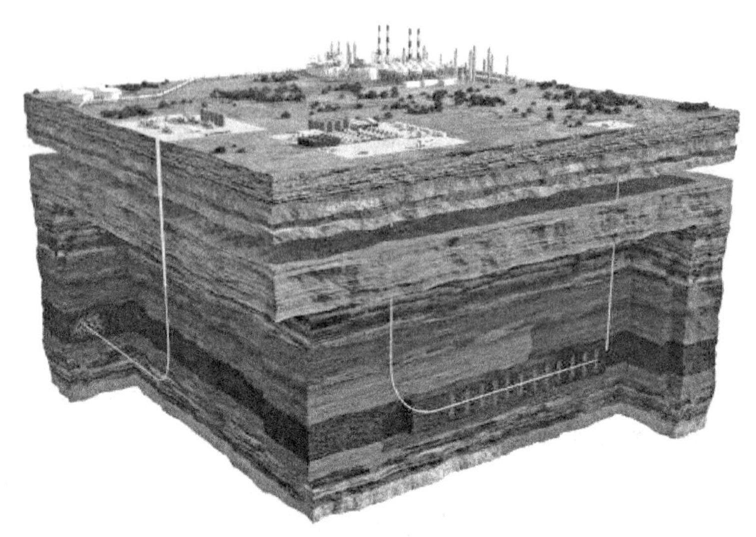

图3-24　三维地质模型

（图片来源：https：//gimg2. baidu. com/image_search/src = http% 3A% 2F% 2Fspider. nos-dn. 127. net% 2Fd6e812eaacbea29cae648ff82b789622. jpeg&refer = http% 3A% 2F% 2Fspider. nos-dn. 127. net&app = 2002&size = f9999，10000&q = a80&n = 0&g = 0n&fmt = jpeg? sec = 1625312960&t = 351ffe6c4b708f6bf4efbbcfd61c1ed9）

课外阅读

杨思琪、张泉：《李四光：努力向学，蔚为国用》，见中国教育新闻网，https：//baijiahao. baidu. com/s？ id = 1690643190035004592&wfr = spider&for = pc，2021-02-03。

练习题3

1. 活断层区的建筑原则有哪些?
2. 岩层产状是指（　）。

   A. 岩层在空间的位置和分布　　B. 岩层在空间的延伸方向

   C. 岩层在空间的倾斜方向　　D. 岩层在空间的倾斜程度
3. 岩层的倾角表示（　）。

   A. 岩层面与水平面相交的夹角

   B. 岩层面与水平面相交的交线方位角

C. 岩层面最大倾斜线与水平面交线的夹角

D. 岩层面的倾斜方向

4. 褶曲存在的地层标志是（　）。

A. 地层对称重复　　B. 地层不对称重复

C. 地层不对称缺失　　D. 地层对顶

5. 褶曲按横剖面形态分类，主要依据褶曲（　）的相互关系分类。

A. 枢纽和轴面产状　　B. 轴面产状和两翼岩层产状

C. 轴面产状和轴线产状　　D. 枢纽和两翼岩层产状

6. 逆断层是指断层的（　）的现象。

A. 下盘相对向上运动　　B. 下盘相对向下运动

C. 上盘相对向下运动　　D. 两盘水平错动

7. 擦痕（　）。

A. 只出现在断层面上　　B. 只出现在剪切面上

C. 只出现在岩层滑动面上　　D. 上述三种情况都有可能出现

8. 上部沉积岩随下部岩浆岩隆起弯曲，接触处的原沉积岩出现变质现象，两者的接触关系是（　）。

A. 侵入接触　　B. 沉积接触

C. 不整合接触　　D. 整合接触

9. 沉积接触是指（　）的接触关系。

A. 先有沉积岩，后有岩浆岩　　B. 先有岩浆岩，后有沉积岩

C. 沉积岩之间　　D. 岩浆岩之间

10. 断层要素有哪些？其分类形式有哪些？

11. 褶曲要素有哪些？

12. 节理调查内容主要包括哪些方面？

本章参考文献

[1] 李锦轶. 中国东北及邻区若干地质构造问题的新认识［J］. 地质论评，1998，44（4）：339－347.

[2] 李智毅，杨裕云. 工程地质学概论［M］. 武汉：中国地质大学出版社，1994.

[3] 李隽蓬. 铁路工程地质［M］. 北京：中国铁道出版社，1996.

[4] 沈克仁. 地基与基础［M］. 北京：中国建筑工业出版社，1991.

[5] 冯夏庭.智能岩石力学导论 [M].北京：科学出版社，2000.

[6] 张振营.岩土力学 [M].北京：中国水利水电出版社，2000.

[7] 张克恭，刘松玉.土力学 [M].北京：中国建筑工业出版社，2001.

[8] 吴振祥.工程地质野外实习教程 [M].武汉：中国地质大学出版社，2016.

[9] 王泽云.土力学 [M].重庆：重庆大学出版社，2002.

[10] 陆培毅.土力学 [M].北京：中国建材出版社，2000.

[11] 杨进良.土力学 [M].北京：中国水利水电出版社，2000.

[12] 李青元.三维地质建模软件发展现状及问题探讨 [J].地质学刊，2013，37 (4)：554－561.

4 不良地质现象及工程地质问题

4.1 风化作用

4.1.1 风化概念

风化作用是指接近地表及地表的岩石在大气、水和生物活动等因素影响下，发生物理性质和化学性质的变化，致使岩体崩解、剥落、破碎，变成松散的碎屑性物质。[1]

风化作用使岩石产生裂隙，破坏岩石的整体性，导致岩石的强度和稳定性降低，并且影响地基边坡的稳定性。此外，许多滑坡、崩塌等不良地质现象是在风化作用的基础上逐渐形成和发展起来的。因此，了解风化作用、确定风化带及其岩石风化程度，对于评价工程建设条件是必要的。

4.1.2 风化类型和特点

按风化营力的不同，岩石的风化可分为物理风化、化学风化和生物风化三种类型。[2]

4.1.2.1 物理风化

物理风化是指岩石在风化营力的影响下，产生一种单纯的机械破坏的过程。物理风化是最简单的风化，其风化特点是发生破坏后，岩石的化学成分不改变，只是发生崩解、破碎，形成岩屑，岩石由坚硬变疏松。引起物理风化的主要因素有温度变化和岩石裂隙中水分的冻结。

当温度发生变化时，由于岩石为不良的导热体，同一岩石不同成分的导热率不同，膨胀系数很不均匀，温度变化产生的温差可促使岩石膨胀和收缩交替地进行。因此，当热状态发生改变时，岩石热胀冷缩，内部产生应力，晶粒间的联结遭到破坏，导致岩石产生裂缝而逐渐破碎。其过程如图 4－1 所示。岩石对温度变化的反应程度取决于很多因素，主要有岩石的颜色、矿物成分和矿物颗粒的大小等。

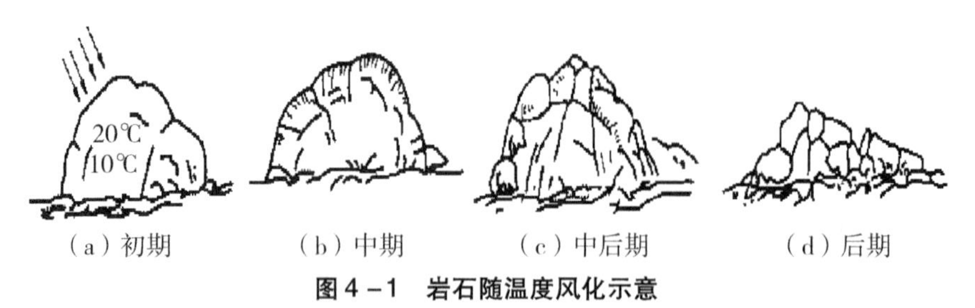

（a）初期　（b）中期　（c）中后期　（d）后期

图 4－1　岩石随温度风化示意

岩石裂隙中水分的冻结也是岩石典型的物理风化类型之一。岩石中的裂缝经常有水的渗入，当气温降到 0 ℃及以下时，就产生冰冻现象。水由液态变成固态时，体积膨胀约 9%，致使岩石体积发生膨胀，产生压力，从而对裂隙两壁产生很大的膨胀压力，起到楔子的作用，最后导致岩石裂缝扩大，引起岩石崩裂。这种现象也称为冰劈。其过程如图 4－2 所示。

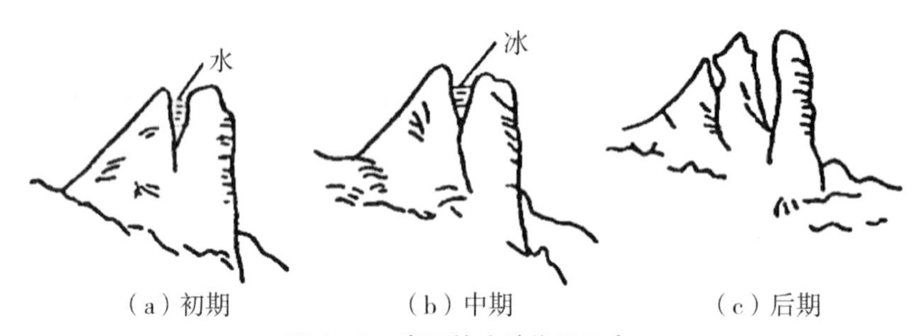

（a）初期　（b）中期　（c）后期

图 4－2　岩石的冰劈作用示意

4. 1. 2. 2　化学风化

化学风化是指岩石在大气、水和水中各种溶解物质的化学作用下以及有机体的生物化学作用下被破坏的过程。化学风化不仅破碎了岩石，而且最重要的是改变了岩石的化学成分。化学风化的作用形式有氧化作用、溶解作用、水化作用以及水解作用四种。

（1）氧化作用。空气、水中的游离氧使地表及其附近的矿物氧化，改变矿物的化学成分，并形成新的矿物，这一作用称为氧化作用。氧化作用是氧和水的联合作用，对氧化亚铁、硫化物、碳酸盐类矿物的作用表现得比较突出。

黄铁矿在风化过程中会析出游离的硫酸，硫酸具有很强的腐蚀作用，能溶蚀岩石中的某些矿物，形成一些洞穴和斑点，致使岩石遭受破坏。其反应如下：

$$4FeS_2 + 14H_2O + 15O_2 = 2(Fe_2O_3 \cdot 3H_2O) + 8H_2SO_4 \quad (4-1)$$

磁铁矿氧化成赤铁矿，其反应如下：

$$4Fe_3O_4 + O_2 = 6Fe_2O_3 \quad (4-2)$$

（2）溶解作用。自然界的水能直接溶解岩石使岩石遭受破坏，这一作用称为溶解作用。水作为溶剂，其含有一定数量的氧、二氧化碳和一些酸性、碱性物质，因此具备较强的溶解能力，能溶解大多数的矿物。当水的温度升高以及压力增大时，水的溶解作用就会比较活跃。最容易溶解的是卤化盐类（岩盐、钾盐），其次是硫酸盐类（石膏、硬石膏），再次是碳酸盐类（石灰岩、白云岩）。

碳酸钙变成重碳酸钙后，被水溶解带走，结果石灰岩便形成溶洞。在石灰岩地区经常见溶洞、溶沟等岩溶现象，就是这种溶解作用造成的。其反应如下：

$$CaCO_3 + CO_2 + H_2O = Ca(HCO_3)_2 \quad (4-3)$$

若水中含有硫酸，那么石灰岩与含有硫酸的水发生溶解反应：

$$CaCO_3 + H_2SO_4 = CaSO_4 + CO_2 + H_2O \quad (4-4)$$

硫酸盐类矿物与含碱质类水的溶解反应如下：

$$FeSO_4 + K_2CO_3 = FeCO_3 + K_2SO_4 \quad (4-5)$$

（3）水化作用。水化作用是水分与某种矿物质结合时，一定分量的水加入物质的成分里，改变了矿物原有的分子式，引起体积膨胀，使岩石遭受破坏。如硬石膏遇水后生成二水石膏，二水石膏在结晶时，体积膨胀60%，这对围岩产生巨大压力，导致围岩胀裂。其反应如下：

$$CaSO_4 + 2H_2O = CaSO_4 \cdot 2H_2O \quad (4-6)$$

（4）水解作用。水解作用是指矿物与水起化学作用形成新的化合物。其原理主要为弱酸强碱盐或强酸弱碱盐遇水电离后变成带不同电荷的离子，这些离子与水中的 H^+ 和 OH^- 发生反应形成含 OH^- 的新矿物，从而导致岩石遭受破坏。

正长石经水解后形成高岭土、石英和碳酸钾，碳酸钾被水溶解带走，剩下的是疏松的高岭土和石英。其反应如下：

$$4KAlSi_3O_8 + 2CO_2 + 4H_2O = Al_4Si_4O_{10}(OH)_8 + 8SiO_2 + 2K_2CO_3 \quad (4-7)$$

4.1.2.3 生物风化

生物风化是指岩石在动物、植物及微生物影响下遭受破坏的过程，如植物的根部楔入岩石裂隙、穴居动物掘土以及生物的新陈代谢等使岩石遭受破坏，如图4－3所示。生物风化可分为生物的物理风化和生物的化学风化两种类型。

（a）细菌分泌的有机酸对岩石的腐蚀作用　　（b）植物的生长对岩石的破坏作用

图4－3　生物风化作用示意

（1）生物的物理风化。植物对于岩石的物理风化作用表现在其根部楔入岩石裂隙中，使岩石崩裂；动物对于岩石的物理风化作用表现为穴居动物掘土、穿凿等的破坏作用并促进岩石风化。

（2）生物的化学风化。生物的化学风化表现为生物的新陈代谢、其遗体及其产生的有机酸对岩石产生破坏作用。

碳酸、硝酸等的腐蚀作用使岩石矿物分解和风化，造成岩石成分改变、性质软化和疏松。

4.1.3 风化作用与地貌

风化作用在地表广泛发育，除被水、冰等物质所覆盖之外的整个地壳表层都有其作用，作用深度可达数十米，有的可达上百米。其作用产物的残积层包围地表组成风化壳，这种风化壳的强度和稳定性大大低于风化前的地表，在工程上通常被视为软弱层，工程建设时应当引起重视。[3]

影响风化作用的因素有很多，其中主要有气候、地形和地质因素。由于地理、地质条件的差异，陆地表面各种风化作用的性质、风化带深度、风化破坏程度都不尽相同。其中，气候环境和岩石性质是起决定性作用的，地质构造和地形条件有时也有较重要的影响。

图4－4（a）是石灰岩经过差异风化作用形成的岩体；图4－4（b）称为龟背石，是岩石经过皲裂风化等一系列地质作用后所形成的地貌；图4－4（c）是典型的冻融风化所形成的地貌，常在寒冷地带发生；图4－4（d）

（a）差异风化作用

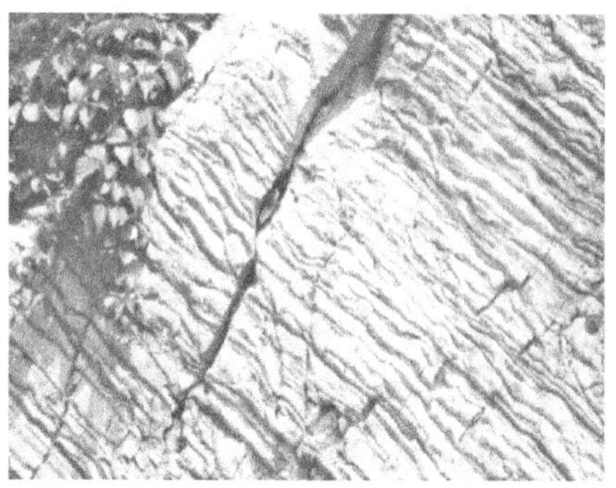

（b）皲裂风化作用

（c）冻融风化作用

（d）氧化风化作用

图4－4　风化作用示意

是一种氧化风化作用所形成的地貌，当含铁的矿物被风化后，其岩石表面就呈现出红褐色的特征，因为其风化后的主要产物为氧化铁（Fe_2O_3）。

4.1.4 风沙地貌

风沙地貌也称为风成地貌，主要为风对地球表面的物质进行吹蚀、搬运和堆积作用的过程中所形成的各种风蚀地貌和风积地貌。地表到处都可有风，只有当风吹扬起地表松散颗粒，形成风沙流，才能形成各种风沙地貌。世界上的风沙地貌集中分布在干旱、半干旱气候区。我国西北地区也有较大面积的风成地貌分布。

风沙地貌主要分布在干旱气候区。干旱气候区的日照强度大，昼夜温差大，物理风化盛行，降雨少并且集中，年蒸发量大，常超过降雨量数倍甚至数百倍，植被稀疏矮小，疏松的沙质地表裸露，特别是风大而频繁，所以风沙作用就成为干旱区塑造地貌的主要因素。当然，风沙作用并不局限于发生在干旱区，在半干旱区和大陆性冰川外缘，甚至在植被稀少的沙质海岸、湖岸和河岸，也有风沙作用，也可形成风沙地貌。

4.1.4.1 风蚀作用

风吹过地表时产生紊流，使泥沙离开地面，从而使地表遭受破坏，这一作用称为吹蚀作用。风携带泥沙运动形成风沙流，风沙流在地表附近处流动时，对地表和岩石产生冲击和摩擦作用，称为磨蚀作用。吹蚀作用和磨蚀作用统称为风沙的侵蚀作用，简称风蚀作用。风沙的侵蚀作用形成的主要地貌类型有石窝（风蚀壁龛）、风蚀蘑菇和风蚀柱、风蚀垄槽（雅丹地貌）、风蚀洼地、风蚀谷地和风蚀残丘、风蚀城堡。

石窝（风蚀壁龛）的形成发生在陡峭的岩壁上，其经风蚀形成大小不等、形状各异的小洞穴和凹坑，如图4－5（a)所示。这些小洞穴有分散的，也有群集的，使岩壁形成蜂窝状外貌。凹坑有时深达10～25 cm，口径可达20 cm左右。风蚀蘑菇和风蚀柱通常形成在风沙强劲的地区，岩石露出地表面的水平节理和层理极易被风蚀成奇特的外形。当一块孤立突起的岩石的下部岩性较软时，经长期差异侵蚀，会形成顶部大于底部的蘑菇外形，称为风蚀蘑菇，如图4－5（b)所示。垂直节理裂隙发育的岩石经长期侵蚀，会形成各种形态的柱状地形，称为风蚀柱。风蚀柱有时成群分布，大小高低不一。

（a）石窝（风蚀壁龛）　　（b）风蚀蘑菇

图 4－5　风蚀作用示意（一）

风蚀垄槽（雅丹地貌）的形成发生在干旱地区的湖积平原上，由于黏性土干燥收缩形成裂缝，风沿裂隙不断吹蚀，形成不规则的顺风向宽窄、深浅不一的沟槽，称为风蚀垄槽，如图 4－6（a）所示。这种地貌以坐落于罗布泊附近的雅丹地区最为典型，因此又称为雅丹地貌。沟槽一般深为 1～2 m，最深可达十余米，长度为数十米到数百米。沟槽内常有沙粒分布。风蚀洼地主要形成于松散物质组成的地面，经长期风蚀作用，最后形成与风向一致的洼地，多呈现为椭圆形，且洼地的背风坡面通常较陡，如图 4－6（b）所示。

（a）风蚀垄槽（雅丹地貌）　　（b）风蚀洼地

图 4－6　风蚀作用示意（二）

风蚀谷地与风蚀残丘形成于干旱地区，前期经过暴雨或洪水冲刷形成一些沟谷，这些沟谷在长期无水的条件下，逐渐演化成地面风沙的通道，再经历长期风蚀，形成谷底崎岖、宽窄不均的狭长壕沟，称为风蚀谷地。风蚀谷地蜿蜒曲折，可蔓延数十千米。随着风蚀谷地不断增大，原始地面不断缩减，最后仅留下部分孤立的残丘，称为风蚀残丘，如图 4－7 (a)所示。它们常随风向呈带状分布，高度一般为 10 ～20 m。柴达木盆地中的风蚀残丘一般在数米至 30 m 之间。风蚀城堡主要形成于隆出地面的基岩上，基岩近似水平层理，且岩石的性质软硬不均，经长期强劲的风蚀作用，被分割成大小不等、高低错落的平顶小丘，远观犹如一座破旧的古城，故称为风蚀城堡，如图 4－7 (b)所示。新疆吐鲁番盆地哈密市西南就有典型的风蚀城堡。

（a）风蚀残丘

（b）风蚀城堡

图 4－7　风蚀作用示意（三）

4.1.4.2　风沙堆积作用

沙粒在气流中悬浮漂行，当风速减弱时，沙粒就会按粒径的大小先后沉降到地表，称为沉降堆积。当遇到障碍时，沙粒就会减速，部分沙粒沉降下来，称为遇阻堆积。沉降堆积和遇阻堆积都属于典型的风沙堆积作用。由风沙堆积作用形成的地貌类型常见的有沙堆、沙丘以及沙垄。[3]

风沙在气流中遇到障碍时，如遇到植被或地形变化，就会在背风面形成涡流，消耗气流的能量，导致风速降低，在背风面沙粒发生沉降堆积形成沙堆，如图 4－8 (a) 所示；如果沙源丰富，风速增大，盾状沙堆就进一步发展扩大，形成规模更大、形态更复杂的沙丘。沙丘根据风向、风速和原始地形的不同，可形成不同的形态，典型的沙丘形态有新月形沙丘、抛物线沙丘、金字塔沙丘、蜂窝状沙丘等，如图 4－8 (b) ～(e) 所示；在沙源比较丰富的地区，经过较长时间的发育，新月形沙丘相互连接，形成横向新月形沙丘链，也称为沙垄，如图4－8（f）所示。

（a）沙堆　（b）新月形沙丘　（c）抛物线沙丘　（d）金字塔沙丘　（e）蜂窝状沙丘　（f）新月形沙丘链（沙垄）

图4－8　风沙堆积作用示意

4.1.5 冰川地貌

冰川是地球寒冷地区多年降雪聚集，再经过变质作用而形成的长期存在并具有运动特性的自然冰体，这些冰体经过侵蚀、搬运和堆积作用而塑造的地貌称为冰川地貌，按其成因可分为冰蚀地貌、冰碛地貌和冰水堆积地貌三大类。

4.1.5.1 冰蚀地貌

冰蚀地貌一般分布于冰川上游，即雪线以上位置，形态类型有角峰、刃脊、冰斗、冰坎、“U”形谷、峡湾、冰蚀洼地、冰川谷、羊背石和冰川擦痕等。

图4-9是最常见的冰斗和角峰；羊背石是由冰蚀作用形成的石质小丘，往往成群分布，犹如羊群伏在地面，故称为羊背石；当冰川搬运物为碎石时，常在谷壁上刻蚀成条痕或刻槽，称为冰川擦痕。

（a）冰斗

（b）角峰

图4-9　冰蚀地貌示意

4.1.5.2 冰碛地貌

冰碛地貌一般分布于冰川下游。该地貌由冰碛物组成。冰碛物是由砾、砂、粉砂和黏土组成的混合堆积物，其结构松散，大小不一，粒度相差悬殊，明显缺乏分选性，且无层理。冰碛地貌的形态类型有终碛堤、侧碛堤、中碛堤、冰碛丘陵、冰碛台地、底碛平原、鼓丘、漂砾扇，以及由冰水沉积物组成的冰砾阜、蛇形丘、冰水阶地台地和冰水扇等。图4-10展现的是部分冰碛地貌示意。

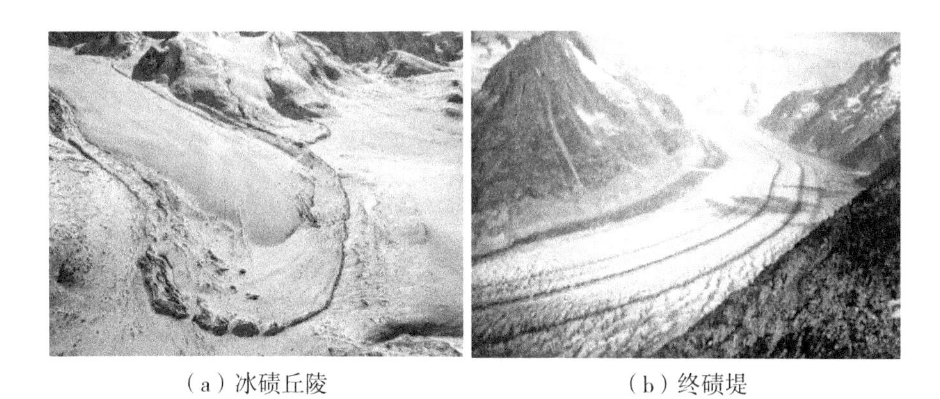

（a）冰碛丘陵　　（b）终碛堤

（c）冰碛地貌总示意

图 4－10　冰碛地貌示意

4.1.5.3　冰水堆积地貌

由于冰川融水具备一定的侵蚀、搬运能力，因此能将冰碛物进一步搬运堆积，形成冰水堆积物。在冰川边缘由冰水堆积物组成的各种地貌统称为冰水堆积地貌。

常见的冰水堆积地貌有外洗扇、外洗平面、冰碛平原和蛇形丘等，图 4－11 展现的是冰水堆积地貌示意。

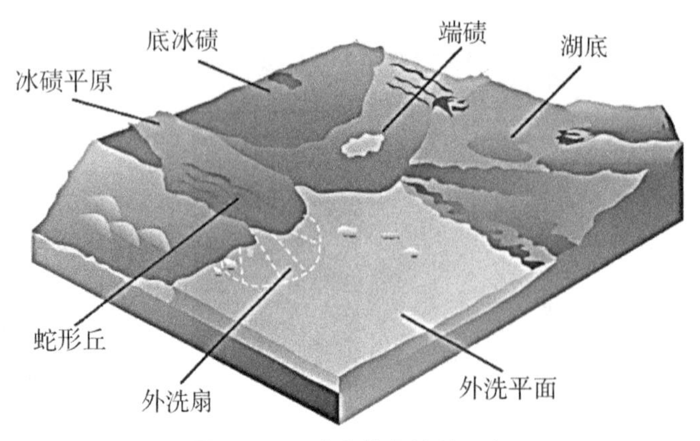

图 4－11　冰水堆积地貌示意

4.2　河流地质作用

4.2.1　河流地质作用的特点

河流是在河谷中流动的常年水流，河谷由谷底、河床、谷坡、坡缘及坡麓等要素构成。[4]河谷是河流侵蚀后开凿和改造的槽形凹地，谷底是河谷底部较平坦的部分，河床是河水占据的沟槽，也是谷底中常年有水流的地方，谷坡是河谷两侧的斜坡，也是谷底至分水岭的斜坡，阶地是谷坡上的阶梯状平台。河流横向的特征即河谷的要素如图 4－12 所示[4]。

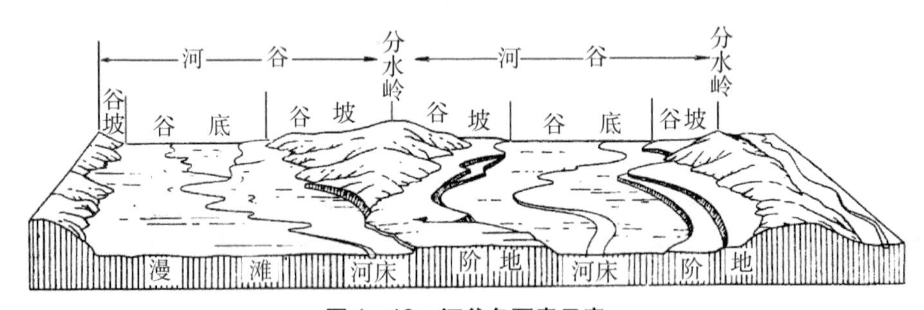

图 4－12　河谷各要素示意

河流的地质作用是改变陆地地形的最主要的地质作用之一。河流的地质作用主要取决于河流的流速与流量。由于流速与流量的变化，河水表现出侵蚀、搬运和沉积三种性质不同但又相互关联的地质作用。因此，河流的地质作用可分为侵蚀作用、搬运作用和沉积作用。

4.2.1.1 侵蚀作用

河流水流的侵蚀作用不断地破坏地球表面并掀起地表物质，且在流动过程中不断加深和拓宽河床。其对地表的破坏方式主要有冲蚀作用、磨蚀作用和溶蚀作用，这些作用统称为河流的侵蚀作用。若按照河床不断加深和拓宽的发展过程，侵蚀作用也可分为下蚀作用和侧蚀作用。

下蚀作用是河水在流动过程中以自身的动力及携带的泥沙对河床底部产生破坏，逐渐加深、加长河谷的作用。在坡度较陡、流速较大的情况下，河流向下切割能使河床底部逐渐加深，这种侵蚀在河流上游地区表现显著，多形成“V”形深切峡谷。我国长江、黄河等河流的上游就有很多峡谷出现[5]，如著名的三峡（图4－13）、龙羊峡、刘家峡等。在向下切割的同时，河流的下蚀作用使得河谷向源头方向伸长，这一过程称为向源侵蚀，向源侵蚀可以缩小并且破坏分水岭。河床的下蚀作用使河床加深加长，从而能使桥台或桥墩基础遭到破坏。

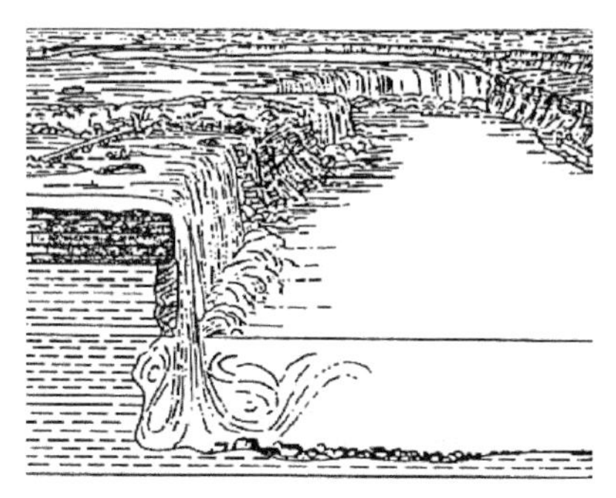

图4－13　下蚀作用形成的峡谷——三峡

（图片来源：赵成生等《长江中下游河流地质作用与河道演变》，载《人民长江》2002年第12期）

侧蚀作用是河水在流动过程中，其携带的碎屑物不断冲刷河床两岸，使河床不断加宽的作用。侧蚀作用主要发生在河流的中下游地区。河流流动时，受河床地形、岩性、地球自转以及支流注入等因素的影响，往往不做直线流动而产生横向环流。所谓横向环流，是指河水以复杂的紊流状态流动，其主流常是左右摇摆呈螺旋状向前的曲线运动，这是河流发生侧向侵蚀的原因。

河流产生横向环流主要与河流弯曲处水流的离心力和地球自转所产生的惯性力即科里奥利力有关。

在河流弯曲处，运动的水质点受离心力 P 的作用。P 也称为弯道离心力，其表达式如下：

$$P = \frac{mv^2}{R} \tag{4-8}$$

式中：m 为水的质量；v 为水质点的纵向流速；R 为水质点运动迹线的曲率半径。由于离心力的作用，水质点向凹岸运动。结果，水面形成倾向凸岸的横向水力坡度 i_n，其表达式如下；

$$i_n = \tan\alpha = \frac{v^2}{Rg} \tag{4-9}$$

式中：g 为重力加速度（单位为 m/s^2）；离心力 P 的大小与流速的平方成正比，而流速是表面大、深处小，所以 P 值也是越深的地方越小。形成的横向水力坡度就产生了附加压力，方向与离心力方向相反，且在所有深度上一致。在这种压力下，上层水流流向凹岸，而下层水流流向凸岸，形成螺旋状横向环流。如果在河流的一个凹岸受到强烈的侧蚀，不断地向下游方向推进，则其下游的一个凸岸在不久的将来就要遭到同样的命运，由凸岸变为凹岸；而相对的一岸也将要接受由横向环流带来的大量物质，逐渐由凹岸变为凸岸。这样导致河谷愈来愈宽，河道愈来愈弯曲。其形成示意如图 4 – 14 所示。

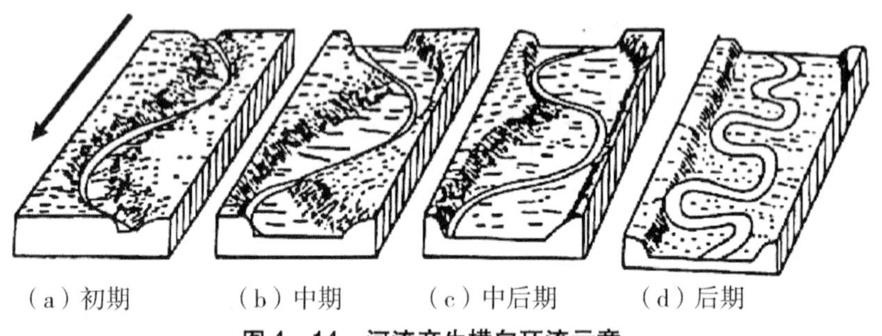

（a）初期　（b）中期　（c）中后期　（d）后期

图 4 – 14　河流产生横向环流示意

当河曲发展到一定程度时，其上下段河槽间最窄的陆地处很容易被洪水冲开，河流便可顺利地变为直畅流，这种现象称为河流的截弯取直现象。而被废弃的那部分河曲逐渐淤塞断流形成牛轭湖，如图 4 – 15 所示。之后进一步发展成沼泽，沉积了湖泊相的淤泥和有机质土。

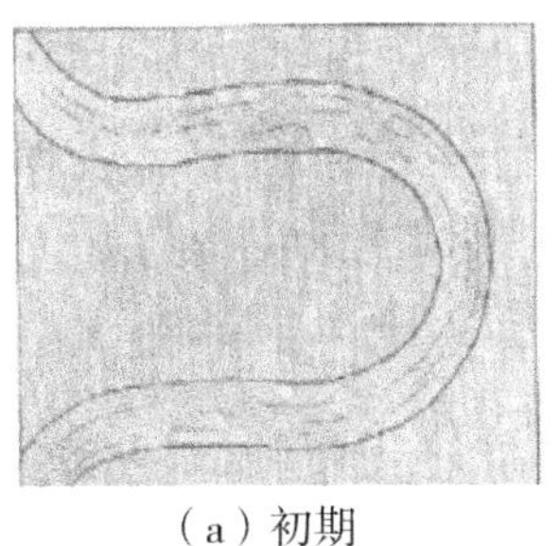

（a）初期

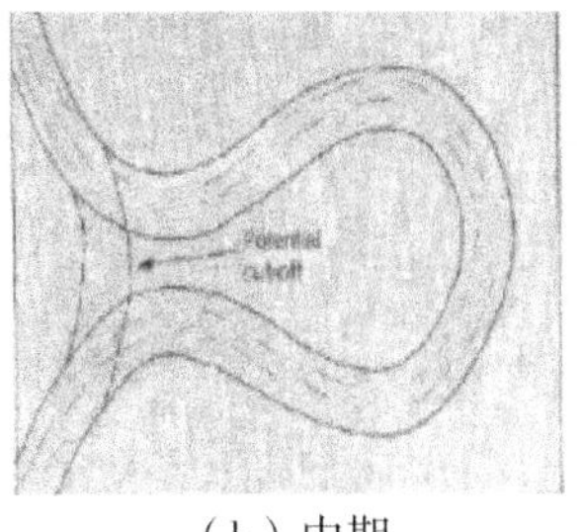

（b）中期

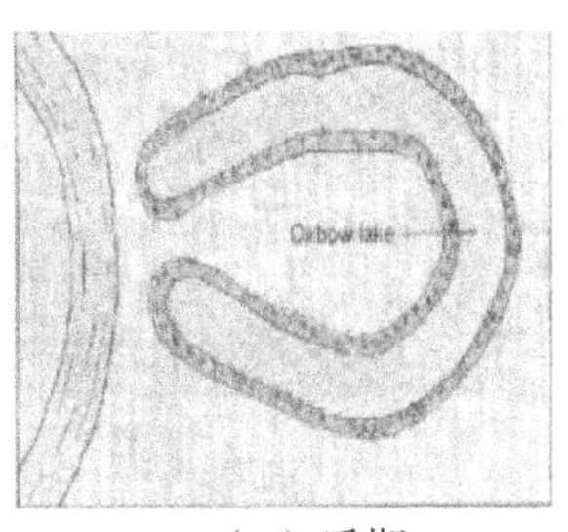

（c）后期

图 4－15　牛轭湖的形成过程

下蚀作用与侧蚀作用的关系主要体现在时间和空间上。在时间上，河流发育的早期以下蚀作用为主；随着坡度减小，逐渐转为以侧蚀作用为主。在空间上，河流的上游以下蚀作用为主，下游以侧蚀作用为主。

4.2.1.2　搬运作用

河流在流动过程中，携带沿途冲刷下来的物质（如泥沙、石块等）离开原地，这种移动作用称为搬运作用。搬运方式可分为推移式、跃移式和悬移式。河水对碎屑物产生推力，使其沿着河床底部滚动或滑动，称为推移式；沙粒在河水的推动力和紊流产生的上举力的共同作用下，沿着河底跳跃着向下游迁移，称为跃移式；沙粒的重力小于水流产生的上举力，颗粒在水中呈悬浮状态搬运，称为悬移式。河流的搬运作用如图 4－16 所示。

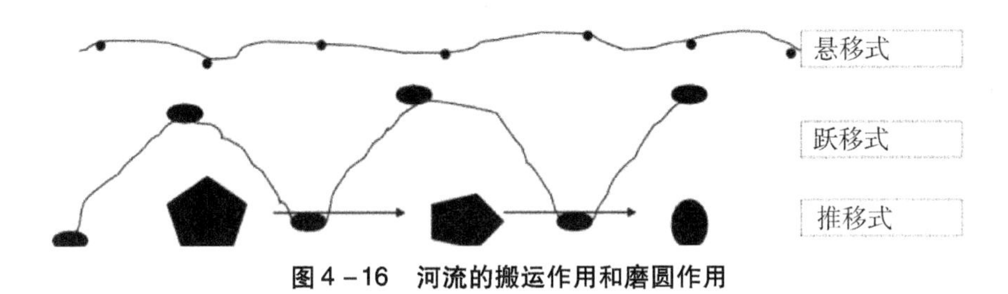

图 4－16　河流的搬运作用和磨圆作用

河流搬运物质能力的大小主要取决于河水的流量和流速。河流搬运泥沙的多少，除了与搬运物质能力的大小有关外，还与地表岩性、片流洪流的发育程度、碎屑物的供给量有关。河流对可溶性物质和胶体物质的搬运称为化学搬运或溶运作用，河流的溶运能力主要取决于河水的性质及流经地区的岩石性质。

当河流的流速发生变化时，搬运物按粒径大小、密度的不同彼此分离，这种作用称为分选或机械分异作用。搬运物在搬运过程中发生相互碰撞、挤压，原本棱角状的颗粒逐渐圆化，这种作用称为磨圆作用。磨圆作用如图4－16底部所示。

4.2.1.3 沉积作用

在河床坡降平缓的地带及河口附近，河水的流速变缓。当河水所搬运的物质超过其搬运能力时，它所携带的物质便沉积下来，这种作用称为河流的沉积作用，所沉积的碎屑物质称为冲积层。河流的上游及中游沉积的物质多为大块石、卵石、砾石及粗沙等，下游沉积的物质多为中沙、细沙、黏土等。河流搬运过程中，碎屑物质相互碰撞摩擦，棱角磨损，形状变圆，也就是前述的磨圆作用，所以冲积层的颗粒磨圆度较好，多具层理，并时有尖灭、透镜体等颗粒产状。

河流的沉积作用以机械沉积为主，一般不发生化学反应。机械沉积服从机械沉积分异规律，一般情况下，从上游到下游，河流的流速呈现规律性递减，河流的搬运能力也相应地减弱，因而就出现了从颗粒大、密度大的重颗粒逐渐发展成颗粒小、密度小的轻颗粒依次沉积的规律。河流的沉积作用如图4－17所示。

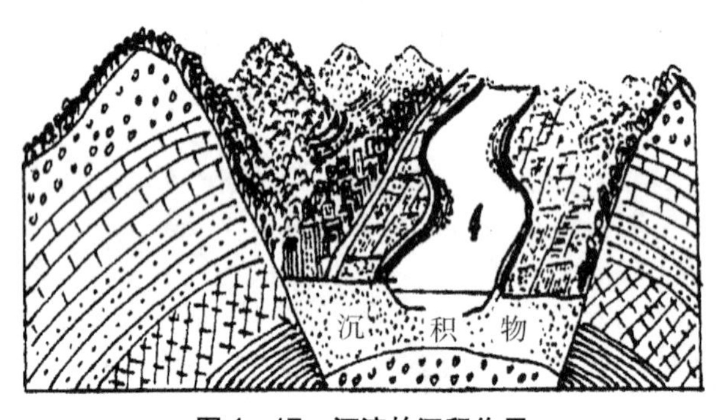

图4－17　河流的沉积作用

4.2.2 河流地貌特征

凡是由河流作用形成的地貌，都称为河流地貌。按河流作用的不同，河流形成的地貌可分为侵蚀地貌和堆积地貌两类。河流侵蚀地貌主要包括河床侵蚀地貌、侵蚀阶地、谷坡等；河流堆积地貌主要包括河床堆积地貌、河漫滩、堆积阶地、冲积平原、三角洲，以及大多数河口地貌。[6]

4.2.2.1 河谷

河流所流经的槽状地形称为河谷，它是在流域地质构造的基础上，经河流的长期侵蚀、搬运和堆积作用逐渐形成和发展起来的一种地貌，如图 4－18 所示。

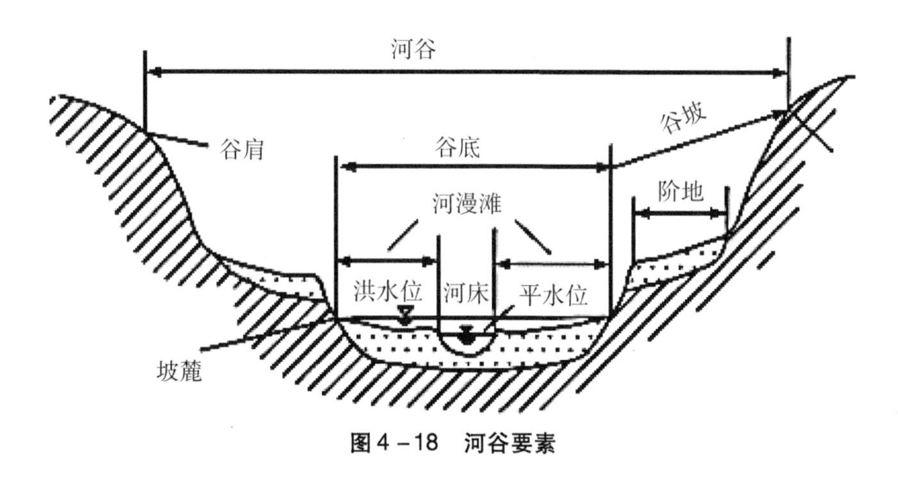

图 4－18　河谷要素

按成因，河谷可分为构造谷和侵蚀谷。构造谷一般是受地质构造控制的，它沿地质构造线发展，如向斜谷、地堑断裂谷、背斜谷、单斜谷等。侵蚀谷是由水流侵蚀而成的，它不受地质构造的影响。侵蚀谷发展为成形河谷一般分为三个阶段，即从峡谷（“V”形谷）到河漫滩河谷最后到成形河谷。

4.2.2.2 河床

河谷中枯水期水流所占据的谷底部分称为河床。河床在发展过程中，受到不同因素的影响，形成各种地貌，如河床中的浅滩、深槽、沙坡，山地基岩河床中的壶穴和岩槛等，如图 4－19 所示。

图 4－19　浅滩与深槽

4.2.2.3　河漫滩

河流洪水期淹没河床以外的谷底部分，称为河漫滩。河漫滩河谷是侵蚀谷发展的中期阶段。当峡谷形成后，谷道不会很直，河床主流线是弯曲的，导致河床受到侧蚀加宽作用，即凹岸被冲刷，凸岸被堆积，就形成了初期的河床浅滩。以后浅滩不断扩大和固定，形成了洪水期才能淹没的滩地，即河漫滩，这就是河漫滩河谷。其形成与发展如图 4 – 20 所示。

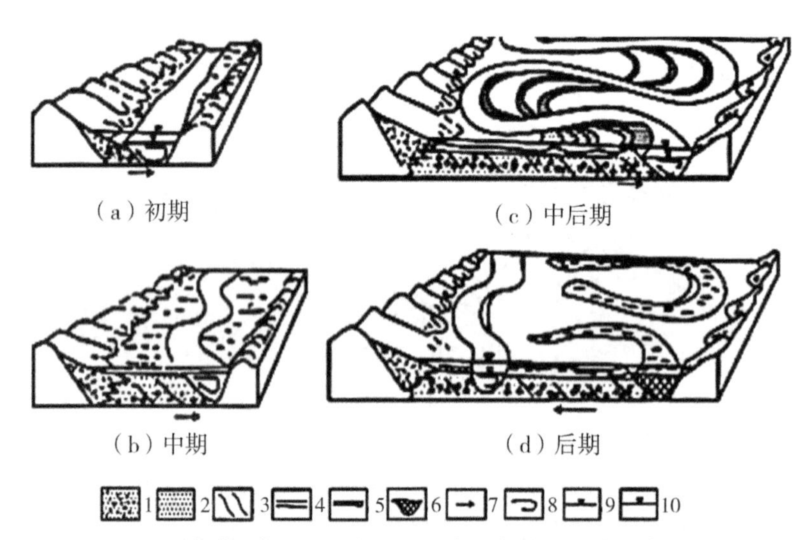

1～3—河床冲积物（1—砾石；2—砂和小砾；3—淤泥夹层）；
4—早期河漫滩沉积细沙；5—晚期河漫滩沉积细沙；6—牛轭湖淤泥沉积；
7—河床移动方向；8—环流；9—枯水位；10—河水位

图 4 – 20　河漫滩的形成与发展

4.2.2.4　河流阶地

在地壳的构造运动与河流的侵蚀、堆积作用的综合作用下形成的河流地貌称为河流阶地。河流阶地沿谷坡走向呈条带状或断断续续分布的阶梯状平台。

随着河漫滩河谷继续发展，河漫滩不断加宽加高。但是地壳运动稳定一段时期后又上升，于是原河漫滩被抬高，河水在原河漫滩内侧重新开辟河道，被抬高的河漫滩则转变为阶地。阶地的存在是成形河谷的显著特点，如图 4 – 21 所示。

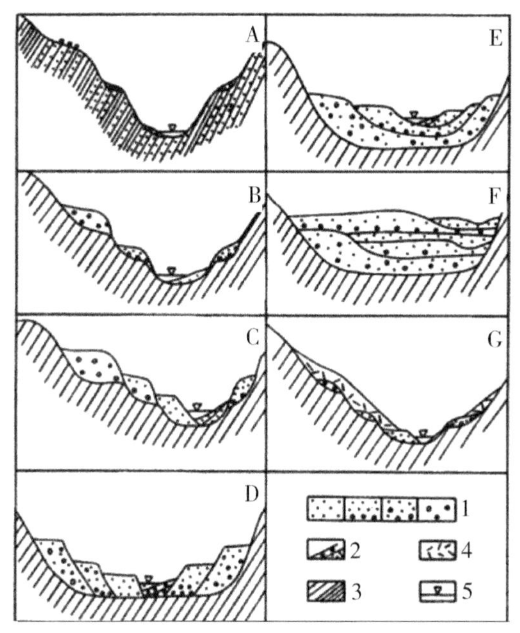

1—不同时代冲积层；2—现代河漫滩；3—基岩；4—坡积物；5—河水位；
A—侵蚀阶地；B—基座阶地；C—嵌入阶地；D—内叠阶地；
E—上叠阶地；F—淹埋阶地；G—坡下阶地

图 4－21　成形河谷的显著特点——阶地的类型

由于构造运动和河流地质过程的复杂性，河流阶地的类型是多种多样的。一般可以分为三种主要类型：侵蚀阶地、堆积阶地、基座阶地。

侵蚀阶地主要是由河流的侵蚀作用形成的，由基岩构成，阶地上面基岩直接裸露或只有很少的残余冲积物，多发育在构造抬升的山区河谷中，如图 4－22（a）所示。侵蚀阶地由于基岩出露地表，因而是厂房地基或桥梁和水坝的接头良好的地质条件。

堆积阶地是由河流的冲积物组成的。河流侧向侵蚀拓宽河谷后，由于地壳下降，逐渐有大量的冲积物发生堆积；待地壳上升，河流在堆积物中下切，形成堆积阶地。堆积阶地在河流的中下游最为常见。堆积阶地可分为上叠阶地、内叠阶地和嵌入阶地。上叠阶地是新阶地完全落在老阶地之上，其生成是由于河流的几次下切都不能到达基岩，下切侵蚀作用逐渐减小，堆积作用的规模也一次次地减小，说明每一次升降运动的幅度都是逐渐减小的，如图 4－22（b）所示。内叠阶地是新阶地套在老阶地内，每一次新的侵蚀作用都只切到第一次基岩所形成的谷底，而所堆积的阶地范围一次比一次小，厚度也一次比一次小，说明地壳每次上升的幅度基本一致，而堆积作用却逐渐衰退，如图4－22（c）所示。嵌入阶地的阶地面和陡坎都不露出基岩，但不同于上叠阶地和内叠阶地。由于嵌入阶地的生成，后期河床比前一期下切要深，而使后期的冲积物嵌入前期的冲积物中。这说明地壳上升幅度一次比一次更为剧烈，如图4－22（d）所示。

基座阶地是属于侵蚀阶地到堆积阶地之间的过渡类型。阶地面上有冲积物覆盖着，但在阶地陡坎的下部仍可见到基岩出露。形成这种阶地是由于河水每一次的深切作用都比堆积作用大得多，如图4－22（e）所示。

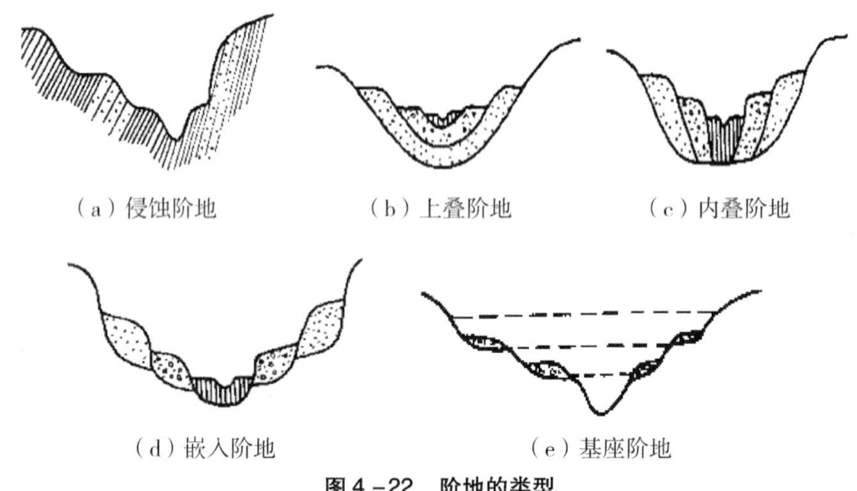

图4－22　阶地的类型

4.2.3　河流引起的地质灾害及其防治

对于河流侵蚀作用所引起的地质灾害及其防治，首先要确定河岸侵蚀破坏地段，然后对该地段进行必要的防治。对于河流侧向侵蚀及因河道局部冲刷而造成的坍岸等灾害，防治措施主要有两类：一类是直接防护边岸使其不受冲蚀作用，如抛石、堆砌混凝土块、铺砌混凝土板、砌护岸挡墙、岸坡绿化等；另一类是通过调节径流来改变水流方向、流速和流量以达到防护边岸的效果，如为改变河水流向，可兴建各类导流工程如丁坝、横墙等。此外，采取整治与预防措施并举，并采取经济技术指标对比的办法来选择防治措施，以取得最大的效益。

在河流地貌地区进行工程建设时，应当注意以下工程地质问题，以确保工程建设期间和建设后的安全性、可靠性：

（1）在工程选址论证阶段，必须注意该地河流的最高洪水位、河流的冲刷规律、河岸的稳定性和地基发生管涌的可能性。一般不得在谷地、谷边及河流冲刷岸上建设。

（2）在河流阶地建设时，必须详细了解阶地的稳定性和地层情况及上游发生滑坡、泥石流等地质灾害的可能性，以确保工程安全。

（3）河流阶地的冲积土层往往具有不均匀性和丰富的储水性，要注意建筑物的不均匀沉降。

（4）古代河流和现代河流的流向往往不一致，因此，在建设时要注意了解古河道的走向，以减少建筑物的差异沉降。

4.3 重力地质作用

4.3.1 重力地质作用的特点

重力地质作用是地表的各种土层、风化岩石碎屑、基岩及松散沉积物等受到自身的重力作用，并在各种外部因素所促成的条件下产生运动，也称为块体运动。[7]重力地质作用具有较大的特殊性，能使一种固体或半固体块体产生运动，块体本身既是作用的动力，也是作用的对象，统一完成破碎、运移和堆积过程，属于破坏性极大的地质灾害。

4.3.2 重力地质作用引起的灾害的特征

根据重力地质作用的力学性质、运动特点及作用过程，其引起灾害的作用可分为崩塌作用、流动作用、滑动作用和潜移作用。

4.3.2.1 崩塌作用

崩塌是指在陡峻或极陡斜坡上的巨大岩块在重力作用下突然而猛烈地向下倾倒、翻滚、滑落和崩落的现象，这些岩块顺着山坡猛烈地翻滚跳跃，相互撞击破碎，最后堆积于坡脚。崩塌经常发生在山区河流、沟谷的陡峻山坡上，有时也发生在极陡的路堑边坡上。崩塌作用可分为崩落作用和塌陷作用。

岩石块体以急剧快速的方式与基岩脱离，沿斜坡崩落、滑移、滚落并在斜坡底部形成崩积物，这一作用称为崩落作用。崩落作用在高山地区最易发生，在河岸、海崖等局部地形陡峻地区也常发生，如图4－23（a）所示。塌陷作用发生的条件是地下存在空洞或空穴，悬在地下空洞上方的岩石在重力作用下发生塌落，造成地面塌陷，如图4－23（b）所示。

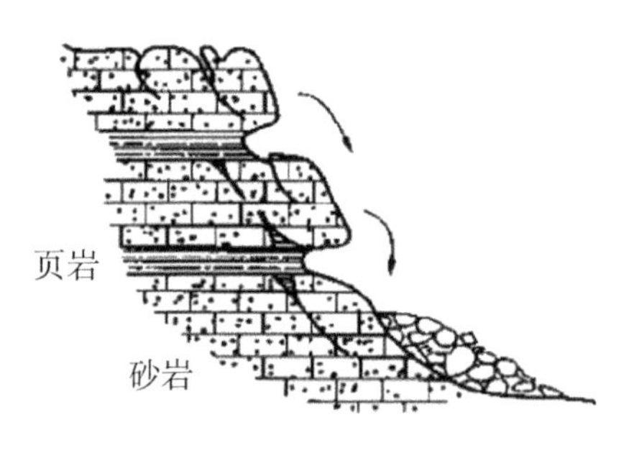

（a）崩落作用

1—中二叠统石灰岩；2—溶洞系统；
3—上二叠统玄武岩；4—第四系堆积
云南路南石林地区一个岩溶塌陷构造示意
（据成都地质学院普通地质学教研室，1978）

（b）塌陷作用

图4－23　崩塌作用示意

崩塌的发生条件和发育因素主要有以下五个方面：

（1）山坡的坡度及其表面构造。高陡斜坡是形成崩塌的必要条件。规模较大的崩塌多发生在高度大于30 m，坡度大于45°（大多数在55°～75°之间）的陡峻斜坡上；斜坡的外部形状对崩塌的形成也有一定的影响，上缓下陡的凸坡和凹凸不平的陡坡上易发生崩塌。

（2）岩石性质。如果陡峻山坡是由软硬岩层层相叠组成，由于软岩层易于风化，硬岩层就会失去支持而引起崩塌。

（3）地质构造条件。节理、断层发育的山坡，岩石破碎，岩块间的联结力弱，很容易发生崩塌。当岩层的倾向与山坡的坡向相同，岩层的倾角小于山坡的坡脚时，常沿岩层的层面发生崩塌。

（4）气候条件。崩塌和强烈的物理风化作用密切相关。在日温差、年温差较大的干旱、半干旱地区，强烈的物理风化作用促使岩石风化破碎，以致产生崩塌。如兰新铁路（甘肃兰州—新疆阿拉山口）一些开挖的花岗岩路堑，仅四五年的时间，路堑边坡的岩石就遭到强烈风化，产生崩塌。

（5）人类活动及自然灾害。人工开挖坡脚、地震、强烈的融冰化雪等是引起崩塌的触发因素，其中，地震是崩塌最强烈的触发因素。

4.3.2.2 流动作用

大量积聚的泥、粉砂、砂、岩石块等与水混杂在一起，在重力作用下，沿着斜坡或谷地流动，这一作用称为流动作用。最典型的流动是岩石块、泥土和水的混合流动，也称为泥石流。泥石流是由暴雨或冰雪迅速融化形成的一种爆发性的含大量泥沙、石块的急骤水流，又称为山洪泥流，是山区特有的一种自然地质灾害现象。

泥石流的成因取决于很多因素，主要形成于沟槽纵坡较大，便于集水、集物的陡峻的地形地貌，并且其流域内有丰富的松散固体物质；流域中上游有大量的降雨、急剧消融的冰雪，或渠道、水库溃决的短时间内有大量的水源供给。泥石流的形成主要受地形条件、地质条件以及水文气象条件的影响，当然，由于人类对树木的滥砍滥伐，因此还受到人为因素的影响。泥石流形成示意如图 4 – 24 所示。

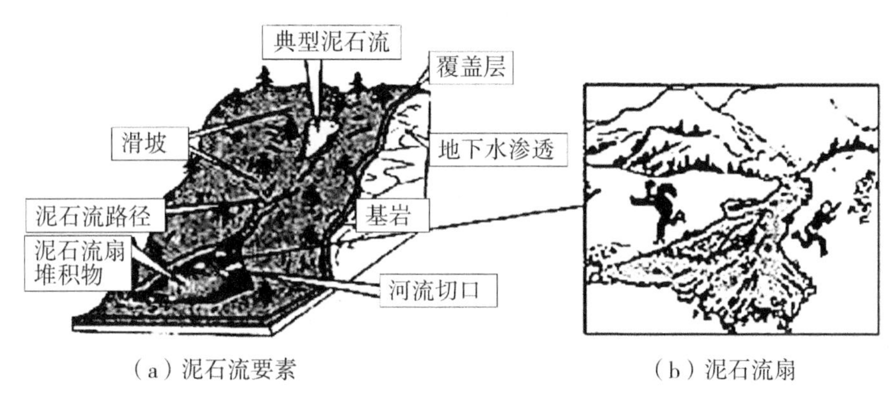

图 4 – 24　泥石流形成示意

泥石流按其物质组成可分为如下三类：

（1）水石流型泥石流。一般含有非常不均的粗颗粒成分，固体物质主要是一些坚硬的石块、漂砾、岩屑和沙粒等，黏土质细粒物质含量少，黏土和粉土含量通常小于 10%，且它们在泥石流运动过程中极易被冲洗掉，因此，水石流型泥石流的堆积物带是粗大的碎屑物质。主要分布于石灰岩、石英岩、大理岩、白云岩、玄武岩及坚硬砂岩地区，如发生在陕西华山、山西太行山、北京西山、辽宁东部山区的泥石流。

（2）泥石流型泥石流。固体物质由黏土、粉土、块石、碎石、砂砾所组成，通常有很不均匀的粗颗粒和相当多的黏土质细粒物质，因此具有一定的黏结性，堆积物常形成结合牢固的土石混合物。多见于花岗岩、片麻岩、板岩、千枚岩及页岩分布的山区。

（3）泥水流型泥石流。固体物质基本上是由细碎屑和黏土物质组成。这类泥石流主要分布在我国黄土高原地区。

4.3.2.3 滑动作用

滑动作用是使黏结性块体沿着一个或几个滑动面向下滑移的作用。滑坡是最为典型的例子。为避免将工程建在滑坡体上，须正确识别滑坡。了解滑坡的构造形态非常重要。一个发育完全的典型滑坡一般具有以下要素：滑坡体、滑动面、滑坡壁、滑坡台地、滑坡鼓丘、滑坡裂隙等，如图 4－25 所示。

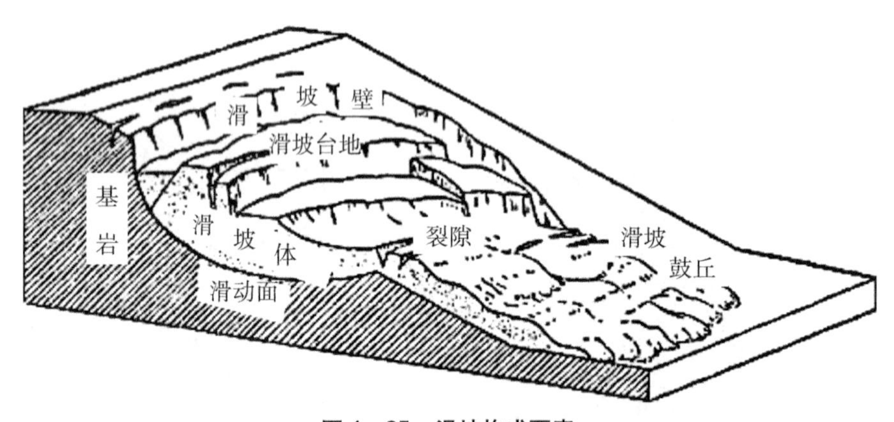

图 4－25　滑坡构成要素

滑坡体是斜坡内沿滑动面向下滑动的那部分岩土体，它在滑动时大体上仍保持着原来的层位和结构构造特点。滑坡体的体积大小不等，大型滑坡可达几千万立方米。

滑动面是滑坡体沿其滑动的面。滑动面以上，被揉皱了的厚度数厘米至数米的结构扰动带称为滑动带。有些滑坡的滑动面（带）可能不止一个。

滑动面以下稳定的岩土体部分称为滑坡床。滑坡体滑落后，滑坡后部和斜坡末部之间形成的一个陡度较大的壁称为滑坡后壁。滑坡后壁实际上是滑动面在上部的露头。滑坡后壁的左右呈弧形向前延伸，其形态呈圈椅状，称为滑坡圈谷。滑坡体滑落后，形成的阶梯状的地面称为滑坡台地。滑坡台地的台面往往向着滑坡后壁倾斜。滑坡台地前缘比较陡的破裂壁称为滑坡台地陡坎。当有两个以上滑动面的滑坡或经过多次滑动的滑坡时，经常会形成几个滑坡台地。滑坡鼓丘是滑坡体在向前滑动的时候，受到阻碍形成的隆起小丘。

我国的滑坡类型按滑坡体的主要物质组成和滑坡与地质的构造关系，可划分为覆盖层滑坡、基岩滑坡和特殊滑坡。覆盖层滑坡包括黏性土滑坡、黄土滑坡、碎石滑坡、风化壳滑坡等；基岩滑坡有均质滑坡、顺层滑坡、界面滑坡和切层滑坡；特殊滑坡有融冻滑坡、陷落滑坡等。部分滑坡类型如图 4－26 所示。

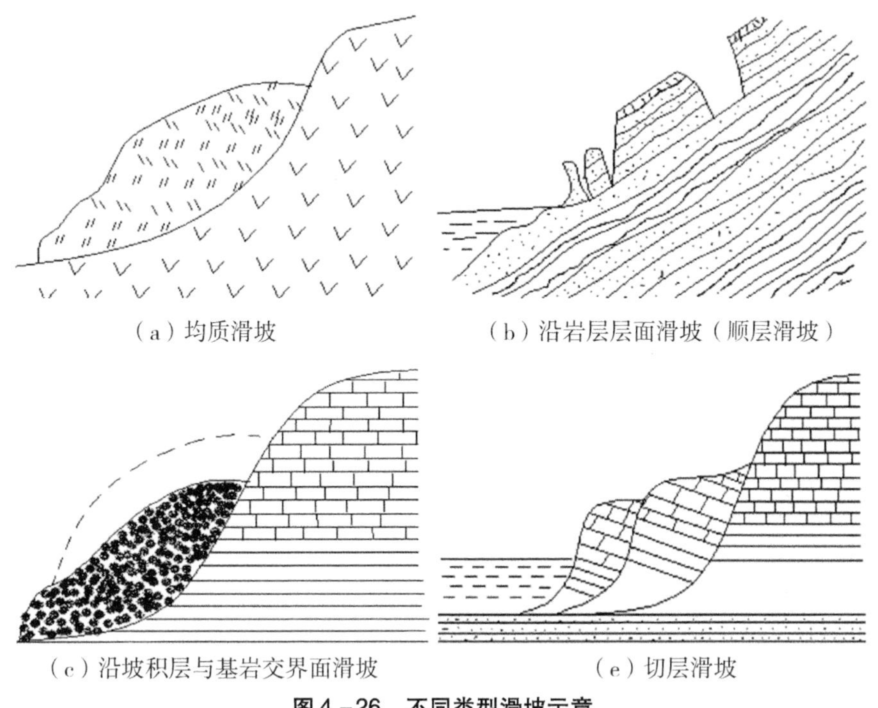

（a）均质滑坡　（b）沿岩层层面滑坡（顺层滑坡）

（c）沿坡积层与基岩交界面滑坡　（e）切层滑坡

图 4－26　不同类型滑坡示意

滑坡作用通常要经过蠕动变形、滑移破坏和渐趋稳定三个演化阶段。

（1）蠕动变形。蠕动变形阶段的滑坡发育初期类似于蠕动作用，主要是重力作用导致滑坡体缓慢下移，滑坡体的后部与滑坡壁逐渐分离，形成滑坡裂隙。坡脚先是潮湿然后渗出浊水，这表明滑动面已大部分形成，但尚未全部贯通。

（2）滑移破坏。滑坡体继续向下滑落时，滑坡体与滑坡壁之间的裂隙越来越大，坡脚常渗出大股浑浊泉水，水的加入破坏了滑坡体与滑动面之间的联结力，使滑坡滑动，产生破坏。

（3）渐趋稳定。滑坡体向下运动受到地形的限制，动能消失，运动停止，形成滑落堆积物，并逐渐趋于稳定。

滑坡是沿着滑动面下滑的，滑动面有平面的、弧面的、折面的。在均质滑坡中，滑动面多呈圆形；沿层面或接触面滑动则多呈平面；节理岩体中，滑动面则多呈折面。

在平面滑动面情形下，滑坡体的稳定系数 K 为滑动面上的总抗滑力 F 与岩土体重力 Q 所产生的总下滑力 T 之比，其运算公式如下：

$$K = \frac{F}{T} \tag{4-10}$$

当 $K<1$ 时，滑坡发生；当 $K\geqslant 1$ 时，滑坡体稳定或处于极限平衡状态，如图 4－27（a）所示。

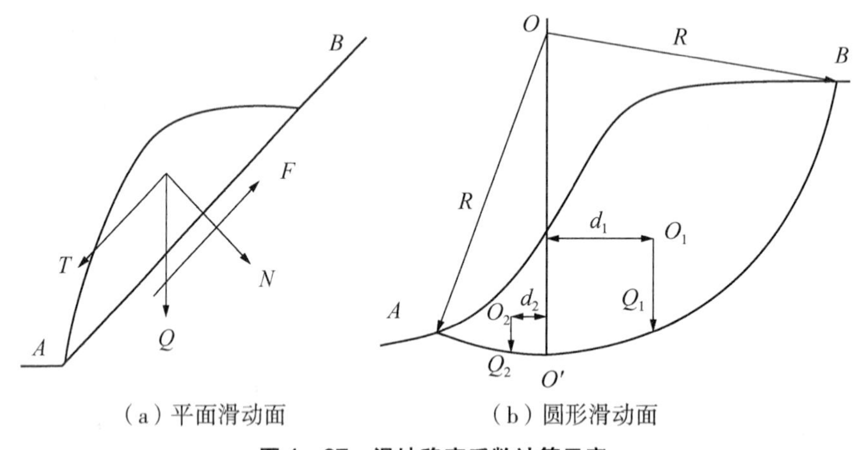

（a）平面滑动面　　（b）圆形滑动面

图 4－27　滑坡稳定系数计算示意

在圆形滑动面的情形下，滑动面中心为 O，滑弧的半径为 R。过滑动圆心 O 作一条铅垂线 OO'，将滑坡体分为两部分，在 OO'线之右部分为滑动部分，其重力为 Q_1，它能绕点 O 形成滑动力矩 Q_1d_1；在 OO'线之左部分，其重力为 Q_2，形成抗滑力矩 Q_2d_2。因此，该滑坡的稳定系数 K 为总抗滑力矩与总滑动力矩之比。其运算公式如下：

$$K = \frac{Q_2d_2 + \tau \cdot \widehat{AB} \cdot R}{Q_1d_1} \tag{4-11}$$

式中：d_1、d_2 为距离；$\widehat{AB}$ 为弧长；τ 为滑动面的剪切强度。当 $K<1$ 时，滑

坡体失去平衡，发生滑坡，如图 4－27（b）所示。

影响滑坡的因素主要包括斜坡外形、岩性、构造、水、地震及人为因素。

（1）斜坡外形。斜坡的存在使滑动面能在斜坡前缘临空出露。这是滑坡产生的先决条件；同时，斜坡不同的高度、坡度、形状等要素可使斜坡内力状态发生变化，内应力的变化可导致斜坡稳定或失稳。斜坡陡，高度大，以及当斜坡中上部凸起而下部凹进，且坡脚无抗滑地形时，滑坡容易发生。

（2）岩性与构造。滑坡主要发生在易亲水软化的土层和一些软岩中，如黏质土、黄土和黄土类土、山坡堆积、风化岩石以及遇水易膨胀和软化的土层，软岩有页岩、泥岩和泥灰岩、千枚岩以及风化凝灰岩等。斜坡内的一些层面、节理、断层、片理等软弱面若与斜坡坡面倾向近于一致，则此斜坡的岩土体容易失稳成为滑坡。这时，这些软弱面组合成为滑动面。

（3）水、地震。水的作用可使岩土软化、强度降低，岩土体加速风化。若为地表水作用，可以使坡脚受侵蚀冲刷；地下水位上升还可使岩土体软化、水力坡度增大等。不少滑坡有“大雨大滑、小雨小滑、无雨不滑”的特点，说明水对滑坡作用的重要性。地震可诱发滑坡发生，此现象在山区非常普遍。地震首先将斜坡岩土体结构破坏，使粉砂层液化，从而降低岩土体的剪切强度；同时，地震波在岩土体内传递，使岩土体承受地震惯性力，增加滑坡体的下滑力，促进滑坡的发生。

（4）人为因素。在兴建土建工程时，切坡不当，斜坡的支撑被破坏，或者在斜坡上方兴建工程、增加荷载，都会破坏原来斜坡的稳定条件。人为破坏表层覆盖物，会引起地表水下渗作用的增强，而自然排水系统遭破坏、排水设备布置不当、泄水断面大小不合理都会引起排水不畅，漫溢乱流，增加坡体中的水量。另外，引水灌溉或排水管道漏水会使水渗入斜坡内，促使滑动因素增加。

4.3.2.4 潜移作用

潜移作用是使地表土石层或岩层长期缓慢地向斜坡下方或垂直向下运动的作用，又称为蠕动作用。常见的现象有土层潜移（图 4－28）和地层潜移挠曲。

潜移作用的运动速率极为缓慢，基本维持在每年零点几毫米至数厘米，主要受堆积物性质、地形及外力因素影响；移动体与不动体之间不存在明显的滑动面，两者之间呈连续的渐变过渡关系，属于黏滞运动。

图4－28　土层潜移及其后果综合示意

4.3.3　重力地质作用引起的灾害及其防治

4.3.3.1　崩塌作用引起的灾害及其防治

崩塌灾害具有突发性。由于岩体裂隙的出现和发展常不引起人们的注意，并且崩塌的前兆不明显，因此，其突发性较强，容易对人类的生命和财产安全造成危害。崩塌具有连发性。崩塌发生后，又会出现新的陡峭临空面，在外力和重力作用下，新的裂缝延伸扩展，造成崩塌二次发生，形成连发性的崩塌现象。崩塌具有毁灭性。由于崩塌现象是突然发生的，并且速度快、强度大，对附近的建筑物常造成巨大的危害，因此，须采取必要的措施来预防崩塌作用所造成的灾害。[7]

由于崩塌发生得突然而猛烈，特别是大型崩塌，治理比较困难而且过程复杂，因此，一般多采取以防为主的原则。在设计和施工过程中，应避免使用不合理的高陡边坡，避免大挖大切，以维持山体的平衡。在岩体松散或构造破碎地段，不宜使用大爆破施工。在采取防治措施之前，必须先查清崩塌形成的条件和直接诱发的原因，有针对性地采取整治措施。常用的防治措施有：

（1）清除坡面危岩。清除斜坡上有可能崩落的危岩和孤石，防患于未然。

（2）加固坡面。如坡面喷浆、抹面、砌石铺盖等，以防止软弱岩层进一步风化，如图4－29（a）所示；灌浆、勾缝、镶嵌、锚栓等，以恢复岩体的完整，增强其稳定性。

(3) 危岩支顶。如用石砌或用混凝土做支垛、护壁、支柱、支墩、支墙、锚杆等方法支撑可能崩落的岩体，以增强斜坡的稳定性。

(4) 拦截防御。如修筑落石平台、拦石网、落石槽、拦石墙等拦挡崩落石块，不使其落到道路和建筑物上。必要时采用棚洞或明洞等防护工程。如图 4 - 29 (b) (c) 所示。

(5) 调整水流。如修筑截水沟，堵塞裂隙，封底加固附近的灌溉引水、排水沟渠等，防止水流大量渗入岩体而恶化斜坡的稳定性。

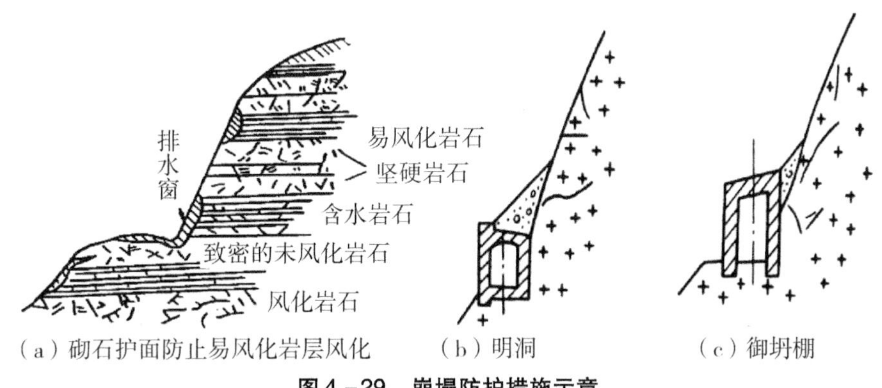

(a) 砌石护面防止易风化岩层风化 (b) 明洞 (c) 御坍棚

图 4 - 29 崩塌防护措施示意

4.3.3.2 流动作用引起的灾害及其防治

近几年来，岩体的流动所产生的泥石流对人类的生命及财产安全构成严重的威胁。泥石流造成沟道变迁改道，冲毁路基，淤埋公路，当流经桥梁时，泥石流导致桥涵孔部分或全部堵塞，其携带的固体物撞击甚至直接冲毁桥涵。泥石流还会堵塞河流，改变水流方向，造成河流下游桥梁被冲毁；也时常抬高水位，造成上游桥梁和沿河公路被淹没。此外，泥石流来势突然、凶猛，冲击力和摧毁力强，在堆积区堆积的范围和厚度迅速加大，有掩埋和破坏工程的威胁，故对泥石流应予以防治。防治泥石流的原则是以防为主，兼设工程措施。可采用如下的防范措施：

(1) 预防措施。在上游汇水区做好水土保持工作，如植树造林、种植草皮等；调整地表径流，横穿斜坡修建导流堤，筑排水沟系，使水不沿坡度较大处流动，以降低流速；加固岸坡，以防岩土冲刷导致崩塌，尽量减少固体物质来源。

(2) 排导措施。在泥石流下游地区设置排导设施，使泥石流顺利排除。例如，修泄洪道 [图 4 - 30 (a)]、导流坝、急流坝，用以固定沟槽，约束水流，改善沟床平面，或者引导泥石流避开建筑物而安全地泄走。

(3) 拦截措施。在中游流通区，设置一系列拦截构筑物，如拦截坝、拦栅、溢流坝、格栅坝［图4－30（b）］等，以阻挡泥石流中携带的物质；用改变沟床坡度降低流速的方法，防止沟床下切，如修建不太高的挡墙，修筑半截堰堤等。

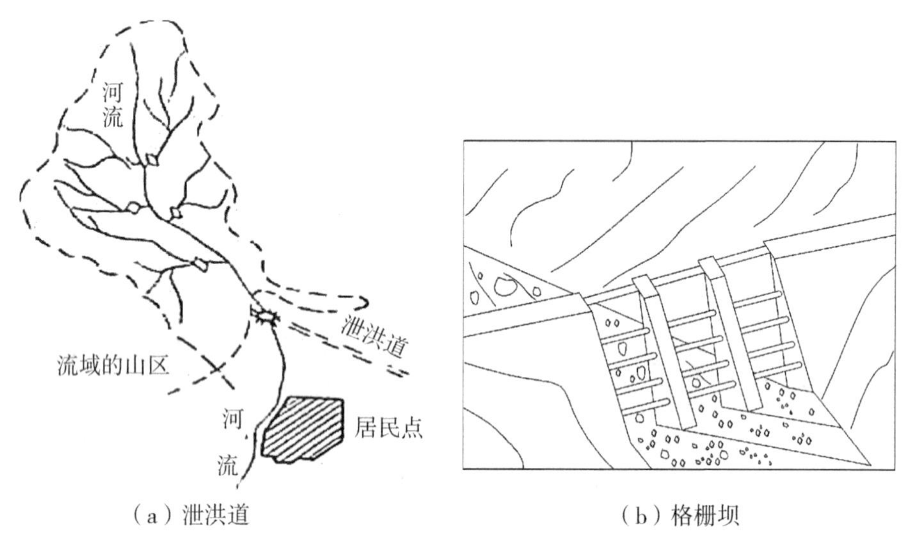

（a）泄洪道　　（b）格栅坝

图4－30　泥石流防治措施示意

4.3.3.3　滑动作用引起的灾害及其防治

滑坡的危害体现在滑坡发生后对地表各种建（构）筑物、江河、森林以及人类生命和财产造成危害。其对工程建设、江河水体、森林生态以及人类生命和财产的安全构成重大的威胁。

滑坡的治理要贯彻以防为主、整治为辅的原则。工程建设应尽量避开大型滑坡所影响的位置；大型复杂的滑坡应采用多项工程综合治理，中小型滑坡应注意调整建（构）筑物的平面位置，以求经济技术指标最优；对发展中的滑坡要进行整治，对古滑坡要防止其复活，对可能发生滑坡的地段要防止滑坡的发生；整治滑坡应先做好排水工程，并针对形成滑坡的因素，采取相应措施。具体整治措施可分为以下四类：

(1) 排水。遵循区内水尽快汇集、排出，区外水拦截、旁引的排水原则。对于地表水，主要可通过设置截水沟和排水明沟系统排水。截水沟用来拦截来自滑坡体外的坡面径流，排水明沟系统用来汇集坡面径流并引导出滑坡体外。对于地下水，可通过设置各种形式的渗水沟或盲沟系统拦截来自滑坡体外的地下水流，如图4－31（a）（b）所示。

（2）支挡。在滑坡体下部修筑挡土墙、抗滑桩或用锚杆加固等工程以增加滑坡下部的抗滑力。在使用支挡工程时，应该明确各类工程的作用。若滑坡前缘有水流冲刷，则应首先在河岸做支挡等防护工程，然后考虑滑体上部的稳定，如图4－31（c）（d）所示。

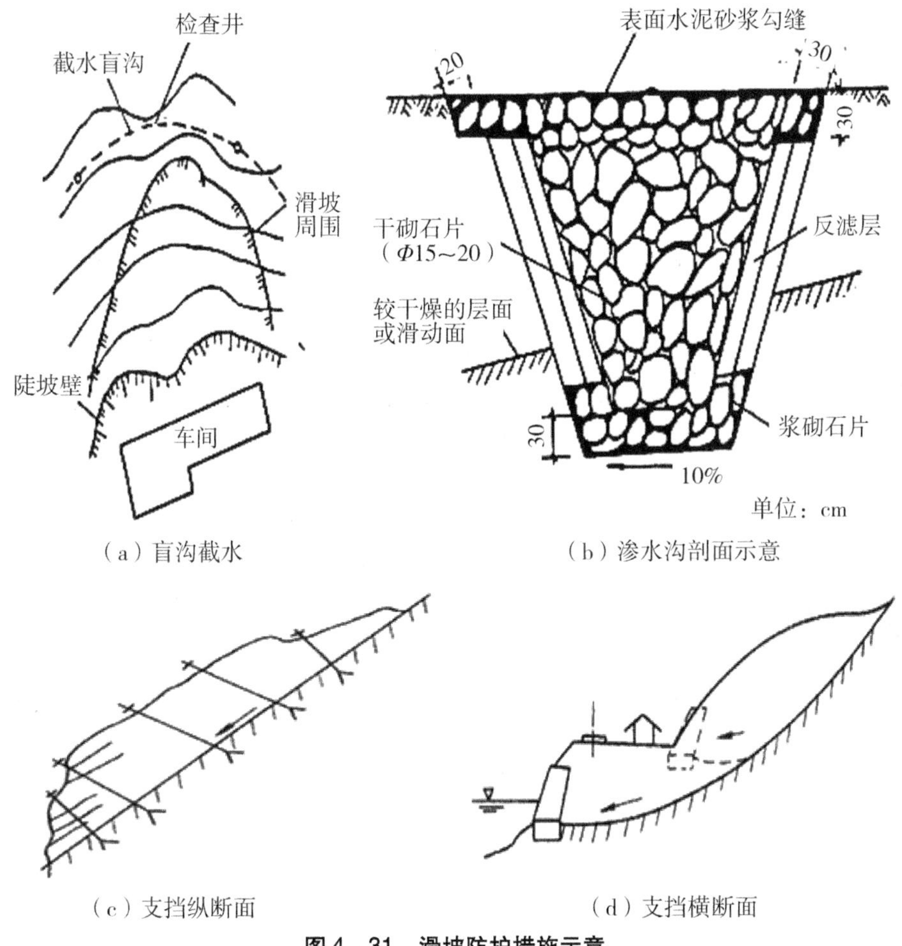

（a）盲沟截水　（b）渗水沟剖面示意

（c）支挡纵断面　（d）支挡横断面

图4－31　滑坡防护措施示意

（3）刷方减重。刷方指减小坡度，减重指减小滑体质量，主要是通过减小坡角或降低坡高来减轻斜坡不稳定部位的质量，从而减小滑坡上部的下滑力。如拆除坡顶处的房屋和搬走重物等。

（4）改善滑动面（带）岩土的性质。可通过对岩质滑坡采用固结灌浆或对土质滑坡采用电化学加固、冻结、焙烧等措施来改善滑动面（带）岩土的性质，目的是改良岩土的性质、结构，以增加坡体的强度。此外，还可针对某些影响滑坡滑动的因素，采取如防水流冲刷、降低地下水位、防止岩石风化等具体措施进行整治。

4.4 海洋地质作用

4.4.1 海洋地质作用的特点

海洋占整个地球面积的 70.8%，地球上的水约有 97% 存在于海洋中。在地质历史中，沧海桑田、海陆变迁，占陆地表面 75% 的沉积岩绝大部分是海洋沉积形成的[8]，因此，研究海洋的地质作用是极为重要的。

海洋表面受各种营力的作用，海水不断地运动着。这些营力包括太阳辐射能的影响、月球对地球表面物体的吸引、地球内部的地震作用，以及大气的变化、风的流动等。海水不能将自身的势能转化为动能而运动，从这一意义上讲，一般认为海水不是流水，而是静水。海水只能在外界的影响下获得运动的能量并产生相应的运动方式，具体可以划分为海浪（也称为波浪）、潮汐和洋流三种。

波浪主要是由风的作用所引起的，也可以是由于地震作用或大气压剧烈变化而发生的。平静的海面受风的吹动产生摩擦，引起水分子运动并随着波浪前进，远离原地，风浪转变为余波。波浪具有动能，可以进行各种地质作用，包括侵蚀作用与沉积作用。波浪的基本要素有波长、波高、波速和波的周期。如图 4－32 所示。

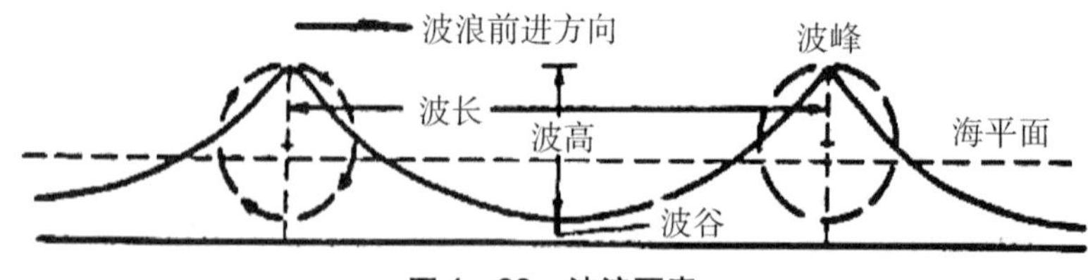

图 4－32 波浪要素

潮汐是一种由月球和太阳对地球的引力所引起的海水运动。每昼夜海平面要上升两次、下降两次，即约以半日作为周期而进行升降，这种现象称为潮汐。当浪潮中的峰到来的时候，水位最高，称为高潮或满潮；当浪潮中的谷到来时，则水位最低，称为低潮或落潮。

洋流是一种由风的作用引起的海洋中水的前进式运动，即水分子按一定方向和固定路程被带到很远的地方，好像沿着一条大洋中的河流流动一样。洋流方向在大多数情况下取决于风，也与大陆的位置、海岸的轮廓以及洋底性质相关。洋流的速度有的可达每日 15 km。

海洋的地质作用总体可分为海洋的剥蚀作用、海洋的搬运作用和海洋的沉积作用。

海洋的剥蚀作用是指由海水的机械动能、溶解作用和海洋生物活动等因素引起海岸及海底物质破坏的作用，也称为海蚀作用。

海洋的搬运作用同河流一样，可以分为机械搬运和化学搬动两种类型。机械搬运中，按碎屑物颗粒大小不同又分为推移、跃移和悬移三种方式；化学搬运中，又分为真溶液搬运和胶体溶液搬运两种方式。

海洋的沉积作用是指被运动介质搬运的物质到达适宜的场所后，由于条件发生改变而发生沉淀、堆积等的作用。按沉积环境可分为大陆沉积与海洋沉积两类，按沉积作用方式又可分为机械沉积、化学沉积和生物沉积三类。

4.4.2 海洋地貌类型

在波浪等海洋动力作用下，海岸同时发生侵蚀和堆积过程。在这个过程中，入海河流和其他自然因素对海洋地貌有着显著的影响，并且人类经济活动对这个过程的干预越来越大。因此，就产生了复杂多样的海岸侵蚀（简称海蚀）地貌和海岸堆积（简称海积）地貌。[9]

4.4.2.1 海蚀地貌

海蚀地貌主要是在波浪作用下产生的，如海蚀拱桥（图 4－33）。海蚀地貌的基本形态大多是暴风浪的产物，普通波浪则起着修饰地貌的作用，可以把它们对海岸的侵蚀分别比作鲸吞和蚕食。此外，海水能跟海岸岩石发生缓慢的化学反应。在机械破坏与化学溶蚀的双重作用下，海岸被快速破坏。其中，坚硬的以及断裂不发育的岩石抵抗海蚀的能力较强，软弱的以及断裂发育的岩石抵抗海蚀的能力较弱，前者常突出成为海岬，后者常凹入成为海湾。

图4－33　海蚀地貌（海蚀拱桥）

坚硬岩石组成的海岸因受海蚀作用而崩塌，可形成陡峭的海蚀崖，如图4－34所示。在海平面附近，随着波浪不断打击海岸，海岸形成凹槽，凹槽以上的岩石悬空，波浪继续作用使悬空岩石崩坠，促使海岸步步后退，形成海蚀崖。在海蚀崖的坡脚，常堆积着由悬崖崩坠下来的岩块。这些岩块倘若不被海浪搬走，将保护海蚀崖的坡脚不再受波浪打击而后退。

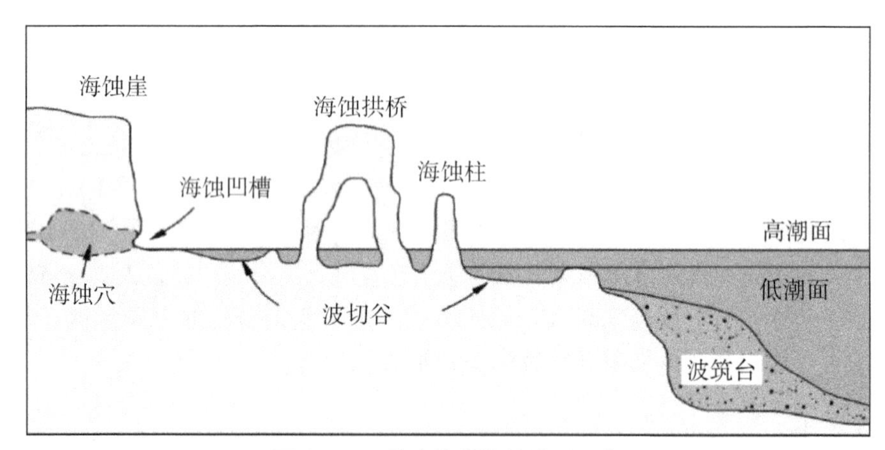

图4－34　基岩海岸海蚀地形示意

伸入海中的岩石和侵蚀成桥状的拱桥称为海蚀拱桥，也称为海穹。当波浪从两侧打击突出的岬角时，可在其两侧形成海蚀洞，随着洞的扩大，最后可贯通，就形成了海蚀拱桥。

海蚀拱桥继续发展，可使拱桥顶板崩坍，在海蚀台上形成海蚀柱。海蚀柱也可以由海蚀崖在后退过程中海蚀台上较坚硬的蚀余岩体所组成。

在海蚀崖不断后退的同时，海蚀崖前出现一个不断展宽的、微向海倾斜的平台，称为海蚀台（也称为浪烛台和磨石台）。海蚀台在波浪带动的岩块和沙砾的不断磨蚀下，逐渐被削平。通常在海蚀台上还存在着浪蚀沟，以及由溶蚀所形成的洼地等微起伏形态。

在海蚀崖坡脚处形成的凹槽称为海蚀穴，深度较大者称为海蚀洞。在较松软岩石构成的海岸地区，海蚀崖因被波浪打击，后退极快，海蚀穴不能大规模发展。海蚀穴常沿岩石节理及抗蚀较弱的部位发育。海蚀洞深可达数十米，甚至 200 m。当岩石裂隙被水挤进并压缩洞中的空气使其向其他处扩张时，可击穿海蚀洞顶，形成海蚀窗。

4.4.2.2 海积地貌

进入海岸带的松散物质在波浪推动下运动，并在一定条件下堆积下来，形成各种海积地貌。在海岸带内，任何泥沙颗粒都是在波浪力和重力共同作用下运动的。若波射线与海岸线正交，波浪作用的方向与重力切向分量方向将在同一直线上，泥沙颗粒垂直于岸线运移，称为泥沙的横向运动；若波射线与海岸线斜交，波浪作用的方向与重力切向分量方向则不在同一直线上，泥沙颗粒沿着海岸线呈“Z”字形路线前进，则称为泥沙的纵向运动。

1. 横向运动形成的海积地貌

（1）水下堆积阶地。在水下岸坡坡脚，由向海运移的泥沙堆积形成的堆积体，称为水下堆积阶地。

（2）海滩与滨岸堤。海滩是激浪带的堆积体，是激浪流作用的产物。海滩在平缓的海岸有着广泛的发育，如图 4 - 35 所示。海滩有两种形式。一种形成于海蚀崖前，或在过去大浪形成的海滩斜坡上，或在人工建筑物的坡脚处。这种海滩是在海滩上部边缘没有激浪流充分活动的条件下形成的，它的剖面形态呈凹形曲线。另一种往往是由数条顺着海岸线方向延伸的滨岸堤所组成，滨岸堤是在激浪流的进流上行充分的空间条件下形成的，故剖面形态向上凸起。

（3）离岸堤与潟湖。离岸堤同滨岸堤一样是激浪流作用的产物。它是由激浪流所携带的泥沙在未达到水边线，即在一定位置上形成的出露在水面上的堤状堆积体。这样就把离岸堤向陆侧的海水与外部隔开形成湖泊，这种湖泊称为潟湖。

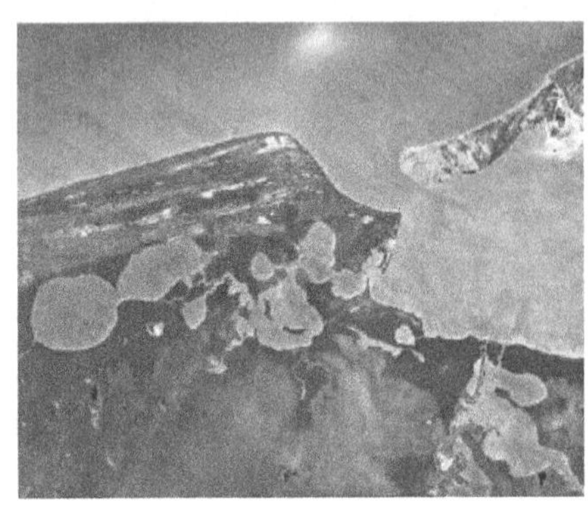

图4－35　横向运动形成的海积地貌示意

（4）水下沙坝。水下沙坝是一种大致与岸平行成直线或弧形的水下堤状堆积物，有时为一条，多数情况下为两条，最多可达五六条。水下沙坝形成于破浪带，是破浪的产物。

2. 纵向运动形成的海积地貌

泥沙纵向移动所形成的堆积地貌，在其他条件相同时，可根据岸线的转折所引起的泥沙流容量的变化而分为以下两种情况：

（1）当海岸线向海转折时，由于波射线与海岸线的交角增大，泥沙流容量减少，可能导致泥沙流从原来的不饱和状态转变为饱和或过饱和状态，从而发生泥沙在凹入角的堆积充填，形成滨海岸堆积地貌，如图4－36（a）所示。

海岸人工建筑物有意（如防堤、丁坝等）或无意（如接岸防坡堤、突堤码头等）地拦断了泥沙流，在其迎着泥沙流来向的一侧发生的堆积地貌，也属于这一类地貌。

（2）当海岸线向陆地转折时，将产生另一种堆积地貌。这时，海岸线与波射线的交角减小，可能使泥沙流容量降低，泥沙在岸线转折处首先堆积下来。由于波浪绕过海岸突出处发生折射，泥沙流将沿着大致与新岸线等深线平行的方向前进，即离开原岸边一定的角度，这样堆积体就从海岸突出处开始，在无另外因素干扰的条件下，不断向前延伸，形成根部与岸相接，前端离岸越来越远，向海里突出的堆积地貌，这种地貌称为沙咀，如图4－36（b）所示。

（a）滨海岸堆积地貌

（b）沙咀

图4－36　纵向运动形成的海岸堆积地貌示意

4.4.3　海洋生态保护与开发

地球上海洋总面积为3.613亿km^2，是陆地面积的2倍多，也是地球上富饶而远未开发的资源宝库。[10]以海水资源为例，海水中溶解有大量的物质，是食盐的重要来源；99%的溴都在海洋里，溴有“海洋元素”之称，总储量约100万亿吨。此外，海水中还有930亿吨碘，比陆地储量还多。据相关计算，1 km^3的海水中含氯化钠2700多万吨、氯化镁320万吨、碳酸镁220万吨和硫酸镁120万吨。此外，海水中还含有贵重金属，以及放射性元素铀等。

随着科技进步，海水淡化成本降低，海水将成为重要的淡水来源；潮汐能、波浪能的开发利用将成为重要的清洁能源。不仅如此，海洋生物资源、海底矿产、广大的海域和空间将使海洋成为工业原料基地，重要的食物、药物来源，以及广阔的生活空间。海洋的富有（丰富的资源、博大的空间）吸引着人们把生产和生活空间向海上推进，海洋开发有着广阔的前景。早在20世纪，科学家们就预言21世纪将是海洋的世纪。

然而，近年来，人类的活动改变了海洋的原来状态；同时，人类和生物在海洋中的各种活动受到不利因素的影响。城市生活污水、工厂生产废水及废弃垃圾、农药及农业废弃垃圾排入海洋，船舶、飞机及各种海上工程设施的建立，原子能的生产与应用，以及军事活动等对海洋的生态环境构成了重大的威胁。我国虽然制定了海洋资源开发保护的法律法规，但大多数是单行法规，缺乏能调节行业矛盾的综合性管理法规、区域性管理法规和海洋基本法。由于人们的可持续发展观念尚较为淡薄，在海洋资源开发过程中注重经济增长速度，而忽视了合理开发和保护，未充分考虑海洋资源的培育和增殖，因此，增强对海洋资源的可持续开发，是目前我们所要重视的一个课题。

4.5 岩溶

4.5.1 岩溶地质作用的特点

地表流水和地下水的长期化学溶蚀和机械侵蚀作用形成特殊的地貌形态和水文地质现象，这一作用称为岩溶作用。[11]包括可溶性岩石被溶蚀、迁移、沉积的全过程。岩溶又名喀斯特（Karst），其名称源于前南斯拉夫西北部沿海一带的Karst高原，该高原系石灰岩地层，岩溶现象十分发育。

我国可溶性岩石（碳酸盐岩）分布很广，遍及26个省（市、区），尤其是西南、中南地区分布更广，云南、贵州、广西连成一片，其中贵州仅碳酸盐岩的出露面积就占全省面积的51%，广西、湖南、云南、湖北、山西、四川等省（区）的碳酸岩盐的出露面积均在20%以上，其碳酸盐总体分布面积占全省（区）面积也均在50%以上。

常见的岩溶形态有溶洞、溶槽、溶沟、溶蚀谷地、峰丛、峰林、孤峰、石林、天生桥、洼地漏斗、溶蚀平原、落水洞、暗河、钟乳石、石柱、石芽、石笋、泉等，如图4－37所示。

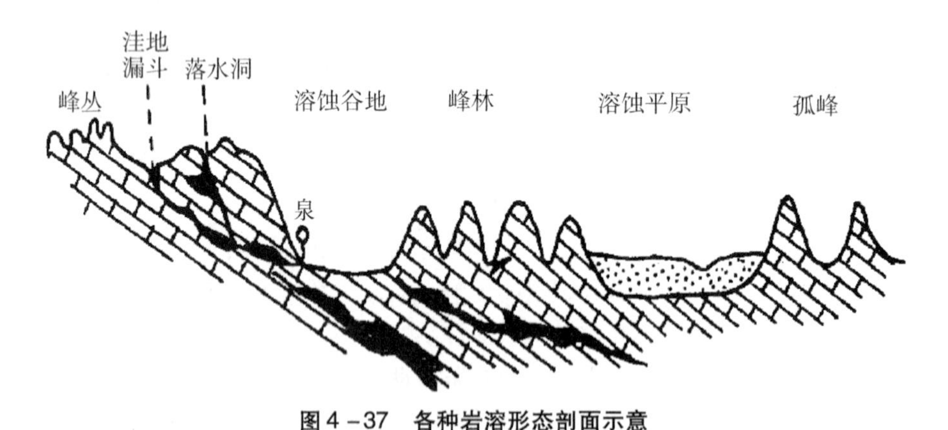

图4－37　各种岩溶形态剖面示意

岩石的可溶性、透水性、水的溶蚀性及其流动性是岩溶发育必须具备的基本条件。

4.5.1.1 岩石的可溶性

可溶性岩石是岩溶发育的物质基础，它的成分和结构特征影响岩溶的发育程度。在自然界中，碳酸盐岩分布很广。由于碳酸盐类岩石的主要成分是钙、镁，碳酸盐岩溶蚀能力强，一般为石灰岩、白云质灰岩、白云岩、泥灰岩、硅质灰岩，故碳酸盐岩地区岩溶发育最典型、最普遍。

4.5.1.2 岩石的透水性

完整的岩石或断层、节理不发育的岩石，地下水不易渗透到岩石内部，溶蚀只是在岩石表面进行，故岩溶发育速度相对较慢。断层、节理发育的岩石，尤其是相互连通形成渗透裂隙网络的岩石，岩溶发育速度相对较快。故岩溶主要发育在断裂、节理发育的部位，如褶曲轴部、断层破碎带及其影响带等。

4.5.1.3 水的溶蚀性

水的溶蚀性是岩溶发育的必要条件。这种水在可溶性岩体中流动，两者不断地相互接触和相互作用。水的溶蚀能力主要取决于水中侵蚀性二氧化碳的含量，其含量越高，对岩石的溶解能力越强。在热带、亚热带气候条件下，气温较高，土体中微生物的生物化学作用很强，使有机物分解成各种有机酸，并产生大量的二氧化碳，很大程度上提高了岩溶中的二氧化碳含量。

4.5.1.4 水的流动性

当具备良好的循环交替（补给、径流、排泄）条件时，水就会不断地循环更替，经常保持溶蚀力。水的流动性决定了岩溶水的渗流途径、交替程度和水动力学特征，影响岩溶发育的强烈程度和岩溶形态类型。

4.5.2 岩溶地貌

影响岩溶发生、发展的主要因素有岩石的岩性、气候、地形地貌、地质构造和地壳运动。可溶性岩层的厚度越厚，含不溶物就越少，与薄层岩石岩溶相比发育得就越强烈，发展的规模也就越大。气温的升高总体上有利于岩溶作用的进行，温热潮湿的热带、亚热带地区的岩溶作用较强烈，而高寒干燥的极地、寒带地区的岩溶现象不发育。[12]

在地形相对平缓、地下水运动活跃的地区，地下岩溶形态较为发育。在地壳强烈上升的地区，岩溶发育以垂直方向为主；在地壳运动相对稳定的地区，岩溶发育则以水平方向为主。在气候湿润、多雨的地区，地表水和地下水充沛，岩溶易发育、发展。

4.5.2.1　溶沟与石芽

溶沟指石灰岩表面上的一些沟槽状凹地，它是地表水流，主要是片流和暂时性沟状水流顺着坡地沿节理溶蚀和冲蚀的结果。沟槽深度不大，一般为数厘米至数米，溶沟间突起的石脊称为石芽，根据形成的条件不同，其形状也不同，可呈尖脊状、尖刀山状、车轨状、棋盘状、石柱状等，如图 4 - 38（a）所示。石芽的形态和分布特征常受地形、节理和岩石性质的控制。

石林是一种大型石芽。发育地层岩石是下二叠统茅口组的浅灰色厚层状的生物碎屑石灰岩，经各种溶蚀作用，形成了最具代表性的喀斯特地貌，如图 4 - 38（b）所示。

（a）溶沟与石芽　　（b）石林

图 4 - 38　溶沟与石芽、石林

4.5.2.2　峰林与坡立谷

峰林，国外又称为锥状和塔状喀斯特。峰林是高耸林立的碳酸盐岩石峰，分为散立和丛聚两大类。丛聚的连座峰林又称为峰丛，当峰丛石山之间的溶蚀洼地再度垂向发展而至饱水带时，把基座蚀去，就成为没有基座的密集山峰群。峰林主要发育在湿润热带、亚热带(年均温大于 20 ℃，年降水量大于 1500 mm)。中国峰林在世界上最为典型，面积最大，主要分布于广西、贵州、云南以及湖南南部、广东北部等地。峰林地貌的演化模式如图 4 - 39 所示。

峰丛 坡立谷 峰林 溶蚀平原
洼地 泉
河流 孤峰

（a）峰林地貌示意

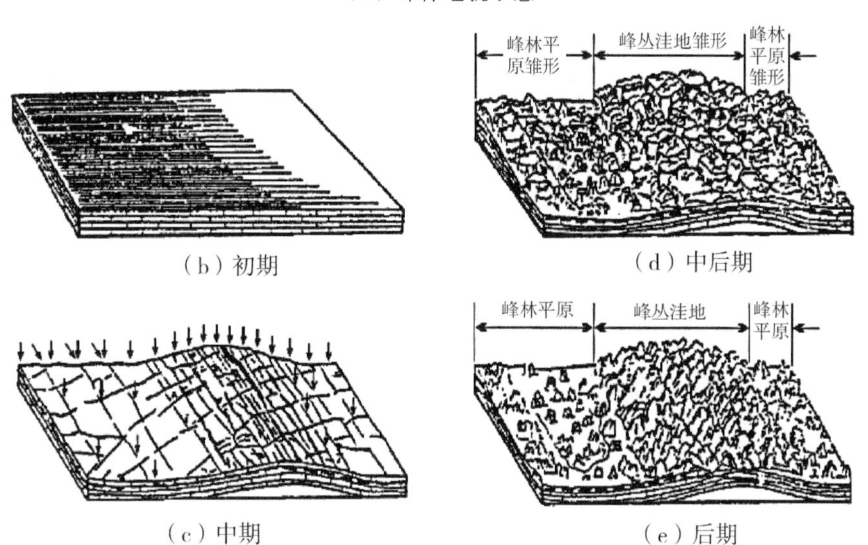

（b）初期 （d）中后期

（c）中期 （e）后期

图4－39 峰林地貌演化模式

坡立谷又称为岩溶盆地，指喀斯特区宽阔而平坦的谷地。其面积较大，可达数十到数百平方千米，底部平坦，地表有河流通过，堆积物有冲积、坡积及残余的各类堆积；周围有时发育峰林地形，内部可以有孤峰和残丘。坡立谷的长轴方向常与构造线一致。

4.5.2.3 漏斗与溶蚀洼地

岩溶漏斗又称为斗淋，即其英文 doline 的音译，是分布在石灰岩地区呈碗碟状或漏斗状的凹地。其平面形态呈圆形或椭圆状，直径为数米至数十米，深度为数米至十余米。漏斗壁因塌陷呈陡坎状，在堆积有碎屑石块及残余红土的漏斗底部，常发育有垂直裂隙或溶蚀的孔道，孔道与暗河相通，当孔道堵塞时，漏斗内就积水成湖。

岩溶漏斗是地表水流沿垂直裂隙向下渗漏时使裂隙不断扩大，先在地面较浅处形成隐伏的孔洞，这一阶段形成的漏斗称为溶蚀漏斗［图4－40（a）］；随着孔洞的扩大，上部土体逐步崩落，开始在地面出现环形的裂开面，最后陷落而成漏斗，这一阶段形成的漏斗称为崩塌漏斗［图4－40（b）］。

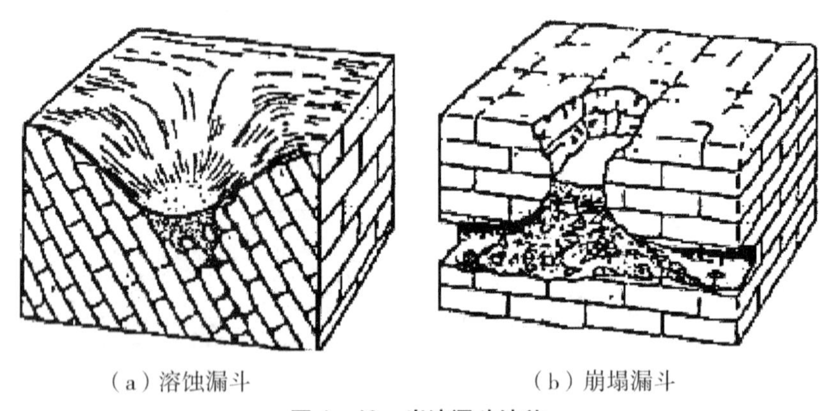

（a）溶蚀漏斗　（b）崩塌漏斗

图4－40　岩溶漏斗地貌

溶蚀洼地是由喀斯特漏斗扩大或合并而成，呈封闭或半封闭状喀斯特地貌形态。溶蚀洼地分布在峰丛或峰林之间，平面形态为圆形或椭圆形，长轴常沿构造线发育，面积可达数平方千米至数十平方千米。洼地底部呈凹形，有时因漏斗及落水洞的分布而略有不平，表层堆积着厚度不等的残余红土及水流冲刷来的红土。被峰林环绕的溶蚀洼地如图4－41所示。

图4－41　溶蚀洼地地貌

4.5.2.4 落水洞、竖井、盲谷、伏流、干谷

落水洞是地表水流入地下的进口，其表面形态与漏斗相似，是地表及地下岩溶地貌的过渡型岩溶地貌。落水洞主要可分为裂隙状、筒状、锥状及袋状，它们既可直接表现于地表面，也可套置于岩溶漏斗的底部。由于落水洞常沿构造线、裂隙和顺岩层展布方向呈线状或带状分布，因此是判明暗河方向的一种标志。

洞壁直立的井状管道称为竖井，它实际上是一种崩塌漏斗，在平面轮廓上呈方形、长条状或不规则圆形。长条状是沿着一组节理发育的，方形或圆形则是沿着两组节理发育的。井壁陡峭，近乎直立，有时从竖井往下看可以看到地下河的水面。

盲谷是喀斯特区的地表河流的下游消失于落水洞或溶洞中形成的无出口的河谷，又称为断尾河。盲谷常发育于地下水水力坡降变陡处，是地下河流袭夺地表河流所致，因此，在地表水没入落水洞的上方为一陡壁。由喀斯特陡壁下流出的喀斯特泉或地下河在地表出露形成的河流，称为断头河。

伏流也称为暗河，指地面以下的河流，是地下岩溶地貌的一种。它是由地下水汇集，或地表水沿地下岩石裂隙渗入地下，经过岩石溶蚀、坍塌以及水的搬运而形成的地下河道。主要是在喀斯特发育中期形成的。

岩溶区无水的河谷称为干谷。

以上各类岩溶地貌如图 4 -42 所示。

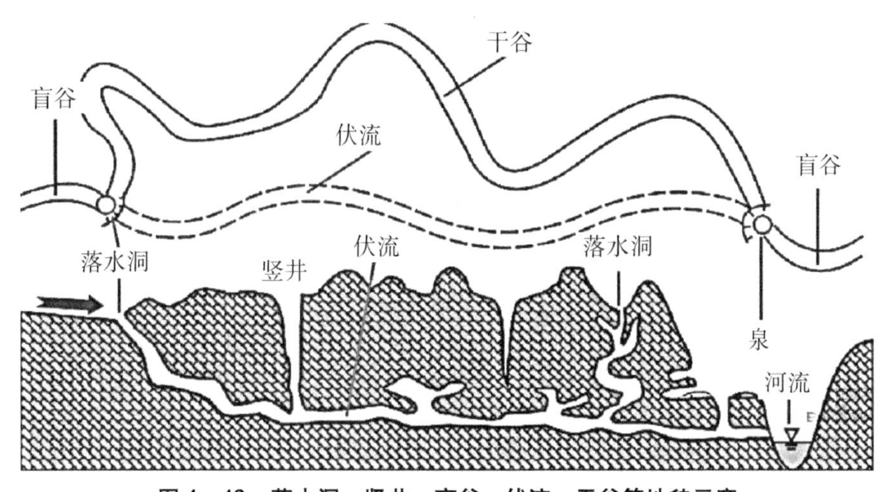

图 4 -42　落水洞、竖井、盲谷、伏流、干谷等地貌示意

4.5.2.5 岩溶湖、溶洞

岩溶湖是由碳酸盐类地层经流水的长期溶蚀所产生的岩溶洼地、岩溶漏斗或落水洞等被堵，经汇水而形成的一类湖泊。岩溶湖排列无一定方向，形状为圆形或椭圆形，有时也呈长条形。岩溶湖一般面积不大，水深也较浅。我国岩溶湖大多分布在岩溶地貌较发育的贵州、广西和云南等省（区）。

溶洞的形成是石灰岩地区地下水长期溶蚀的结果，石灰岩里不溶性的碳酸钙受水和二氧化碳的作用能转化为微溶性的碳酸氢钙。由于石灰岩层各部分含石灰岩的量不同，被侵蚀的程度也不同，因此，逐渐被溶解分割成互不相依、千姿百态、陡峭秀丽的山峰和景观奇异的溶洞。如图 4－43 所示。

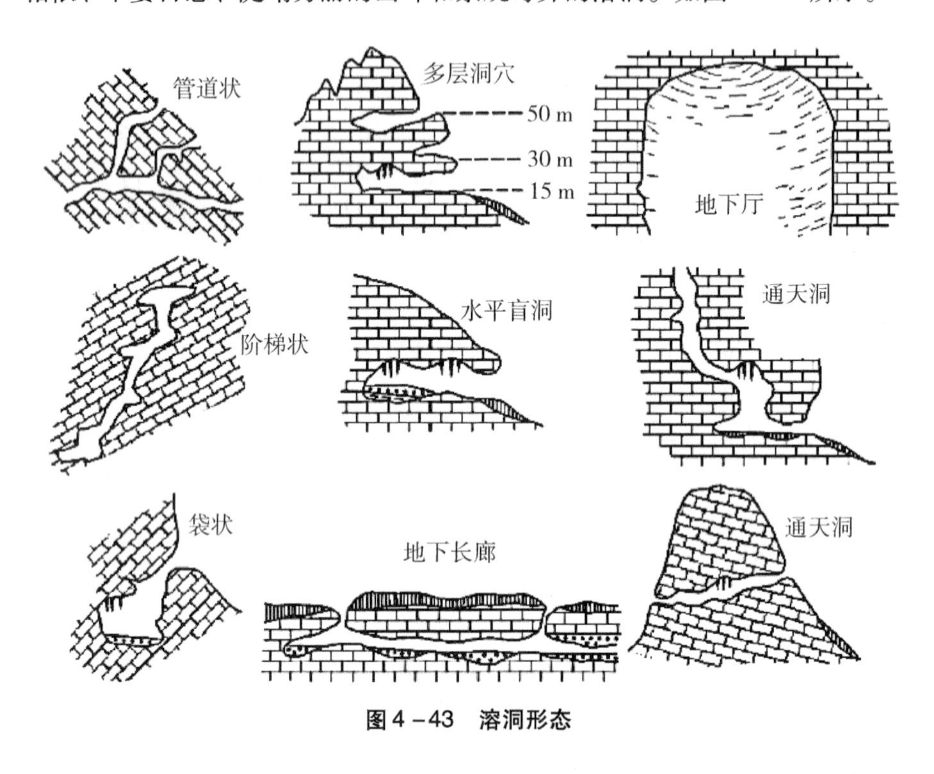

图 4－43 溶洞形态

4.5.3 岩溶引起的地质灾害及其防治

岩溶的产生和发育破坏了岩体原有的完整性，降低了岩体本身的强度，增大了岩体透水性，往往会对建设工程的使用造成许多不利影响甚至重大灾害，主要体现在地基不均匀沉降、地基塌陷、失稳、渗漏和突水等。

工程建设上为避免岩溶引起的地质灾害对工程造成不利影响，对其防治通常有以下几种方法：

（1）路基上方的岩溶泉和冒水洞宜采用排水沟将水截流至路基外，可以通过设置集水明沟或渗沟排水，如图4－44（a）（b）所示。

（2）对于稳定路堑边坡上的干溶洞，洞内宜采用浆砌片石填塞，如图4－44（c）所示。

（3）对于路基基底的开口干溶洞，当洞的容积不大或深度较浅时，应予以回填夯实；当洞的容积较大或深度较深时，宜采用构筑物跨越的方法。对于有顶板但顶板强度不足的干溶洞，可炸除顶板后进行回填，或设置构筑物跨越。

（4）当通过计算判断下伏溶洞有坍塌可能时，应进行适当加固。

（5）对于路基范围内的土洞，应先判明土洞是否仍在发展。对于已停止发展的土洞，可按一般地基进行评价，需加固时宜采用注浆、复合地基等方法进行处理；对于还在发展中的土洞，宜采用构筑物跨越，如图4－44（d）所示。

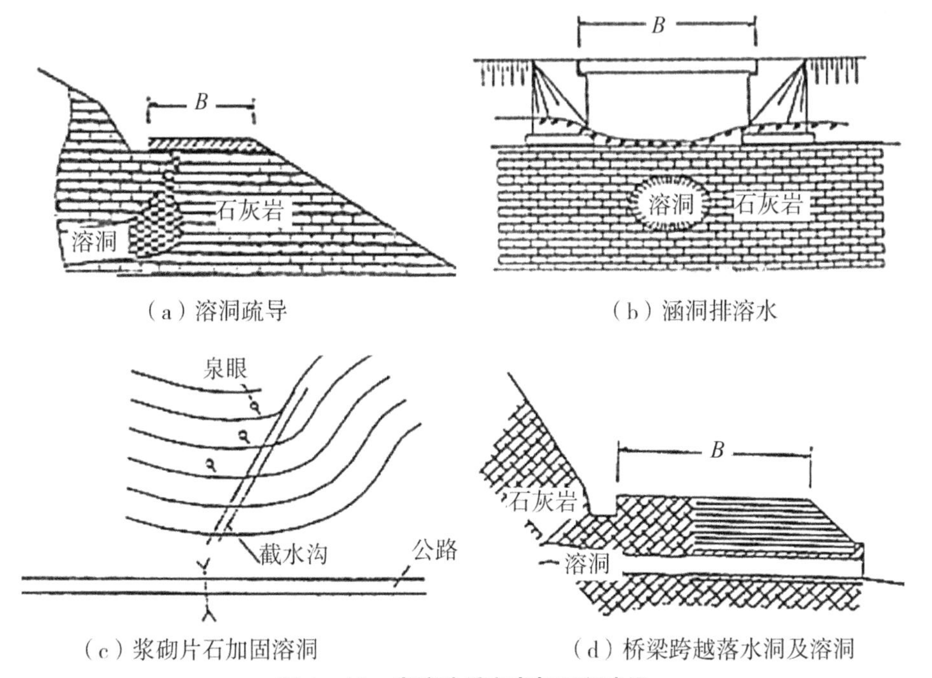

图4－44　岩溶地质灾害与工程建设

4.6 地震灾害

4.6.1 地震灾害的特点

地震是在地壳表层因弹性波传播所引起的振动作用或现象。地震按照其成因可分为构造地震、火山地震、陷落地震和诱发地震。[13]

（1）构造地震。构造地震是现代地壳运动所产生的分布最广、数量最多（>90%）、危害最大的地震。它产生于板块边缘和板块内部的活动构造带。岩石圈在地球内力作用下，不断积累应变能，一旦达到岩体强度极限，积蓄的应变能就会以弹性波的形式突然释放使地壳振动，发生突然的剪切破裂（脆性破坏）或沿已有破裂面产生突然错动（黏滑）而发生地震。

（2）火山地震。火山地震是由于火山活动时岩浆喷发冲击或热力作用而引起的地震。火山地震的发生较少，约占地震总数的7%。

（3）陷落地震。陷落地震是由于可溶性岩石被地下水溶解，或地下采矿形成巨大空洞，造成地层崩塌陷落而引发的地震。

（4）诱发地震。诱发地震是在特定地区因地壳受到某种外界因素的作用而诱发的地震。这些外界因素可以是地下核爆炸、陨石坠落、石油钻井灌水、水库蓄水等，其中水库诱发的地震最为常见。

地震效应是指地震作用影响的范围内，地表出现的各种震害和破坏。主要取决于三方面，即场地工程地质条件、震级和震中距以及建筑物的类型和结构。地震是一种破坏力极大的灾害，对人类造成的危害主要包括直接危害和次生危害两个方面。

（1）直接危害。包括对建（构）筑物的破坏，如房屋倒塌、桥梁断裂、水坝开裂、铁轨变形等；对地面的破坏，如地面开裂、塌陷和喷沙冒水等；对山体等自然物的破坏，如山崩、滑坡等；对沿海地区的破坏，如海啸、海底地震引起的巨大海浪对沿海地区产生冲击造成破坏。如图4－45（a）（b）所示。

（2）次生危害。包括由震后火源失控引起的火灾、爆炸，由水坝决口或山崩阻塞河道等引起的水灾，由建筑物或装置遭破坏等引起的毒气泄漏，由震后生存环境遭到严重破坏而引起的瘟疫，等等。此外，由地震所造成的社会秩序混乱、生产停滞、家庭破坏和人们心理的伤害，往往比直接危害的损失更大。如图4－45（c）（d）所示。

（a）地震导致的滑坡、泥石流

（b）地震导致的桥梁倒塌

（c）地震导致的次生灾害——火灾

（d）地震导致的次生灾害——洪水

图4－45　地震灾害示意

4.6.2　地震灾害防治

大地震如果发生在渺无人烟的地方是不会对人类造成伤害的，但如果发生在城市或农村地区，就会造成房屋倒塌，一些重要建筑物与工程也会遭到破坏并危及人员的生命安全，给人们的生活和生命安全造成严重危害。因此，对于地震灾害，必须采取适当的措施减少其可能造成的伤害。

4.6.2.1　工程场地选择原则

工程场地选择时应尽量避开活断层，尽可能避开具有强烈振动效应和地面破坏效应的地段，同时也应避开不稳定斜坡地段，尽可能避开孤立地区、地下水埋深浅的地区。

4.6.2.2 抗震措施

在一些工程上合理地选择持力层和基础布置可以有效地提高其抗震强度。如应将基础砌置在坚硬的土层上，并且砌置深度应大一些，以防发生地震时倾斜；不宜使建（构）筑物跨越在性质不明的土层上；建（构）筑物结构设计时要加强其整体强度，提高抗震性能。

4.7 不良地质现象对工程选址的影响

4.7.1 概述

4.7.1.1 地基基本概念

不良地质现象对工程的影响主要体现在其对地基稳定性的影响。在建筑工程中直接支承建（构）筑物重量的地层部分称为地基；建（构）筑物在地下直接与地基相接触的部分称为基础，基础根据其埋置深度可分为浅基础和深基础；地基分为天然地基和人工地基，未经过加固的天然地层作为持力层时，称为天然地基，经过人工加固的地基称为人工地基，如图 4－46 所示。

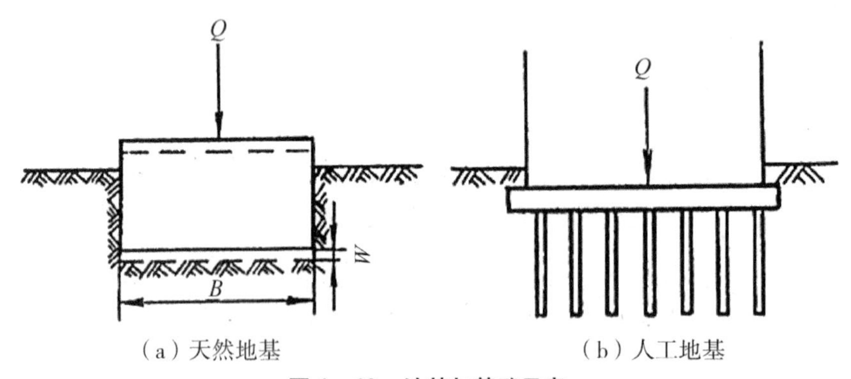

图 4－46 地基与基础示意

地基所能承受的由建（构）筑物基础传来的荷载的能力称为地基承载

力；地基中直接支持建（构）筑物荷载且直接与基础底面接触的岩土层称为持力层，持力层以下的岩土层称为下卧层。

4.7.1.2 岩溶与土洞对地基稳定性的影响

在地基主要受力层范围内，若存在溶洞或土洞等洞穴，当施加附加荷载或振动荷载后，会导致洞顶坍塌，地基突然下沉。洞穴顶板的稳定性可根据洞穴空间是否填满而定。

其防治措施主要有以下几种：

（1）查明建筑场地内岩溶与土洞的形成原因、形成条件、位置、埋深、大小、发育情况及分布情况，并且对地表土层的塌陷规律进行研究。

（2）建筑场地应尽量选择在地势较高、地下水最高水位低于基岩面的地段，应与抽、排水点有一定距离。

（3）建（构）筑物应设置在降落漏斗半径之外，一般应避开抽水点地下水主要补给的方向。

4.7.1.3 地震液化对地基稳定性的影响

当粉砂、细砂土层饱和，即孔隙全部充满水时，外来振动使得饱和砂土中的孔隙水压力骤然上升，而在短时间内，上升的孔隙水压力来不及消散，导致原来由砂粒通过其接触点所传递的压力减小。当压力完全消失时，砂土层会完全丧失剪切强度和承载力，最后形成一种类似液体的状态，这个过程称为地震液化。

地震引起的地基液化、所产生的震陷，使地基承载能力降低甚至丧失。若地基中存在断层带，在地震等因素的激发下，会严重影响地基的稳定性。

在一般的地震强度下，在地面以下 15 m 深度内，饱和的松至中密的砂或粉土是最常见的液化土。在工程地质勘察中，液化层通常采用原位测试方法来判别。另外，在工程地质勘察中，应给出场地和地基的断裂类型和特点及其活动性，查明断裂带的分布。

4.7.1.4 斜坡岩土体移动对地基稳定性的影响

在山区进行建设时，斜坡的稳定性将会影响建（构）筑物的地基稳定性，从而影响其安全性，如图 4－47 所示。因此，应先查明斜坡的滑动性，评价斜坡的稳定性；设计时最好将基础位置设置在滑动影响带之外。

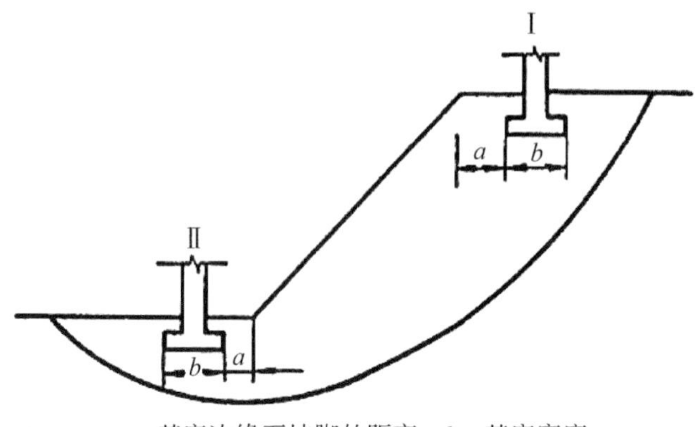

a—基底边缘至坡脚的距离；*b*—基底宽度

图 4－47　坡顶和坡脚的不稳定基础

4.7.2　工程选址原则

4.7.2.1　不良地质现象对地下工程选址的影响

地下工程指建筑在地面以下及山体内部的各类建（构）筑物，如地下交通、地下工业用房、地下储存库房、地下生活用房及地下军事工程等。这些地下建（构）筑物又称为地下洞室。[14]

1. **总体位置的选择**

在区域地质条件的选择上，应收集当地的有关地震、区域地质构造史及现代构造运动等资料，进行综合地质分析和评价。一般来说，要求基本地震烈度小于Ⅷ度，区域地质构造稳定，工程区无区域性断裂带通过，第四纪以来没有明显的构造活动。

在场地条件的选择上，应该选择岩体完整，成层稳定，地形完整，山体受地表水切割破坏少，没有滑坡、塌方等早期埋藏和近期破坏的地形，没有有害气体及异常地热，并结合其他有关因素，如与运输、供给、动力源、水源等因素有关的地理位置等综合选取。

2. **洞口的选择**

洞口的工程地质条件主要是考虑洞口处的地形及岩性、洞口底的标高、洞口的方向等因素。洞口宜设在山体坡度较大的一面，岩层完整，覆盖层薄，最好设置在岩层裸露的地段，以免切口刷坡时刷方量太大，破坏原来的地形地貌。洞口底的标高一般应高于谷底最高洪水位 0.5 ～1.0 m 的位置。洞口边坡的进出口地段应尽量避开易产生崩塌、剥落和滑坡等的不良地段。

3. 洞室轴线的选择

洞室轴线的选择主要取决于地层岩性、岩层产状、地质构造以及水文地质条件，应对它们进行综合分析评价后选取。布置洞室时，应尽可能使地层岩性均一，层位稳定，整体性强，风化轻微，并从抗压与剪切强度较大的岩层中通过。

4. 地质构造与洞室轴线的关系

在修建地下工程时，岩层的产状及成层条件对洞室的稳定性有很大影响，尤其是岩层的层次多、层薄或夹有极薄层易滑动的软弱岩层时，对修建地下工程很不利。

（1）洞室轴线与岩层走向平行。①水平岩层（岩层倾角为 5°～10°）：其岩层薄、节理发育不利，需考虑岩层厚度、层间联结性等，如图 4－48（a）所示。②倾斜岩层：其侧压力不一致，洞室边墙的变形大，一般说来对工程建设是不利的，如图 4－48（b）所示。③近似直立的岩层：受力不均匀，洞室跨度大于岩层厚度，易造成不稳定，故不能把洞室选在软硬岩层的分界线上，如图 4－48（c）所示。

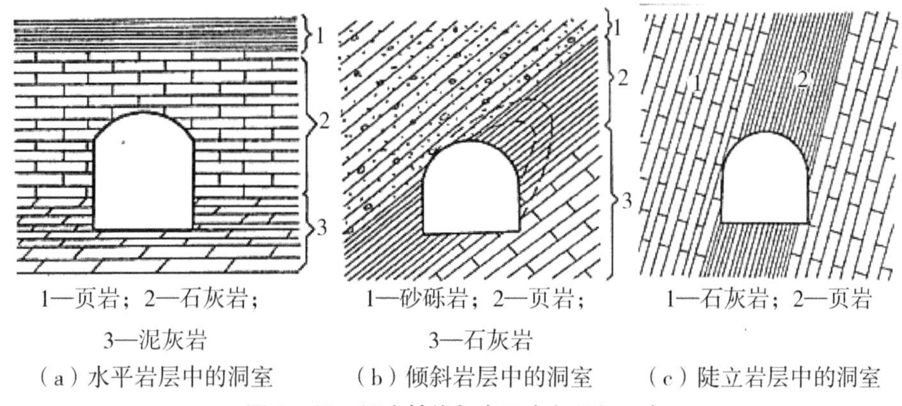

1—页岩；2—石灰岩；3—泥灰岩
（a）水平岩层中的洞室

1—砂砾岩；2—页岩；3—石灰岩
（b）倾斜岩层中的洞室

1—石灰岩；2—页岩
（c）陡立岩层中的洞室

图 4－48　洞室轴线与岩层走向平行示意

（2）洞室轴线与岩层走向垂直正交。一般为较好的洞室布置方案，应注意岩层倾斜较平缓、岩层岩性较差、节理裂隙发育的情况。①岩层倾斜较陡：是洞室选址最好的情况，如图 4－49（a）所示。②岩层倾斜较平缓：当节理发育时，易发生坍落现象，如图 4－49（b）所示。

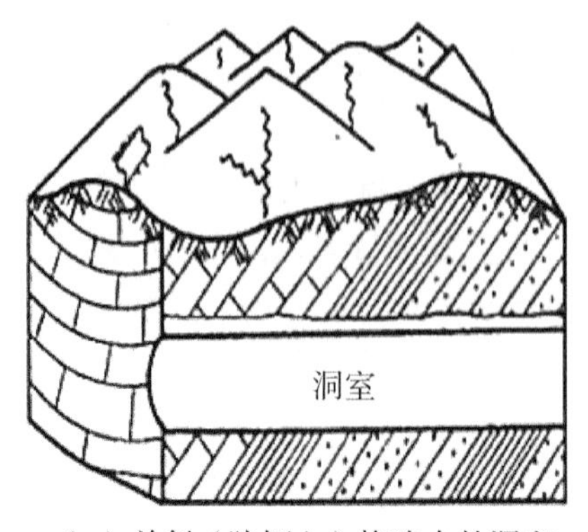

（a）单斜（陡倾立）构造中的洞室

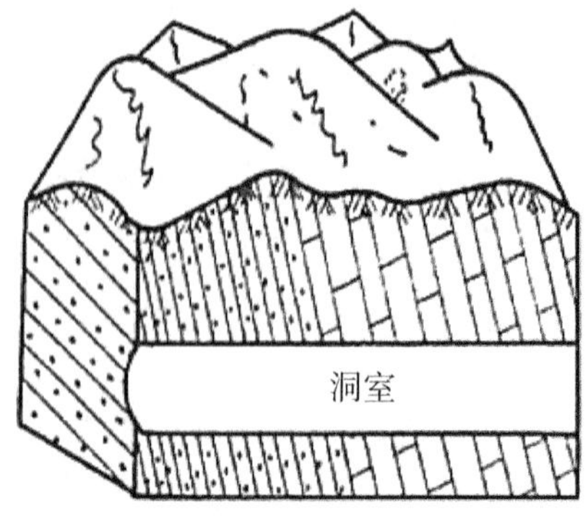

（b）单斜（缓倾斜）构造中的洞室

图4－49　洞室轴线与岩层走向垂直正交示意

（3）洞室轴线穿过褶曲地层。①横穿向斜层：向斜轴部可能遇到大量地下水，洞室顶板岩块有发生崩落的危险，如图4－50（a）所示。②横穿背斜层：背斜形成自然拱，具有较好的稳定性，地层压力较小，洞室顶部坍

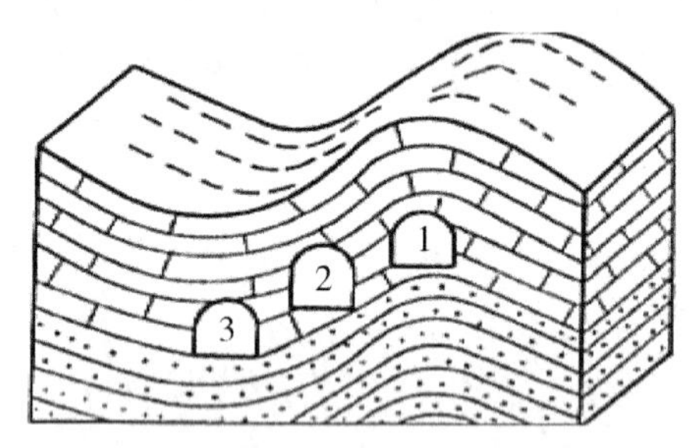

（a）向斜地段洞室轴线上压强分布示意

洞室

（c）褶曲地段洞室轴线与褶曲轴线重合

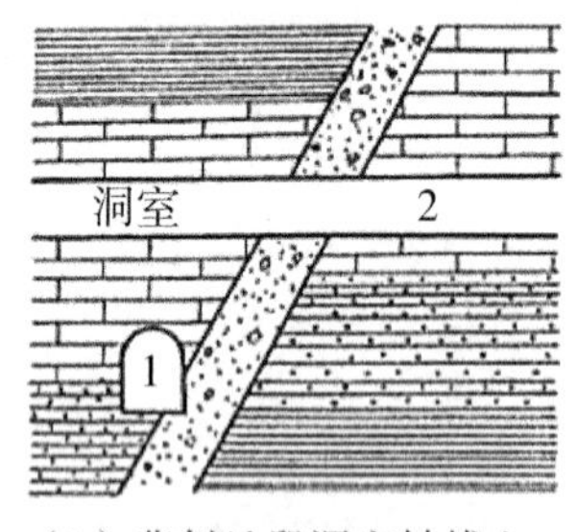

（b）背斜地段洞室轴线上压强分布示意

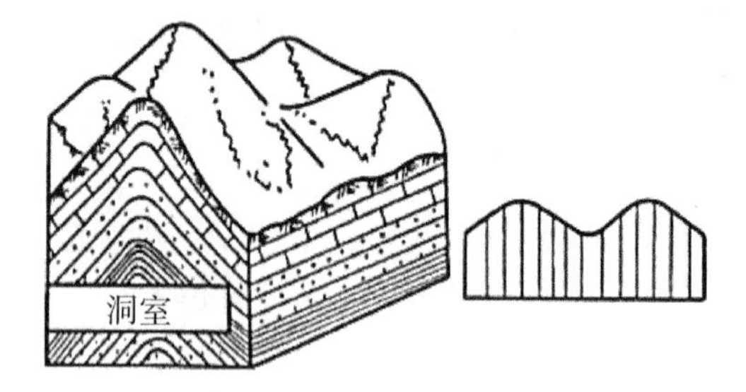

（d）洞室轴线与断层带关系示意

1—轴线与背斜轴线重合；2—洞室位于褶曲的翼部；3—洞室轴线与向斜轴线重合

图4－50　洞室轴线穿过褶曲地层示意

塌少；但应注意，若岩层受到剧烈的动力冲击作用，则会被压碎。如图4－50（b）所示。③与褶曲轴线重合：这种情况下，背斜轴部较向斜轴部优越，可将洞室轴线选在背斜或向斜的两翼，如图4－50（c）所示。④断裂破碎带：应避免洞室轴线沿断层带的轴线布置，选择时要慎重，具体要求根据洞室轴线与断裂破碎带轴线所成的交角大小而定，如图4－50（d）所示。

4.7.2.2 不良地质现象对道路选线的影响

道路由路基工程（路堤和路堑）、桥隧工程（桥梁、隧道、涵洞等）和防护建筑物（明洞、挡土墙、护坡排水盲沟等）三类建（构）筑物组成。线路穿过地质条件复杂的地区和不同的地貌单元，会遇到滑坡、崩塌、泥石流和岩溶等不良地质现象，故在道路选线时须合理处理不良地质现象问题。

1. 地质构造对地基工程的影响

应注意边坡的矿物成分、软弱夹层及结构面情况。土质边坡的变形主要取决于土的矿物成分，特别是亲水性强的黏土矿物及其含量。岩质边坡的变形主要取决于岩体中各软弱结构面的性质及其组合关系。要处理好路线与岩层、断裂、褶皱等产状的关系。如图4－51所示。

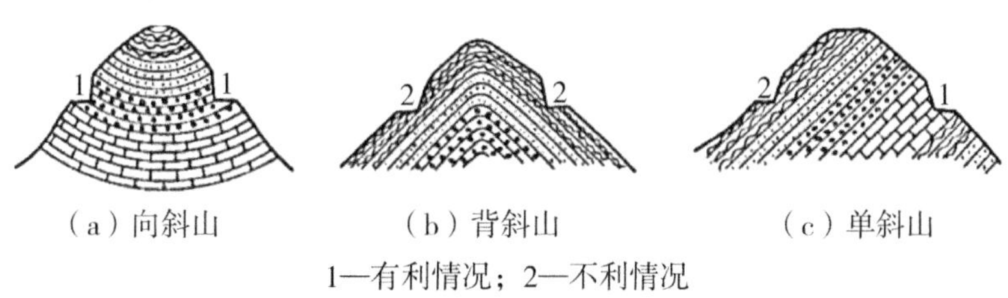

（a）向斜山　　（b）背斜山　　（c）单斜山

1—有利情况；2—不利情况

图4－51　山坡岩层地质构造的影响示意

2. 滑坡地带选线

滑坡地带选线受滑体规模、稳定状态、影响滑坡稳定的因素等的控制。选线时要对滑坡地带进行调查和勘探，了解滑坡的滑体规模、稳定状态和影响滑坡稳定的各种因素，确定路线是否通过滑坡。

3. 岩堆地带选线

应先调查、勘测岩堆的规模和稳定程度，对处于发展阶段且为大中型崩塌的岩堆，以绕避为宜，同时进行方案比较选择；对趋于稳定的岩堆，可不必绕避，宜在岩堆坡脚处以路堤的形式通过；对于稳定的岩堆，可以低路堤或浅路堑的形式通过。如图4－52所示。

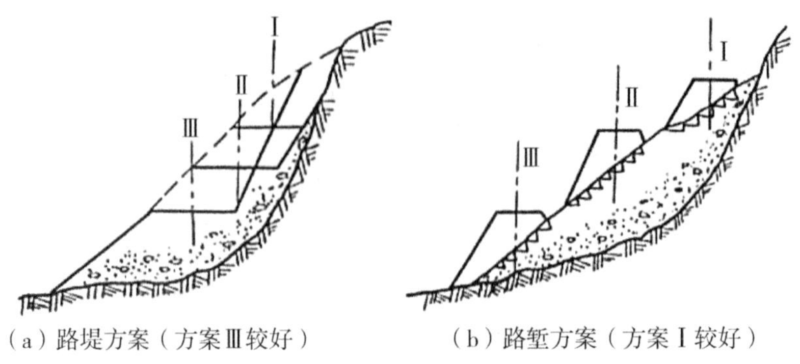

（a）路堤方案（方案Ⅲ较好）　　（b）路堑方案（方案Ⅰ较好）

图4－52　岩堆地带的影响示意

4. 泥石流地段选线

在泥石流地段选线，要根据泥石流的规模大小、活动规律、处治难易、路线等级和使用性质等分析路线的布局，选取合理的布线方式。

（1）通过流通地段：以单孔桥跨越方式通过为宜，如图4－53（a）所示。

（2）通过洪积扇顶部：较为理想，如图4－53（b）所示。

（3）通过洪积扇外缘：一般较好，但须防淤埋和水毁的可能，如图4－53（c）所示。

（4）绕走对岸的路线：其工作量较大，如图4－53（d）所示。

（5）用隧道穿过洪积扇：造价高，安全性高，如图4－53（d）所示。

（6）通过洪积扇中部：一般应设计成路堤，单孔桥通过，不宜用路堑，如图4－53（e）所示。

5. 桥位选择

要充分注意不良地质现象的因素。在选桥位时应遵循如下工程地质方面的原则：

（1）桥址应选在河床较窄、河道顺直、河槽变迁不大、水流平稳、两岸地势较高且稳定、施工方便的地方。

（2）选择覆盖层薄、河床基底为坚硬完整的岩体；若覆盖层太厚，则尽量避开泥炭、沼泽、淤泥沉积的软弱土层地区以及有岩溶或土洞的地段。

（3）在山区应特别注意两岸的不良地质现象，对滑坡、崩塌、泥石流、岩溶等应查明其规模、性质和稳定性，论证其对桥梁危害的程度，以做出合理的桥址位置选择。

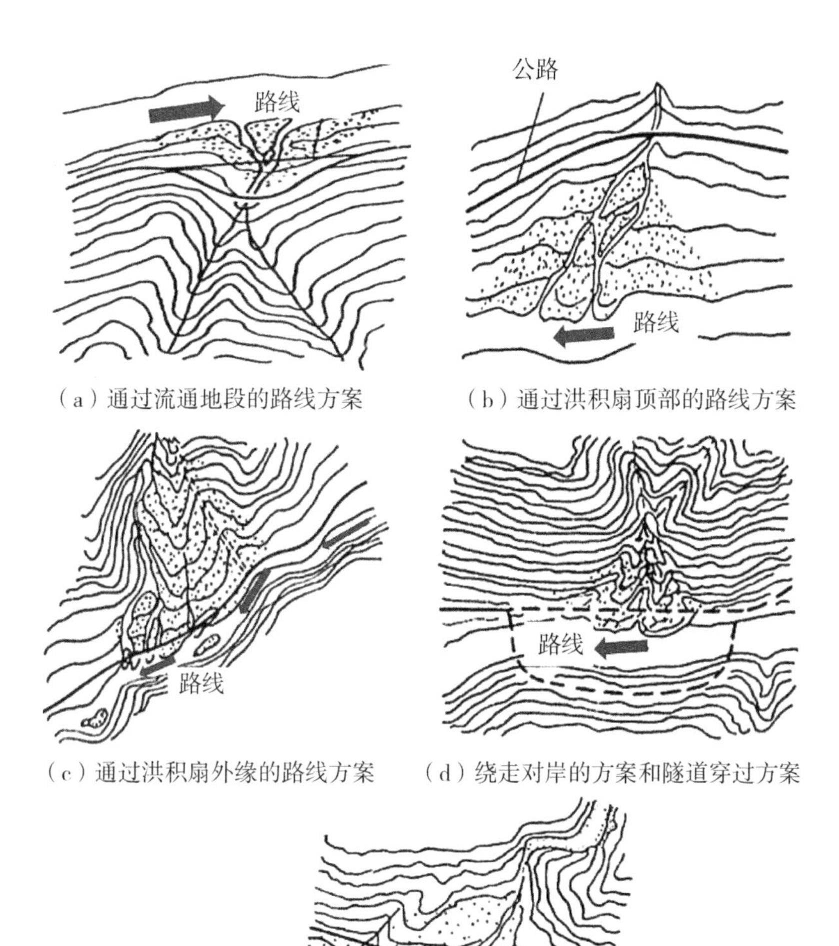

（a）通过流通地段的路线方案　（b）通过洪积扇顶部的路线方案

（c）通过洪积扇外缘的路线方案　（d）绕走对岸的方案和隧道穿过方案

（e）通过洪积扇中部的路线方案

图4－53　泥石流地段选线方案

（4）桥址应选择在区域地质构造稳定性好、地质构造简单、断裂不发育的地段；桥线方向应与主要构造线垂直或大交角通过；桥墩和桥台尽量不置于断层破碎带上，特别是在高地震烈度区，必须远离活动断裂和主断裂带。

课外阅读

徐静：《申遗为丹霞，教泽传后人——中山大学彭华教授助中国丹霞走向世界 离世前还指导学生论文》，载《广州日报》2019年2月20日第A9版。https：//news. sina. com. cn/c/2019 - 02 - 20/doc-ihqfskcp6855847. shtml，2019 - 02 - 20。

练习题4

1. 简要分析场地工程地质条件对宏观震害的影响。

2. 什么是斜坡的变形与破坏？试论斜坡变形与破坏的三个不同演化阶段。

3. 名词解释：活断层、卓越周期、砂土液化、泥石流、地面沉降、地震烈度、地震环境。

4. 识别滑坡的标志有哪些？

5. 结合舟曲泥石流，谈谈泥石流的形成条件是什么。

6. 谈谈水库诱发地震时的水岩作用机理。

7. 试述斜坡地质灾害防治的主要措施。

8. 对岩溶发育区岩溶渗漏研究的主要内容有哪些？

9. 阐明地震砂土液化的形成机制。

10. 对于泥石流的堆积区，有哪些具体的防治措施？

本章参考文献

[1] 风化作用与块体运动 [EB/OL].（2011 - 05 - 11）[2021 - 02 - 04]. https：//wenku. baidu. com/view/3f9751140b4e767f5acfced8. html.

[2] 风化作用的类型 [EB/OL].（2020 - 04 - 28）[2021 - 02 - 04]. https：//wenku. baidu. com/view/51f2f758a100a6c30c22590102020740be1ecd8e. html.

[3] 陈利友，李珑. 浅析风化带的定义及划分 [J]. 四川水利，2011，32（4）：56 - 59.

[4] 郑明新. 滑坡泥石流与现代河流地质作用关系初探 [J]. 中国地质灾害与防治学报，1994（4）：40 - 47.

[5] 赵成生，石林，徐福兴，等. 长江中下游河流地质作用与河道演变 [J]. 人民长江，2002 (12)：8 -10.

[6] 河流及其地质作用 [EB/OL]. (2020 -10 -17) [2021 -02 -04]. https：//wenku. baidu. com/view/510bb184670e52ea551810a6f524ccbff121cab4. html.

[7] 重力地质作用 [EB/OL]. (2012 -03 -10) [2021 -02 -04]. https：//wenku. baidu. com/view/78cd618f6529 647d272852ce. html.

[8] 同济大学海洋地质系. 海洋地质学 [M]. 北京：地质出版社，1982.

[9] 徐茂泉，陈友飞. 海洋地质学 [M]. 厦门：厦门大学出版社，1999.

[10] 高级海洋地质学 [EB/OL]. (2020 -05 -22) [2021 -02 -04]. https：//wenku. baidu. com/view/21df89be571252d380eb6294dd88d0d232d43c5b. html.

[11] 岩溶及岩溶水 [EB/OL]. (2020 -06 -09) [2021 -02 -04]. https：//wenku. baidu. com/view/77ea2f361cb91a37f111f18583d049649a6 60e53. html.

[12] 郭纯青，李文兴. 岩溶多重介质环境与岩溶地下水系统 [M]. 北京：化学工业出版社，2006.

[13] 薛俊伟，刘伟庆，王曙光，等. 基于场地效应的地震动特性研究 [J]. 地震工程与工程振动，2013，33 (1)：16 -23.

[14] 曾健华. 浅谈不良地质条件对工程建设的影响 [J]. 国土资源导刊 (湖南)，2008 (5)：77 -78.

5　工程地质原位测试与工程地质勘察

5.1　工程地质原位测试

5.1.1　原位测试目的

工程地质勘察中的试验包括室内土工试验和现场原位测试。通过这些试验，可以取得土和岩石的物理力学性质指标及地下水的性质指标等，以供设计时采用。

岩土工程原位测试是在天然条件下原位测定岩土体的各种工程性质。[1] 相较于室内土工试验，原位测试可以测定难以取得的不扰动土样的土，可以避免取样过程中应力释放的影响，可以测得影响范围大、代表性强的土，如饱和砂土、粉土、流塑淤泥或淤泥质黏土的工程力学性质。原位测试影响岩土体的范围远比室内试样的大，因而更具有代表性。很多原位测试方法可连续进行，因而可以得到完整的地层剖面及物理力学性质指标。原位测试一般具有速度快、经济的优点，能大大缩短勘察周期。

常见的原位测试方法有静力载荷试验、静力触探试验、动力触探试验、标准贯入试验、十字板剪切试验、旁压试验、波速测试、现场大型直剪试验等。选择哪种现场原位测试方法，应根据建筑类型、岩土条件、设计要求、地区经验和测试方法的适用性等因素综合进行。[2]

5.1.2　静力载荷试验

静力载荷试验是在拟建场地上挖至设计的基础深度的平整坑底，放置一定规格的方形或圆形承压板，在其上逐级加荷载，测定相应荷载作用下地基土的稳定沉降量，分析研究地基土的强度与变形特性，求得地基土容许承载力与变形模量等力学数据。

5.1.2.1 试验目的与适用条件

静力载荷试验主要用于确定地基土承载力设计值f_k或特征值及土的变形模量，适用于各种地基土、复合地基、基础工程（主要是桩基础——单桩、群桩）。

5.1.2.2 试验装置

试验装置主要由反力系统、加荷系统和沉降量测系统三部分组成，另外还包括一定形状和规格的承压板，如图 5－1 所示。

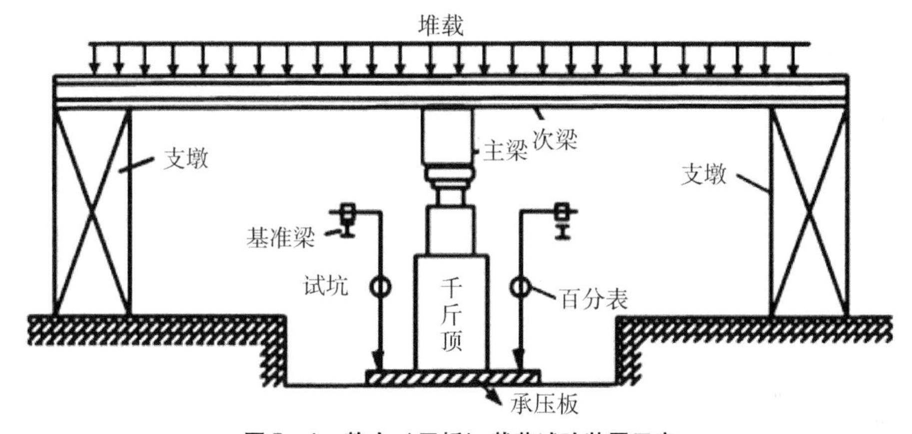

图 5－1　静力（平板）载荷试验装置示意

5.1.2.3 试验要求和方法

（1）加载和卸载方法。将试验坑挖到基础的持力层位置，用 1 ～2 cm 中粗砂找平并放上承压板；施加载荷试验时，总加荷量约为设计荷载的 2 倍。加载等级可分为 10 ～12 级（即预估极限荷载的 1/12 ～1/10）。每级加载等值，第一级加载值可取每级加载值的 2 倍。荷载量测精度不应低于最大荷载的 ±1%。卸载也应分级等量进行，每级卸载值一般取加载值的 2 倍，卸载等级不应小于 4 级。

（2）沉降观测方法。每级荷载施加后，间隔 10、10、10、15、15 min，以后每隔 30 min 测量一次沉降值。若连续 2 h 的沉降速率均小于 0.01 mm/h，则认为该级荷载沉降已达到相对稳定的标准，可施加下一级荷载。每级卸载后，每隔 30 min 各测量一次回弹量，以后隔 1 h 再测量一次回弹量，每级卸载累计观测 2 h；最后一级荷载卸完后，累计观测时间不应少于 4 h。

（3）终止加载条件。当出现下列现象之一时可终止加载：①承压板周围的土体明显地向侧向挤出；②沉降量 s 急骤增大，荷载 - 沉降（$p-s$）曲线出现陡降段；③在某一级荷载下，24 h 内沉降速率达不到相对稳定的标准；④总沉降量 s 与承压板直径 d（或宽度）之比超过 0.06。

5.1.2.4 试验资料处理及成果应用

载荷试验典型的曲线分为三段，如图 5 - 2 所示。第Ⅰ段为直线变形阶段，土体以压缩变形为主，应力应变关系基本符合虎克定律；第Ⅱ阶段为局部剪切阶段，压缩变形所占分量逐渐减少，剪切变形所占分量逐渐增加；第Ⅲ阶段为破坏阶段，曲线陡降，土体发生整体破坏。这种类型称为陡降型曲线。但在许多情况下，直线变形段不明显，称为缓变型曲线。

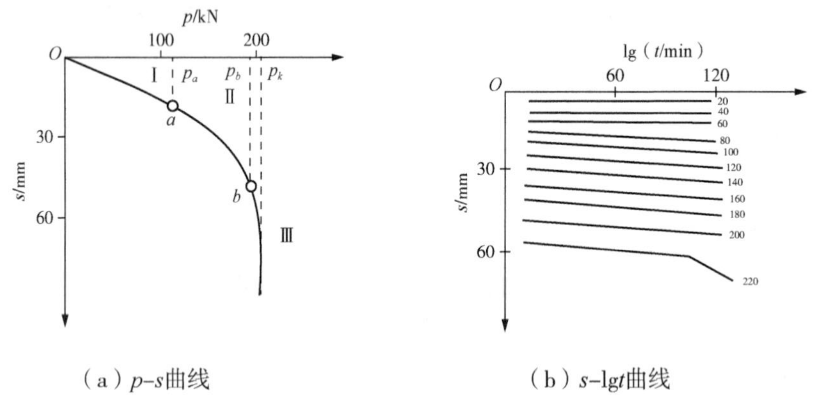

（a）p–s曲线　　（b）s–lg$t$曲线

图 5 - 2　载荷试验曲线

由载荷试验 $p-s$ 曲线可以确定地基土承载力，按 $p-s$ 曲线的线形可分别采用拐点法、相对沉降法和极限荷载法等确定地基土承载力，也可确定土的变形模量以及基床系数。

5.1.3 静力触探试验

静力触探试验指通过一定的机械装置，将某种规格的金属探头用静力压入土层中，同时用传感器或直接量测仪表测试土层对触探头的贯入阻力，以此来判断、分析、确定地基土的物理力学性质。

5.1.3.1 试验目的与适用条件

静力触探试验主要用于划分土层、估算地基土的物理力学指标参数、评定地基土的承载力、估算单桩承载力及判定砂土地基的液化等级等，适用于黏性土、粉土和砂土。

5.1.3.2 试验装置

静力触探仪一般由三部分组成：贯入系统，包括加压装置和反力装置，它的作用是将探头匀速、垂直地压入土层中；量测系统，用来测量和记录探头所受的阻力；阻力传感器，将贯入阻力通过电信号和机械系统传至自动记录仪并绘出随深度的阻力变化曲线。

常用的静力触探探头分为单桥探头和双桥探头。单桥探头是我国特有的一种探头，只能测量比贯入阻力 p_s（即 p/A，其中，p 为贯入深度达到 25 mm 时的总压力，A 为贯入截面积）一个参数，分辨率（精度）较低，如图 5 – 3（a）所示。双桥探头是一种将锥尖与摩擦筒分开，可以同时测量锥尖阻力 q_c（即 Q_c/A，其中，Q_c 为贯入深度达到 25 mm 时的锥头压力）和侧壁摩阻力 f_s（即 p_f/F，其中，p_f 为贯入深度达到 25 mm 时的侧壁摩擦力，F 为侧壁面积）两个参数的探头，分辨率较高，如图 5 – 3（b）所示。

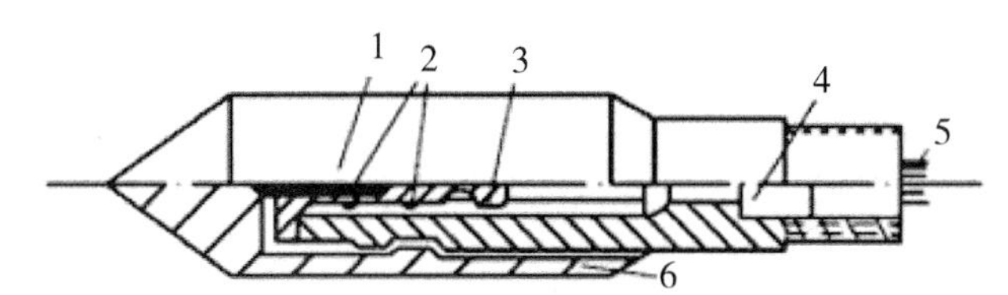

1—顶柱；2—电阻应变片；3—传感器；4—密封垫圈套；5—四芯电缆；6—外套筒

（a）单桥探头

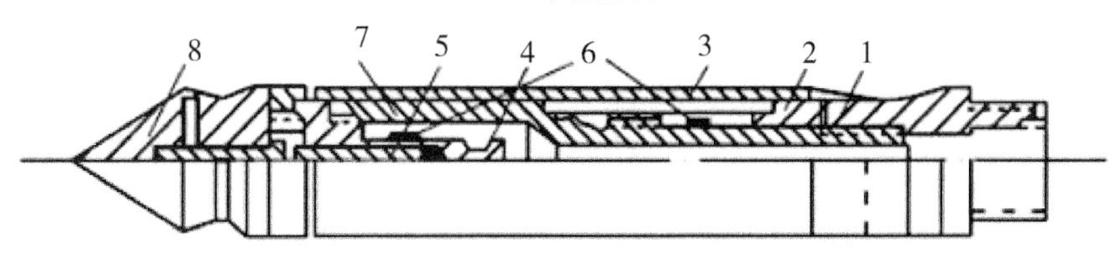

1—传力杆；2—摩擦传感器；3—摩擦筒；4—锥尖传感器；
5—顶柱；6—电阻应变片；7—钢珠；8—锥尖头

（b）双桥探头

图 5 – 3　触探探头结构示意

5.1.3.3 试验要求

(1) 圆锥锥头底面面积应采用10 cm^2或15 cm^2；双桥探头侧壁面积宜为150～300 cm^2，单桥探头侧壁高应为57 mm或70 mm；锥尖锥角宜为60°。

(2) 探头应匀速、垂直地压入土中，贯入速率为（1.2±0.3）m/min。

(3) 探头测力传感器应连同仪器、电缆进行定期标定，室内率定重复性误差、线性误差、滞后误差、温度漂移、归零误差均应小于1%，现场归零误差应小于3%，绝缘电阻不小于500 MΩ。

(4) 深度记录误差范围应为±1%。

(5) 当贯入深度超过30 m或穿透厚层软土后再贯入硬土层，应采取措施防止孔斜或断杆，也可配置测斜探头，量测触探孔的偏斜度，校正土的分层界线。

(6) 孔压探头在贯入前，应在室内保证探头应变腔为已排除气泡的液体所饱和，并在现场采取措施保持探头的饱和状态，直至探头进入地下水位以下土层为止；在孔压试验过程中不得提升探头。

(7) 当在预定深度进行孔压消散试验时，应量测停止贯入后不同时间内的孔压值，其计时间隔应由密而疏，合理控制。试验过程不得松动探杆。

5.1.3.4 试验资料处理及成果应用

根据试验结果绘制比贯入阻力－深度关系曲线、锥尖阻力－深度关系曲线、侧壁摩阻力－深度关系曲线和摩阻比－深度关系曲线。

由静力触探成果可划分土层界线，估算土的物理力学性质指标，如评定地基土的强度参数、评定土的变形参数、评定地基土的承载力特征值、预估单桩承载力及判定饱和砂土和粉土的液化。

5.1.4 动力触探试验

动力触探试验主要采用圆锥动力触探，是利用一定的锤击动能，将一定规格的圆锥探头打入土中，根据探头贯入土中一定距离所需的锤击数，确定土层的物理力学性质，对地基土做出工程地质评价，并对土层进行力学分层。该试验具有勘探与测试双重功能。通常以打入土中一定距离所需的锤击数来表示土的阻力。

动力触探的优点主要体现在设备简单、操作方便、工效较高、适应性广，并具有连续贯入的特性。对难以取样的砂土、粉土、碎石类土等静力触探难以贯入的土层，动力触探是十分有效的原位测试手段。其缺点是不能采样对土进行直接鉴别描述，试验误差稍大，再现性差。

5.1.4.1 试验目的与适用条件

动力触探试验的目的主要是实现对土层的定性评价和定量评价。

（1）定性评价。评定场地土层的均匀性，查明土洞、滑动面和软硬土层界面，确定软弱土层或坚硬土层的分布，检验评估地基土加固与改良的效果。

（2）定量评价。确定砂土层孔隙比、相对密实度、粉土和黏性土的状态、土的强度和变形参数，评定地基土的承载力或单桩承载力。

动力触探试验适用于强风化、全风化的硬质岩石，各种软质岩石及各类土。

5.1.4.2 试验装置

动力触探试验装置主要由探头和落锤两部分组成，可分为轻型、重型及超重型三类，如图 5－4 所示。

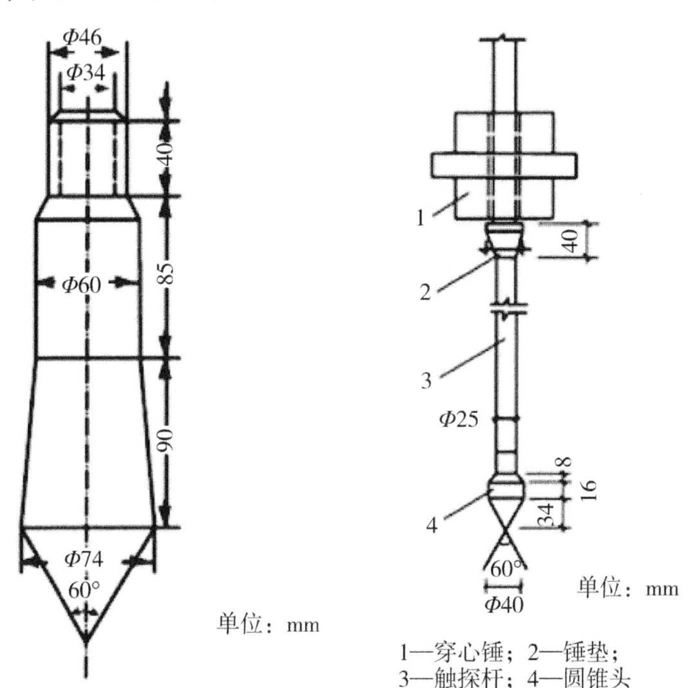

（a）轻型动力触探试验设备　（b）重型、超重型动力触探探头

图 5－4　动力触探试验装置示意

5.1.4.3 试验操作要点

轻型圆锥动力触探试验：①先用轻便钻具钻至试验土层标高以上 30 cm 处，然后将探头与探杆放入孔内到位，保持探杆垂直。②将 10 kg 的穿心锤提升到（50 ±2）cm 高度，使其自由下落，将探头竖直打入土层中。③记录每贯入 30 cm 的锤击数 N_{10} 。④如遇密实坚硬土层，当贯入 30 cm 所需锤击数超过 100 或贯入 15 cm 所需锤击数超过 50 时，即可停止试验，N_{10} 可用贯入深度及其对应锤击数换算。

重型、超重型圆锥动力触探试验：①试验前将触探架安装平稳，使触探保持垂直进行。②贯入时，将重型穿心锤（63.5 kg）提升到 76 cm 高度，超重型穿心锤（120 kg）提升到 100 cm 高度，然后使其自由下落，将探头打入土中。③锤击速率宜为 15 ～30 击/分。打入过程应尽可能连续，所有超过 5 min 的间断都应在记录中予以注明。④记录每贯入 10 cm 的锤击数。重型用$N_{63.5}$表示，超重型用N_{120}表示。⑤重型和超重型可以互换使用。当重型实测击数$N_{63.5}$大于 50 时，宜改用超重型；当重型实测击数$N_{63.5}$小于 5 时，不得采用超重型。

5.1.4.4 试验资料处理及成果应用

根据试验结果绘制锤击数 - 深度关系曲线。其成果主要应用于以下方面：①确定砂土和碎石土的密实度；②确定地基土的承载力和变形模量；③检验、评估地基土加固与改良的效果；④确定单桩承载力标准值。

5.1.5 标准贯入试验

标准贯入试验（简称标贯试验）是利用规定质量的穿心锤，从恒定高度上自由下落，将一定规格的探头打入土中，根据打入的难易程度判别土的性质。标准贯入试验的目的主要是采取扰动土样，鉴别和描述土类，按照试验结果给土层定名；判别饱和砂土、粉土液化的可能性；定量估算地基土层的物理力学参数，如判定黏性土的稠度、砂土的相对密度及土的变形和强度等有关参数，评定天然地基土的承载力和单桩承载力。

5.1.5.1 试验基本原理

标准贯入试验是用质量为（63.5 ±0.5）kg 的穿心锤，以（76 ±2）cm

的落距，将标准规格的贯入器自钻孔底部预打 15 cm，记录再打入 30 cm 的锤击数，以判定土的力学特性。

根据标准贯入击数 N 和地区经验，对砂土的密实度，粉土、黏性土的状态，土的强度参数、变形模量，地基承载力等做出评价；估算单桩极限承载力，判定沉桩的可能性，判定饱和粉砂、砂质粉土的地震液化的可能性及液化等级。标准贯入试验适用于砂土、粉土和一般黏性土，最适用于 N 为 2～50 击的土层。

5.1.5.2 试验装置

标准贯入试验设备主要由贯入器部分、穿心锤和穿心锤导向的触探杆三部分构成。设备构成如图 5 -5 所示。

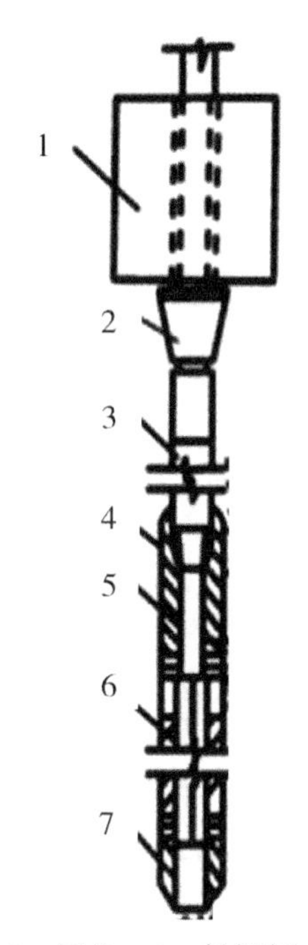

1—穿心锤；2—锤垫；3—触探杆；4—贯入器头；
5—出水孔；6—贯入器身；7—贯入器靴

图 5 -5 标准贯入试验装置示意

5.1.5.3 试验技术要点

（1）标准贯入试验采用回转钻进，并保持孔内水位略高于地下水位；

当孔壁不稳定时，可用泥浆护壁钻至试验标高以上 15 cm 处，清除孔底残土后再进行试验。

（2）采用自动脱钩的自由落锤法进行锤击，并减小导向杆与锤之间的摩擦力，避免锤击时偏心和侧向晃动，保持贯入器、探杆导向连接后的垂直度，锤击速率应小于 30 击/分。

（3）贯入器打入土中 15 cm 后，开始记录每打入 10 cm 的锤击数，累计打入 30 cm 的锤击数为标准贯入击数 N。当锤击达 50 击，而贯入深度未达 30 cm 时，可记录 50 击的实际贯入度，按下式换算成相当于 30 cm 的标准贯入击数 N 并终止试验：

$$N = 30 \times \frac{50}{\Delta S} \tag{5-1}$$

式中：ΔS 为 50 击时的贯入度。

（4）旋转探杆，提出贯入器，并取出贯入器中的土样进行鉴别、描述、记录，必要时送试验室进行室内扰动样分析。

（5）在不能保持孔壁稳定的钻孔中进行试验时，可用泥浆或套管护壁。

5.1.5.4　试验成果及应用

试验成果有标准贯入击数 - 深度关系曲线、标准贯入试验孔工程地质柱状剖面图。可用于划分土类或土层剖面、评价地基土的承载力、判定砂土的密实程度、估算单桩承载力、进行饱和砂土和粉土的地震液化势判别等。

5.1.6　十字板剪切试验

十字板剪切试验是野外剪切试验的一种，包括钻孔十字板剪切试验和贯入电测十字板剪切试验。其原理是用插入土中的标准十字板探头以一定的速率扭转，量测破坏时的抵抗力矩，通过换算得到土的不排水剪切强度。

5.1.6.1　试验目的与适用条件

十字板剪切试验可以测定原位应力条件下软黏土的不排水剪切强度 CU，估算软黏性土的灵敏度。十字板剪切试验适用于灵敏度不大于 10、固结系数不大于 100 米^2/年的均质饱和软黏土。

5.1.6.2 试验装置

十字板剪切试装置如图 5 –6 所示。

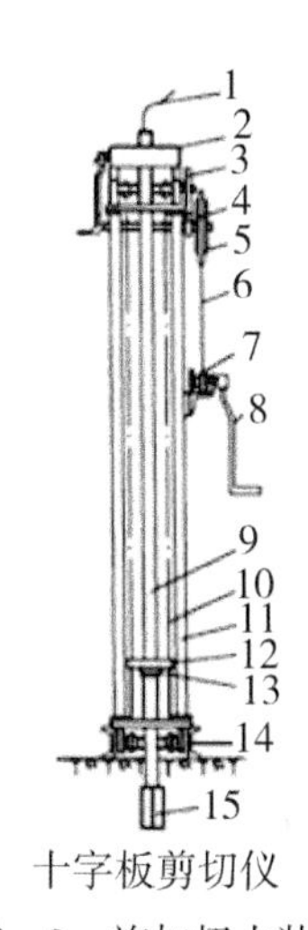

十字板剪切仪

1—电缆；2—施加扭力装置；3—大齿轮；
4—小齿轮；5—大链轮；6—链条；
7—小链轮；8—摇把；9—钻杆；10—链条；
11—支架立杆；12—山形板；13—垫压块；
14—槽钢；15—十字板头

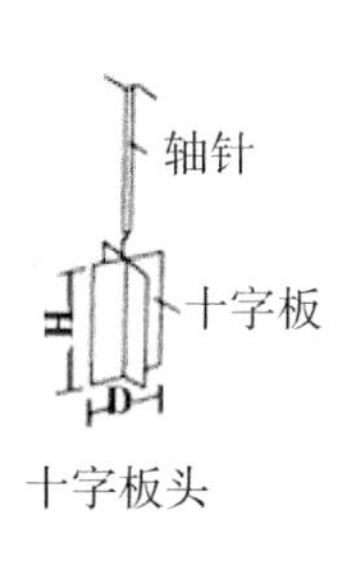

十字板头

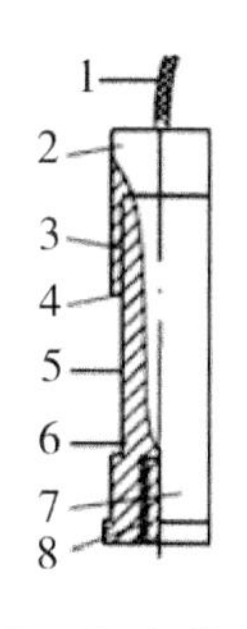

十字板扭力传感器

1—电缆；2—钻杆接头；
3—固定护套螺丝；4—引线孔；
5—电阻应变片；6—受扭力矩；
7—护套；8—接十字板头丝扣

图 5 –6 电测式十字板剪切试验装置示意

5.1.6.3 试验技术要求

（1）十字板形状宜采用矩形，板的高径比为 2，板厚 2 ～3 mm。

（2）十字板头插入钻孔的深度不应小于钻孔或套管直径的 3 倍。

（3）十字板头插入试验深度后，应静止 2 ～3 min 方可进行试验。

（4）剪切试验时，扭转剪切速率宜采用 1 ～2 转/秒，并应在测得峰值强度后继续测记 1 min。

（5）当需测定不排水剪切强度的各向异性变化时，可以考虑采用不同棱角的菱形板头，也可采用不同高径比的板头进行分析。

（6）在峰值或稳定强度测试完成后，顺着扭转方向连续转动 6 圈，测定重塑土的不排水剪切强度。

（7）对于开口钢环十字板剪切仪，应修正轴杆与土间的摩擦力的影响。

5.1.6.4 试验成果及应用

十字板剪切试验可以获得各试验点土的不排水剪切强度峰值、残余强度、重塑土强度和灵敏度及其随深度变化曲线、剪切强度－扭转角关系曲线等，可用于计算软土地基承载力特征值，估算单桩极限承载力，估算地基土的灵敏度以及判定软土的固结历史。

5.2 工程地质勘察

5.2.1 工程地质勘察的目的

工程地质勘察的目的是探明作为建（构）筑物工程场地、地基的稳定性与适宜性以及岩土材料的性状等情况，进行技术方案论证，解决并处理整个工程建设中涉及的岩土的利用、整治、改造问题，以保证工程的正常使用。[3]

工程地质勘察的主要任务是通过工程地质测绘与调查、勘探，室内试验，现场测试等方法，查明场地的工程地质条件，如场地地形地貌特征、地层条件、地质构造、水文地质条件、不良地质现象、岩土物理力学性质指标等；按照工程要求，对工程建设区域的稳定性和适宜性，地基的均匀性和承载力进行评定；预测天然的和人为的因素对工程建设区域的地质条件及自然环境的影响，如有危害，应提出处理措施。

这些任务，一般来说，大多数工程都应完成，但对其内容的多少及研究的详细程度将视不同的行业（如建筑工程、道路工程等）、工程类型大小和重要性、地质条件的复杂程度以及不同的设计阶段而有所不同。例如，对道路工程还应调查沿线筑路材料的质量、产量及运输条件。又如，大型的、重要的工程以及地质条件复杂的情况，其勘察就要详尽些。再如，为配合工程不同设计阶段的需要，工程地质勘察一般分为：①可行性研究勘察（选场址勘察）；②初步勘察、详细勘察及施工勘察。后者就比前者要求更详尽，不仅要定性分析，对有些指标，还必须给出定量的数值。详见各行业“工程地质勘察规范”。

5.2.2 建筑工程地质勘察的内容和方法

5.2.2.1 建筑工程地质勘察遇到的问题

为正确选择建筑场址及建筑物的结构，在工程地质勘察中，下列四个主要的工程地质问题必须予以解决：

（1）区域稳定性。区域的稳定性是建设中首先必须注意的问题，它直接影响工程建设的安全和经济。新构造运动、地震是控制地区稳定性的重要因素，特别是在新地区选择建设地址时更应注意。

（2）地基稳定性。地基的稳定性主要是研究地基的强度和变形问题。当地基的强度不够时，会引起地基隆起，甚至使建筑物倾覆破坏；地基土的压缩变形，特别是不均匀沉降过大，会引起建筑物的沉陷、倾斜、开裂甚至倒塌破坏，或影响正常使用。但也不能为了避免出事故，不顾经济上的浪费，轻易地将建筑物基础置于几十米深的基岩上。为了使建筑物的勘察、设计、施工做到安全、经济、合理，确保建筑物的安全和正常使用，必须研究地基的稳定性，提出合理的地基承载力。

（3）地基施工条件与使用条件。在工业与民用建筑建设中最常见的问题有基坑涌水、基坑边坡及坑底的稳定性、基坑流沙、黄土湿陷等。近年来，高层及重型建筑增多，这些问题则更显突出。它们都与水文地质情况有关，在地下水埋藏浅的地方，当基底设计标高低于地下水位时，开挖基坑涌水是施工条件中的一个重要问题，工程地质勘察时必须对涌水量进行计算。在开挖深基坑时，坑壁和坑底的稳定性是一个重要问题，特别是在软弱土地区，或坑底隔水层过薄而下伏承压水，就很有可能发生突发性的大量涌水。流沙对开挖基坑威胁很大，当有可能出现时，必须做好防治措施。

（4）边坡稳定性问题。在斜坡上修建建筑物，边坡稳定是个重要的工程地质问题。建筑物的兴建给边坡增加了外荷载，破坏了其原有的平衡，会导致边坡失稳而滑动，使建筑物破坏。因此，对斜坡地区必须做出工程地质评价，对不稳定地段必须提出工程地质措施。

5.2.2.2 建筑工程地质勘察要点

（1）查明不良地质现象的成因、分布范围、地震效应、有无新构造运动，其对区域稳定性的影响程度及发展趋势，并提供防治工程的设计及施工所需的计算指标和资料。

（2）查明建筑区内的地层结构和岩土的物理力学性质，提出合理的地基承载力，并对地基的均匀性和稳定性做出评价。

（3）查明地下水的埋藏条件、水位变化幅度和规律及其侵蚀性，测定地层的渗透性，并评价地基土的渗透变形（流土或流沙、管涌、潜蚀等）。

（4）在斜坡地区应评价边坡的稳定性。

5.2.3 道路工程地质勘察的内容和方法

路线选择是由多种因素决定的，地质条件是其中一个重要的因素，有时则是控制性的因素。路线方案有大方案与小方案之分，大方案是指影响全局的路线方案，如越甲岭还是越乙岭，沿 A 河还是沿 B 河，等等，一般是属于线位方案。工程地质因素不仅影响小方案的选择，有时也影响大方案的选择。

5.2.3.1 道路工程地质勘察遇到的问题

由于汽车行驶时有安全和舒适的要求，因而对平面弯曲和纵坡坡度方面有一定的要求。这在平原地区较易满足，但在丘陵，特别是在地形起伏大的山区，受地形、地质条件的限制很大，路线上的主要建筑物和路基工程便不得不通过高填、深挖来满足要求。路基最常见的工程地质问题有：①深挖的路堑边坡变形、稳定问题；②路基基底变形、稳定问题。此外，河流冲刷、水库回水、泥石流等不良地质现象也都是危害路基的工程地质问题。

（1）关于路堑边坡变形、稳定问题。路堑边坡变形、稳定问题是路堑路基中最为主要的工程地质问题。由于要在不同发育阶段的坡上开挖路堑，因此形成新的人工边坡，又使自然边坡的稳定平衡发生重大变化。大体是因为：①开挖路堑加大了边坡的陡度与高度，破坏了边坡原有的平衡条件，增强了向边坡外下方的剪应力及张应力；②开挖（往往是爆破）不仅破坏了边坡岩体的原生结构，更重要的是切断了边坡内各类软弱结构面（层面、节理面、断裂面及古滑动面等），促进了边坡岩体的变形；③本来处于地表下的岩体因开挖而暴露于地表，在各种应力作用下加速风化，导致边坡岩体强度降低；④当开挖边坡切割含水层时，地下水溢出，在渗流力的作用下，将加速破坏边坡岩体的稳定。

上述各种变化的进一步发展，加上大气降水等不利自然因素配合作用，路堑边坡将产生各种变形。变形可因边坡的组成物质、岩体结构、含水情况等条件的不同而有所不同，轻者如剥落、掉块、土溜，重者则产生滑坡、错落、坍滑等。

（2）关于路基基底变形、稳定问题。路基基底变形大多是填方路堤工程的主要工程地质问题。路堤工程一般是将当地材料直接修筑在地面上的构筑物。作为路堤的基底，应具有足够的承载力。因为它不但要承受汽车反复的动荷载，而且要承受巨大的填土重力。基底土受力后产生的变形大致有以下三种：①基底土的不均一性所造成的不均匀沉陷；②基底土层强度不足所造成的剪切滑移变形；③沿基底软弱层的滑移。造成上述基底变形最多的是陡坡基底和软土基底。

陡坡基底常易沿路堤基底面或连同整个覆盖土层沿下伏基岩面滑动失稳，而软土基底易产生不均匀沉陷及滑动破坏。

5.2.3.2 道路工程地质勘察要点

（1）正确确定路堑边坡值。

（2）掌握路堤基底的地质结构、构造及下伏基岩面的倾斜状态。

（3）选择路堤填料，确定取土位置。

（4）摸清路基水文地质条件，提出排水措施。

5.2.4 桥梁工程地质勘察的内容和方法

大、中桥桥位通常是布置线路的控制点，桥位变动会使一定范围内的路线也随之变动。影响桥位选择的因素有路线方向、水文条件及地质条件。地质条件是评价桥位好坏的重要指标之一。

5.2.4.1 桥梁工程地质勘察遇到的问题

桥梁工程中着重讨论桥位与桥基方面的工程地质问题。

（1）桥位选择一般应从地形、地貌、地物及工程地质条件方面考虑，有如下四点：①应尽量选在两岸有山嘴或高地等河岸稳固的河段、平原河流顺直河段、两岸便于接线的较开阔的河段；②应避免选在上下游有山嘴、石梁、河洲等干扰水流畅通的地段；③应选在基岩和坚硬土层外露或埋藏较浅、地质条件简单、地基稳定处；④不宜选在活动断层、滑坡、泥石流、岩溶以及其他不良地质发育的地段，若无法绕避，必须作特殊考虑，详见

《公路工程地质勘察规范》（JTG C 20—2011）。

（2）关于基坑边坡的稳定性，需要考虑以下问题：在施工过程中，常会发生沿节理面滑坍，顺断层、破碎带坍塌，以及在层状岩石中产生顺层滑坡。

（3）关于桥台、桥墩地基的稳定性及基坑涌水，主要考虑以下问题：①地基软弱或软硬不均，沉降及沉降差过大，致使上部结构破坏，甚至倒塌；②地基强度过低，会使整体丧失稳定而倒塌，或墩台基础随滑坡体一起滑坍；③关于基坑涌水问题，在明挖或雨季施工时，特别是对河床地下水的补给来源及其随季节的变化，应尽量估算充足。

5.2.4.2 桥梁工程地质勘察要点

（1）查明桥位区地层岩性、地质构造、不良地质现象的分布及工程地质特性。

（2）探明桥梁墩台和构筑物地基的覆盖层及基岩风化层的厚度、墩台基础岩体的风化及构造破碎程度、软弱夹层情况和地下水状态。

（3）测试岩土的物理力学特性、化学特性，定量评价地基承载力、桩壁摩阻力和桩端支承力等。

（4）对边坡及地基的稳定性、不良地质的危害程度和地下水对地基的影响程度做出评价。

（5）对于地质复杂的桥基或特大塔墩、锚锭基础，应综合勘探，并根据设计需要现场鉴定岩土地基特性。

（6）调查河流的洪水水位、流量、流速、冲刷侵蚀深度等水文要素以获取水文资料。

5.2.5 隧道工程地质勘察的内容和方法

隧道常见的有越岭隧道和山坡隧道。前者穿越分水岭或山岭垭口，一般较长较深；后者是为了避让山坡的悬崖绝壁以及雪崩、山崩、滑坡等不良地质现象而设，其长短不一。以下主要研究越岭隧道。

5.2.5.1 隧道工程地质勘察遇到的问题

一些规模较大的长隧道常是稳定线路和影响工程的控制性因素。它深埋于地下，故遇到的工程地质问题很多，主要有：①隧道围岩的稳定性问题；

②隧道涌水、地温及有害气体问题；③隧道进出口的稳定性问题。

1. 隧道围岩的稳定性问题

隧道围岩指隧道周围一定范围内，对隧道稳定性能产生影响的岩体。隧道穿山越岭时，破坏了原有的应力平衡，而在隧道围岩中产生新的应力和变形，这种应力以及松动岩层作用在衬砌上的压力称为山体压力。山体压力是评定隧道围岩稳定性的主要因素。

隧道围岩稳定性评价通常采用工程地质分析和力学计算相结合的方法，这里只介绍工程地质分析法，关于力学计算可参阅有关专著。

影响隧道围岩稳定性的主要地质因素有：

（1）围岩的完整性。若围岩地质构造复杂、变动大和受强烈风化，则围岩的完整性差，稳定性一般不好。

（2）围岩的软硬程度及厚度。硬者、厚者强度大，稳定性就好。

（3）地下水。地下水的活动会改变岩石的物理力学性质，降低岩体强度，并能加速岩石风化破坏。地下水在软弱结构面中活动，可起软化、润滑作用，产生动水压力和冲刷现象，使黏土体积膨胀，地层压力增大，从而降低围岩的稳定性。

关于隧道围岩的稳定性可参看《公路工程地质勘察规范》，根据围岩的主要工程地质特征（岩石等级、地质构造影响程度、节理和裂隙发育程度、岩层厚度、风化程度及地下水情况等）、围岩的结构特征和完整状态进行分类评定。

2. 隧道涌水、地温及有害气体问题

（1）隧道如穿过含水层，会产生涌水，增大施工困难。当隧道穿过储水构造、充水洞穴、断层破碎带，特别是受承压水作用时，会发生突发性的大量涌水，应有所预防。

（2）地温。在开挖深埋于山岭的隧道时，地温是一个重要问题。人在潮湿的坑道中，一般当温度达到40 ℃时，就不能正常工作，必须采取降温措施。

（3）有害气体。在开挖隧道时，常会遇到各种易燃、易爆、对人体有害的气体。常见的有：①甲烷（CH_4）。为易燃、易爆的气体，煤系、含油、含碳和沥青地层中常有甲烷等碳氢化合物。②二氧化碳（CO_2）。为无毒的窒息性气体，在含碳地层常会遇到。③氮气（N_2）。为无毒的窒息性气体。④硫化氢（H_2S）。为易燃、有毒气体，溶于水生成稀硫酸液，对隧道衬砌的石灰浆、混凝土及金属有腐蚀作用，在硫化矿床或其他含硫地层中会遇到。

3. 隧道进出口的稳定性问题

硐口地段的稳定与否影响着隧道掘进的安全和速度，也影响着隧道的正常运营。通常硐口采取深堑形式。硐口的主要工程地质问题是边坡、仰坡的变形问题。因为边坡、仰坡的变形常引起硐门开裂、下沉、外仰或坍毁等病害，给硐身的施工及以后隧道的运营造成威胁。硐口仰坡与一般边坡不同，由于仰坡基座中间被横向掏空，故上部岩体所处的应力环境甚为复杂。在一般边坡易发生变形的地段，仰坡亦多发生变形，特别是第四纪松散堆积物较厚的地区，硐口仰坡更易发生变形。因此，宜以“早进硐晚出硐”“避免深堑”的原则来解决隧道进出口的稳定性问题。硐口应尽可能选在新鲜基岩出露处或风化层较薄的部位，而不宜选在易于汇水的凹地、冲沟之沟口；硐口一定要高于多年最大洪水位。

5.2.5.2 隧道工程地质勘察要点

（1）查清地形。

（2）查清地质构造。

（3）测试岩（土）的物理力学性质指标。

（4）查清水文地质情况及涌水量。

（5）确定围岩的稳定性、地温及有无有害气体，必要时应提出施工时弃碴的处理建议，不能因施工而影响隧道的稳定性。

5.2.6 海洋工程地质勘察的内容和方法

海洋工程包含的种类甚广，主要包括以下七类：①港湾工程；②海洋动力工程；③以海底石油为中心的海洋矿产资源开发工程；④海底电缆、地锚工程；⑤海底隧道及海底仓库工程；⑥海中瞭望塔、灯塔；⑦军事海洋工程。在本小节，我们仅以港湾工程为例进行讨论。

5.2.6.1 海洋工程地质勘察遇到的问题

（1）区域稳定问题。①海岸受地壳运动和洋面变迁的共同作用，对建港产生影响；②地质构造对我国海岸发育的控制作用也对建港产生影响；③海岸的升降变化对建港产生影响。

（2）港池和航道的回淤问题。石子和粗砂类淤积物、细粒淤积物大量回淤对建港产生影响。

(3) 码头及防波堤的地基稳定问题。不同类型的建(构)筑物对地基允许承载力的要求是不同的。对于码头和防波堤来说，它们是港口的重型建(构)筑物，而且主要部分甚至全部是建于海滩上的，修建前不可能很好地整平地基，而地基倾斜会导致建(构)筑物静荷载合理的作用点偏离地基中心，使地基承受倾斜力；强大海浪海流的拖曳作用也会在地基承压面上产生一个偏心力。这样的倾斜负荷和偏心负荷会使地基在一个比正常作用于基础底面上的力低的荷载下就发生破坏。因此，这些建(构)筑物对地基允许承载力的要求更高，最好修在基岩或砂砾石地基上。

5.2.6.2 海洋工程地质勘察要点

1. 选址工程地质勘察(选址勘察)

选址勘察的目的是概略地了解拟建港址的工程地质条件，为综合评价港址建设的适宜性提供工程地质资料。采用的勘察方法主要是收集已有的资料和现场踏勘。若需要布置勘探工作，河港勘探点距顺岸向一般为300～500 m，垂岸向100～200 m；海港勘探点距一般为500～1000 m，当基岩埋藏较浅时可适当加密。勘探深度一般不超过40 m。勘探宜采用标准贯入试验等简单方法。

2. 初步设计阶段工程地质勘察(初勘)

初勘的目的是为在已选定的港址上合理地确定建筑的总体布置、结构形式、基础类型和施工方法等提供工程地质资料。应全面地调查港址区的工程地质条件，为研究关键性工程地质问题和合理地布置勘探工作提供依据。经调查后尚需进行工程地质测绘时，测绘的范围视具体情况确定，比例尺一般采用1∶5000～1∶2000。勘探工作应在充分考虑港址特点、建(构)筑物类型、已有工程地质资料等的基础上进行，勘探点中取原状试样的钻孔不得少于1/2，取样间距一般为1 m。

3. 施工图设计阶段工程地质勘察(施勘)

施勘的目的是为地基基础设计、施工和拟定防治不良地质因素的措施提供工程地质资料。本阶段采用的勘察手段主要是勘探和测试。

5.3 工程地质勘察报告及其识读

5.3.1 阅读工程地质勘察报告的目的

工程地质勘察是为查明影响工程建设的地质因素，即工程地质条件而进行的地质调查研究工作。所需勘察的地质因素包括地质结构或地质构造，如地貌、水文地质条件、土和岩石的物理力学性质、自然（物理）地质现象和天然建筑材料等。

在工程勘察过程中，通过采样、现场试验、室内试验等手段，收集工程区域内的地质信息，包括力学特征参数、区域内地质构造情况、构造应力情况、地层分布情况等，并最终形成岩土工程勘察报告。在报告中，除了对拟建工程区域的地质情况做介绍和总结外，还需根据工程的情况和目的，结合当地的工程地质情况，给出具体的建议。这些建议包括地基处理、混凝土防腐蚀、工程抗震、边坡防护等多个方面。

对于土木工程师或各个建设参与方而言，阅读工程地质勘察报告，可快速有效地了解建设区域内的工程地质情况。在此基础上，根据工程地质勘察报告所提供的区域构造、断层等信息，对前期的规划和具体设计进行有针对性的优化，避开不利地质因素，从而有效地节约工程成本。进一步地，在对工程结构、基坑、地基等进行设计计算时，工程师需要参考工程地质勘察报告中的岩土力学参数，对原有设计进行校核、验证、优化，从而更有针对性地和更有效地给出工程设计。

从长期或者工程的全生命周期的角度来看，工程地质勘察报告大多会根据建设区域的地质情况和工程的特点及要求，有针对性地给出地质方面的建议，如边坡稳定性处理、不良地基处理、抗震设防等。这些建议对于工程的全生命周期运行维护而言是十分重要的，只有在设计的时候将这些长期的因素考虑进去，才可以更好地优化设计，并保证工程在全生命周期的有效性和安全性。

因此，通过阅读工程地质勘察报告，可以对工程地质勘察的目的和意义、勘察的全过程、勘察所采用的方式方法、勘察的结果和建议等进行全方位的了解。在此基础上，土木工程师结合自己的工作内容（基坑设计、隧道设计等）和工作经验，对报告中的参数进行选用，并结合勘察建议优化原有的设计。从这个角度来看，对勘察报告的阅读是至关重要的，对于土木工程师而言，规划、设计、施工、验收各个阶段都需要阅读和浏览勘察报告，对勘察资料进行选用和校验，并不断调整设计，甚至对可能出现的问题提出有针对性的解决方案。

5.3.2 工程地质勘察报告的主要部分

《岩土工程勘察规范》（GB 50021—2001）（2019 年版）对岩土工程勘察的定义是："各项工程建设在设计和施工之前，必须按基本建设程序进行岩土工程勘察。岩土工程勘察应按工程建设各勘察阶段的要求，正确反映工程地质条件，查明不良地质作用和地质灾害，精心勘察、精心分析，提出资料完整、评价正确的勘察报告。"

由此可知，岩土工程勘察报告的主要目的是反映岩土工程勘察的目的、意义、过程、结果等，并根据岩土勘察的结果，结合工程建设的具体阶段，给出有针对性的评价和建议。此外，为保证岩土工程勘察过程的规范性以及结果的可靠性，需对岩土工程勘察的过程以及工程中的方式方法进行规定，这便是勘察过程中的工作依据，这些依据也是勘察报告的一个重要部分。

总的来说，一份完整的岩土工程勘察报告主要包括下述八个部分：

（1）概述。概述部分一般位于勘察报告的最前面，简要介绍建设工程的情况，并对工程勘察的目的、工作范围、工作量、工作依据、工作方法等进行介绍。通过阅读概述部分，可以迅速获得报告所述岩土工程勘察的主干信息，对本次勘察的基本情况有所了解。一般而言，概述部分应包括工程概况、勘察范围、勘察等级（按照规范和工程的重要性确定）、勘察目的、工作细节（要求、布置）、勘察执行标准、相关参考文件、勘察方法、工作量统计及其他说明等部分。表 5－1 为某勘察报告完成工作量汇总。

（2）区域地理（气象）和地质概况。该部分主要对岩土工程勘察对象所处区域内的宏观构造特征、地形地貌特征、水文特征、气象条件等进行综述。通过对该部分的阅读，可以从总体上对工程区域内的大构造、高山河流、气象条件等有所了解，结合工程所处的位置，即可对工程区域所面临的有利和不利条件有初步的了解。该部分的主要内容有自然地理、气象特征、水文特征、地质地貌（历史变迁，如图 5－7 所示）、道路交通、岩土地层情况、区域地质构造情况、地震情况等。

表5－1　某勘察报告完成工作量汇总

序号	项目	工作内容	工作量	
1	钻孔	地层描述、鉴别、取样	米/孔*	2994/58
2	工程测量	勘探孔坐标放样、高程测量	台班	2
3	原位测试	标准贯入试验	点次	245
		圆锥动力触探试验	点次	577
		双桥静力触探试验	米/孔	213.7/7
		旁压测试	点/孔	30/2
		抽水试验	台班	6
		承压水头观测	组日	3
4	取样	原状土样	件	169
		扰动土样	件	96
		水样	组	3
		岩样	组	7
5	室内试验	土工常规试验	件	265
		不固结不排水三轴剪切试验	件	20
		岩石天然单轴抗压强度试验	组	7
		岩样镜下磨片鉴定	件	1
		水质化学简分析试验	组	3

注：* 指总深度总共钻孔的个数

（3）工程地质条件和水文地质条件。与区域地质情况和地理条件不同的是，工程地质条件部分主要针对的是勘察对象所属具体范围内的地质条件。不仅如此，工程地质条件部分的主要目标是查明工程的地质情况和力学特征，给工程建设提供参考。具体来说，工程地质条件和水文地质条件部分主要内容包括岩土分层（图5－8）和分层依据，工程地质分区，工程场地地质构造特征和评价，地表水、地下水的分布和特征，水土腐蚀性评价，渗透试验结果，等等。

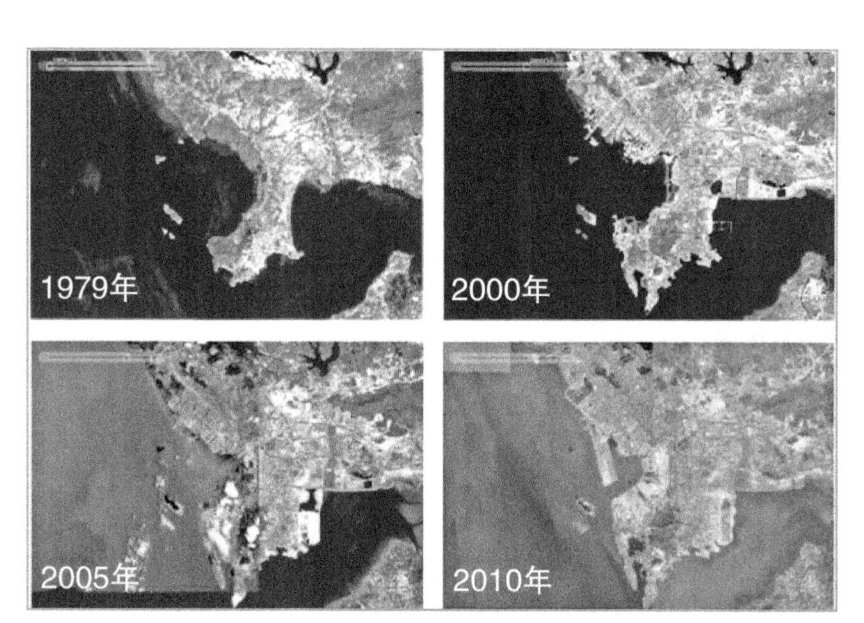

图5-7　某工程区域附近地貌条件演变历史

①$_1$ 杂填土：褐灰色至灰黄色，稍湿，松散，含大量瓦砾、碎石、混凝土块，并含少量有机质、氧化铁，以粉质黏土充填。全场区分布。

①$_2$ 素填土：灰色、灰黄色，稍湿，稍密，含少量碎砾石、氧化铁质、有机质、云母屑，以粉质黏土充填。局部分布。

①$_3$ 淤泥质填土：深灰色、灰黑色，饱和，松软（流塑状），富含有机质、腐殖质，有异味，含少量瓦砾。局部分布。

②$_1$ 砂质粉土：灰色，湿，稍密，含云母屑。摇振反应迅速，切面无光泽，土强度低、韧性低。全场区分布。

②$_2$ 粉砂：灰色、灰黄色、饱和黄色，饱和，稍密，含少量云母屑。级配一般，主要分布于沿江的场区东南部。

②$_3$ 砂质粉土夹粉砂：灰色，湿，稍密，含云母屑。摇振反应迅速，切面无光泽，土强度低、韧性低。全场区分布。

③$_1$ 粉砂：青灰色、灰绿色，很湿，中密，含少量云母屑。级配良好，偶见砂质粉土夹层。全场区分布。

③$_2$ 粉质黏土夹黏质粉土：灰色、青灰色，饱和，软塑状（或稍密），含云母屑和少量有机质。全场区分布。

④$_淤$ 泥质粉质黏土：灰色，流塑状，富含有机质、云母碎屑，局部含粉土薄层。无摇振反应，切面光滑，土强度高、韧性高。全场区分布。

⑤$_1$ 粉质黏土：青灰色夹褐黄色，饱和，可塑状，含云母、氧化铁质。无摇振反应，切面光滑，土强度中等、韧性中等。全场区分布。

图5-8　某岩土工程勘察报告中的岩土地层划分和描述

(4) 场地和地基地震作用评价。地震作用和地基在地震作用下的稳定性对工程建设和工程稳定性至关重要，因此，需要在岩土工程勘察过程中，通过大量的地基动力试验，结合有关文件、规范［如《中国地震动参数区划图》（GB 18306—2015）和《建筑抗震设计规范》（GB 50011—2010）(2016 年版)］，确定工程区域内的地震作用等级和地基在地震作用下的情况。该部分主要包括工程的地震动参数（表征地震引起的地面运动的物理参数)、场地类别（包括场地岩土层的动力参数)、砂土液化判定情况（表 5－2)、软土震陷等。

表 5－2　某岩土工程勘察报告中的砂土液化判定情况

拟建结构	孔号	地层名称	地层代号	试验深度/m	地下水位深度 d/m	实测标准贯入锤击数 N_i	修正液化临界标准贯入击数 N_{cr}	是否液化	液化指数 I_{lE}	液化等级
电力隧道	QH-DL-066	填砂	①$_2$	7.75	0.5	6.0	12.6	液化	8.5	中等
	QH-DL-081	填砂	①$_2$	8.35	0.5	6.0	12.0	液化	19.8	严重
	QH-DL-089	填砂	①$_2$	12.95	0.5	8.0	11.8	液化	22.5	严重
	QH-DL-091	填砂	①$_2$	6.85	0.5	5.0	12.4	液化	51.8	严重
	QH-DL-092	填砂	①$_2$	6.60	0.5	7.0	11.8	液化	10.3	中等
	QH-LJ-065	填砂	①$_2$	8.85	0.5	10.0	11.8	液化	10.8	中等
	QH-SD-009	填砂	①$_2$	9.35	0.5	8.0	12.8	液化	2.7	轻微
	QH-SD-081	填砂	①$_2$	11.95	0.5	6.0	12.0	液化	29.8	严重
航海路匝道	QH-ZD-005	填砂	①$_2$	4.45	0.5	10.0	12.42	液化	4.7	轻微
	QH-ZD-007	填砂	①$_2$	4.35	0.5	8.0	12.54	液化	6.9	中等
	QH-ZD-008	填砂	①$_2$	4.15	0.5	13.0	12.36	不液化	—	—
	QH-ZD-009	填砂	①$_2$	4.25	0.5	12.0	12.42	液化	0.8	轻微

（5）不良地质作用和特殊岩土层。由于地质作用和地质演化过程中存在大量的不确定性和外营力作用，工程区域内的地质情况和地层分布并不均匀，地层之间相互夹杂。由此，工程区域内的地层情况就较为复杂，很有可能存在软弱地层或扰动后影响较大的地层。因此，在岩土工程勘察过程中，需要通过多种手段，查明区域内的不利地质因素，并对砂土液化、地面沉降、地面塌陷等出现的可能及其影响进行评价。该部分主要包括可能出现的不良地质作用并分节描述，如砂土液化、地面沉降等。此外，对人工填土、湿陷性黄土、冻土等存在的特殊岩土层及其可能的影响也需要详细描述在报告该部分中。（图5－9为某岩土工程勘察报告中的不良地质作用情况）

…………

7.1　不良地质作用

本线路沿线原始地貌为珠江口伶仃洋东部的次一级浅海湾，后经淤浅及人工堆填，现状已堆填改造成港口码头等，不良地质作用及地质灾害现状较发育，预测可能引发或加剧的不良地质作用主要有砂土液化、地面沉降、地面塌陷等。现分述如下。

7.1.1　砂土液化

本线路部分地段揭露冲洪积中砂层（地层编号：$⑤_2$），呈松散状至稍密状，含水量大，渗透性好，在地震烈度Ⅶ度及以上地震作用下为液化土层，液化等级为轻微。

7.1.2　地面沉降

本部分可能采用的主要施工方法为明挖，工程建设中引发地面沉降的主要为隧道开挖形成的地面沉降及基坑降水引起的地面沉降两类。基坑开挖时必须采取坑内排水或降低地下水位的措施以获得干燥的施工工作空间。若基坑止水围幕不封闭，则会引发坑外土体有效应力增加，产生固结沉降，引发地面沉降。

7.1.3　地面塌陷

工程建设中引发地面塌陷的主要为隧道开挖。地面塌陷地质灾害主要发生在砂层发育段，与地面沉降砂层发育段一致，主要由工程施工引起。与地面沉降不同的是，若施工中未控制好流沙进入隧道内，且流沙量较大，则可引发地面塌陷，危害程度大，应做好相应的设计、施工防治措施，防止地面塌陷地质灾害的发生。

7.1.4　有害气体

本项目场地分布有较厚的海积淤泥层及上更新统淤泥质黏土层，有机质含量较高，较易产生有害气体。虽然场区内常有航道疏浚清淤、工程建设开挖等活动，但仍不排除有害气体存在的可能，威胁着作业人员的健康和生命安全，在软土中施工地下结构时应注意做好通风工作。

…………

图5－9　某岩土工程勘察报告中的不良地质作用情况

（6）岩土工程参数统计。工程勘察的一个重要目的就是获取供工程设计计算参考的各种岩土地层参数。因此，岩土工程参数统计是岩土工程勘察报告中不可或缺的部分。在该部分中，主要统计通过各种室内试验、原位试验获得的岩石、土层的物理力学参数（表5－3），进一步结合工程的实际情况和岩土力学知识，对岩土力学参数的统计、计算方法进行说明，最后评估和确定设计计算中要用到的建议值。

表5－3　某岩土工程勘察报告中的岩土参数统计

风化程度	项目	天然密度/(g·cm^{-3})	饱和密度/(g·cm^{-3})	干燥密度/(g·cm^{-3})	吸水率/%	饱和单轴抗压强度/MPa	饱和变形指标		饱和抗剪断强度指标		耐磨率/(g·cm^{-2})
							强性模量 E_{50}/MPa	泊松比 μ	内摩擦角 ϕ/(°)	黏聚力 C/MPa	
中风化岩	统计件数	42	42	18	18	124	19	19		19	22
	最小值	2.4	2.4	2.51	0.60	15	1.07×10^4	0.2		0.2	0.1
	最大值	2.6	2.6	2.61	1.89	54	4.98×10^4	0.3		0.3	0.3
	平均值	2.5	2.6	2.55	1.41	31.3	2.58×10^4	0.3		0.3	0.2
	标准差	0.06	0.05	0.04		11.40	1.16×10^4	0.02		0.02	0.09
	变异系数	0.02	0.02	0.01		0.36	0.45	0.08		0.08	0.44
	标准值	2.5	2.5	2.54		29.56	3.04×10^4	0.3		0.3	0.2
微风化岩	统计件数	114	114	18	99	493	163	160	96	96	254
	最小值	2.4	2.4	2.44	0.18	20	0	0.2	41.4	1.7	0.06
	最大值	2.7	2.8	2.58	2.29	70	1.45×10^5	0.3	43.8	16.2	3.50
	平均值	2.6	2.6	2.54	0.83	44.9	5.18×10^4	0.3	42.7	8.4	0.2
	标准差	0.05	0.05	0.039		14.088	3.28×10^4	0.02	0.55	3.28	0.31
	变异系数	0.02	0.02	0.02		0.31	0.63	0.08	0.01	0.39	1.71
	标准值	2.6	2.6	2.52		43.85	5.62×10^4	0.3	42.6	7.8	0.1
碎裂岩	统计件数					18					
	最小值					3.20					
	最大值					26.40					
	平均值					17.39					
	标准差					6.47					
	变异系数					0.37					
	标准值					14.69					

（7）岩土工程评价和建议。根据区域地质资料及本次勘察结果，结合拟建工程的特点和需求，对工程建设区域内的工程地质情况进行综合评价，并对工程区域的整体稳定性、局部稳定性等进行评价，给出相应的处理建议。本部分主要包含建设场地稳定性评价和工程建议（表5－4）、土石工程分级以及岩土工程特征等内容。

（8）附件。主要为照片、图纸以及勘察过程中的其他一些数据。

图5－4　某岩土工程勘察报告中的建议部分

支护结构	安全等级	适用条件	优点	不足之处
排桩＋内支撑	一级 二级	适用于各种复杂的施工环境和地质条件，需要截水时可桩间加旋喷或桩后设搅拌桩	是基坑支护常用的形式，对地层适应性较好	工艺较复杂，施工周期长，价格较高
地下连续墙（咬合桩）＋内支撑	一级 二级	适用于各种复杂的施工环境和地质条件，对地下水控制要求严格	防水性能好，结构整体刚度好，基坑竣工后可以作为主体地下结构外墙	工艺复杂，施工周期长，价格高
悬臂式排桩	一级 二级	适用于地质条件较好、周边环境宽松、软弱土层不厚的基坑	不占作业面空间，有利于地下施工	适用范围较窄，变形相对较大
土钉墙支护	三级	适用于地下水以上或经人工降水的人工填土、黏性土和弱胶结砂土的基坑	施工周期短，价格低	土钉墙不宜兼作挡水结构，不适用于对变形有严格要求的深基坑支护
坡率法	三级	基坑周围具有放坡可能，且土质较好，地下水位较深	施工周期短，价格低，可与其他形式相结合	占地面积大，土方量较大

课外阅读

陈玉祥、曾帅：《南仁东：坚守23年 用心血铸造“天眼”》，见人民网，https：//www. sohu. com/a/122894674_114731，2016－12－29.

练习题 5

1. 如何进行覆盖型岩溶区的岩溶地基稳定性分析？

2. 三峡水库蓄水后水位升降，库岸可能会发生哪些工程地质问题？结合实际进行分析。

3. 识别活断层的标志有哪些？

4. 以斜坡稳定性评级为例，试阐述过程地质学常用的研究方法。

5. 渗透变形有哪些具体的防治措施？

6. 计划中的一条高速铁路（见下图）将通过一个滑坡体，试论述工程地质条件及可能遇到的工程地质问题，并提出相应的防治措施。

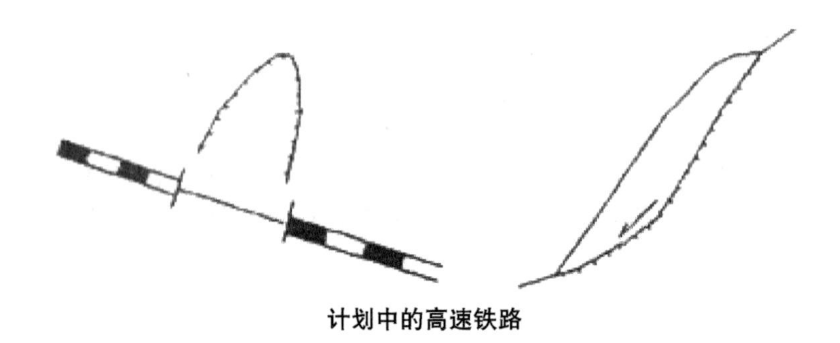

计划中的高速铁路

7. 计划中的一条高速公路（见下图）将通过一个滑坡体，试论述工程地质条件及可能遇到的工程地质问题，并提出相应的防治措施。

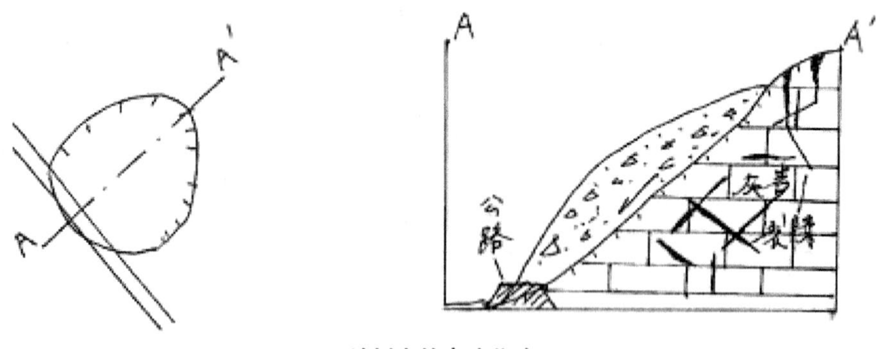

计划中的高速公路

8. 某县城后山斜坡上，坡顶出现裂缝和滚石掉块，坡下建筑物局部被砸坏，应如何处置？

本章参考文献

[1] 原位测试和工程地质勘查 [EB/OL].(2013-01-03) [2021-02-04]. https://wenku.baidu.com/view/096c3c08b52acfc789ebc9b1.html.

[2] 陈富强，杨光华，孙树楷，等.珠三角软土原位测试的工程实践及成果应用效果分析 [J].长江科学院院报，2019，36(4)：129-134.

[3] 孔思丽.工程地质学 [M].2版.重庆：重庆大学出版社，2005.

6　地球中水的分布与循环

水文地质学是研究地下水的科学。水文地质学研究的是地下水在与岩石圈、地幔、水圈、大气圈、生物圈和人类活动相互作用下，其水量与水质在时间和空间上的变化，以及对各个圈层产生的影响，从而服务于人与自然相互协调的可持续发展。水文地质学的研究对象在不断扩展，由地壳浅表岩土空隙中的饱和带水，扩展到非饱和带水，并且扩展为从地壳到下地幔的地球各圈层中的水。

6.1　地球中水的分布

6.1.1　水资源的概念

根据世界气象组织和联合国教科文组织的“国际水文学名词术语”（international glossary of hydrology）中有关水资源的定义，水资源是指可资利用或有可能被利用的水源，这个水源应具有足够的数量和合适的质量，并满足某一地方在一段时间内具体利用的需求。根据我国全国科学技术名词审定委员会公布的水利科技名词中有关水资源的定义，水资源是指地球上具有一定数量和可用质量，能从自然界获得补充并可资利用的水。[1-2]

广义的水资源是指地球上水圈内的水量总体。狭义的水资源（通常所说的水资源）是指陆地上的淡水资源，具体来说，就是一定时期内能够被人类开发利用的那一部分动态水体。

6.1.2 自然界中水的分布

6.1.2.1 地球上水的分布

地球有“水的行星”之称。地球表面积为5.1亿km^2，其中，海洋面积为3.613亿km^2，总水量为13.38亿km^3，占地球总水量的96.5%，平均水深为3700 m，折合当量深度为2640 m。大气中水含量随高度的增加而减少，7 km高度范围内总水量约为12900 km^3，折合当量深度为25 mm，占地球总水量的0.001%。地下水总储量为2340万km^3，折合当量深度为174 m，占地球总水量的1.7%。土壤水指地表2 m厚土层内的水，土层的平均湿度为10%，当量深度为0.2 m，总储量为16500 km^3。生物体内的储水量约为1120 km^3。

地球的储水量是很丰富的，共有约14亿km^3。地球上的水尽管数量巨大，但能直接被人们生产和生活利用的却比较少。首先，海水又咸又苦，不能饮用，不能浇地，也难以用于工业。其次，地球的淡水资源仅占其总水量的2.5%，而在这极少的淡水资源中，又有70%以上被冻结在南极和北极的冰盖中，加上难以利用的高山冰川和永冻积雪，有87%的淡水资源难以利用。人类真正能够利用的淡水资源是江河湖泊和地下水中的一部分，约占地球总水量的0.26%。全球淡水资源不仅短缺，而且地区分布极不平衡。按地区分布，巴西、俄罗斯、加拿大、中国、美国、印度尼西亚、印度、哥伦比亚和刚果9个国家的淡水资源占了世界淡水资源的60%。

6.1.2.2 中国水资源分布概况

中国水资源总量约为2.8万亿m^3，居世界第四位。我国2014年用水总量为6094.9亿m^3，仅次于印度，位居世界第二位。由于人口众多，我国人均水资源占有量为2100 m^3左右，仅为世界人均水平的28%。另外，我国属于季风气候，水资源时空分布不均匀，南北自然环境差异大，其中北方9省区人均水资源不到500 m^3，实属水少地区。特别是随着城市人口剧增，生态环境受影响，工农业用水技术落后，浪费严重，水源受污染，更使原本贫乏的水“雪上加霜”，成为国家经济建设的瓶颈。全国600多座城市中，已有400多座城市存在供水不足问题，其中缺水比较严重的城市达110个，全国城市缺水总量为60亿m^3。表6－1是2018年我国水资源总量统计结果。

表 6-1　2018 年我国各水资源一级区水资源量

水资源一级区	降水量/mm	地表水资源量/亿 m^3	地下水资源量/亿 m^3	地下水与地表水资源不重复量/亿 m^3	水资源总量/亿 m^3
全国	682.5	26323.2	8246.5	1139.3	27462.5
北方六区	379.5	4830.2	2742.7	977.0	5807.2
南方六区	1220.2	21493.0	5503.8	162.3	21655.3
松花江区	569.9	1441.7	553.0	246.9	1688.6
辽河区	511.3	307.8	161.6	79.3	387.1
海河区	540.7	173.9	257.1	164.4	338.4
黄河区	551.6	755.3	449.8	113.8	869.1
淮河区	925.2	769.9	431.8	258.8	1028.7
长江区	1086.3	9238.1	2383.6	135.6	9373.7
其中：太湖流域	1381.8	204.1	52.3	27.3	231.3
东南诸河区	1607.2	1505.5	420.1	12.2	1517.7
珠江区	1599.7	4762.9	1163.0	14.6	4777.5
西南诸河区	1147.9	5986.5	1537.1	0	5986.5
西北诸河区	203.9	1381.5	889.4	113.7	1495.3

（资料来源：中华人民共和国水利部编《中国水资源公报 2018》，中国水利水电出版社 2019 年版）

我国水资源总量虽然较多，但人均量并不丰富。水资源的特点是地区分布不均，水土资源组合不平衡；年内分配集中，年际变化大；连丰连枯年份比较突出；河流的泥沙淤积严重；等等。这些特点造成了我国容易发生水旱灾害，水的供需产生矛盾，这也决定了我国对水资源的开发利用、江河整治的任务十分艰巨。

6.2　自然界中的水循环

自大气圈到地幔的地球各个圈层中的水构成一个系统，这一系统内的水相互联系、相互转化的过程即自然界的水循环。水循环主要包括水文循环及地质循环。水文循环局限于地球浅表，转换交替迅速，对地球的气候、水资源、生态环境等影响显著，与人类的生存环境直接密切联系，是水文学与水文地质学研究的重点。地质循环发生于大气圈到地幔之间，转换交替缓慢。

6.2.1 水文循环

水文循环是在太阳辐射和重力共同作用下，发生于大气水、地表水和地壳浅表地下水之间的水循环。如地面的水分被太阳蒸发成为空气中的水蒸气。水在地球上的状态包括固态、液态和气态。地球上的水大多数存在于大气层、地面、地下、湖泊、江河及海洋中。水会通过一些物理作用，如蒸发、降水、渗透、表面的流动和地底流动等，由一个地方移动到另一个地方，如水由河湖流至海洋，如图 6 – 1 所示。

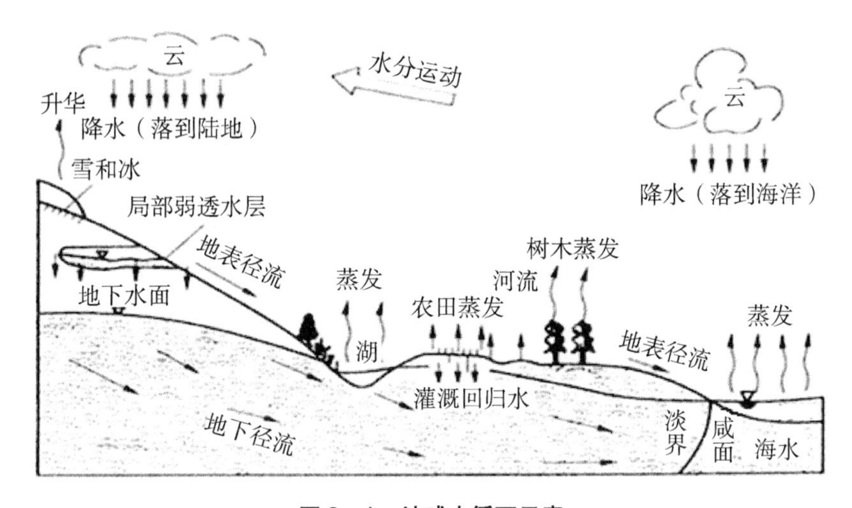

图 6 – 1　地球水循环示意

（图片来源：https：//www. wendangwang. com/doc/5d539ba7bacf51865b3fccacaa895f1ea9d7c856/2）

6.2.1.1 水文循环的环节

水文循环是多环节的自然过程，全球性的水文循环涉及蒸发、水分输送、降水、地表径流、下渗和地下水运动等。其中，蒸发、地表径流和地下水运动是水文循环过程的三个最主要环节，这三者构成的水文循环途径决定着全球的水量平衡，也决定着一个地区的水资源总量。

蒸发是水文循环中最重要的环节之一。由蒸发产生的水汽进入大气并随大气活动而运动。大气中的水汽主要来自海洋，还有一部分来自大陆表面的蒸散发。大气层中水汽的循环是蒸发—凝结—降水—蒸发的周而复始的过程。海洋上空的水汽可被输送到陆地上空凝结降水，称为外来水汽降水；大陆上空的水汽直接凝结降水，称为内部水汽降水。一地总降水量与外来水汽降水量的比值称为该地的水分循环系数。全球的大气水分交换的周期为10天。在水文循环中，水汽输送是最活跃的环节之一。

径流是一个地区（流域）的降水量与蒸发量的差值。多年平均的大洋水量平衡方程为：蒸发量=降水量-径流量；多年平均的陆地水量平衡方程是：降水量=径流量+蒸发量。但是，无论是海洋还是陆地，降水量和蒸发量的地理分布都是不均匀的，最明显的就是不同纬度的差异。

地下水运动主要与分子力、热力、重力及空隙性质有关，是多维的。地下水通过土壤和植被的蒸发、蒸腾向上运动成为大气水分；通过入渗向下运动可补给地下水；通过水平方向的运动又可成为河湖水的一部分。地下水储量虽然很大，却是经过长年累月甚至上千年蓄积而成的，水量交换周期很长，循环极其缓慢。地下水和地表水的相互转换是研究水量关系的主要内容之一，也是现代水资源计算的重要因素。[2]

6.2.1.2 影响水文循环的因素

影响水文循环的自然因素主要有气象条件，如大气环流、风向、风速、温度、湿度，以及地理条件，如地形、土壤、植被等。生态系统的水文循环包括截留、渗透、蒸发、蒸腾和地表径流。植物通过根吸收土壤中的水分，在水文循环中起着重要作用。不同的植被类型，其蒸腾作用是不同的，而以森林植被的蒸腾量为最大，它在水的生物地球化学循环中的作用最为重要。森林的植物从地下吸收水分，传到叶片并由其蒸发到大气中，可以调节大气的湿度，增大林区空气湿度。降水时，由于森林树冠的截留，地表径流和水土流失减少。因此，森林是水文循环重要的调节者。

人类对水文循环的影响是多方面的，主要表现在：

（1）改变下垫面及植被状况。一方面，人类活动可影响大气降水到达地面后的分配，如修筑水库等可扩大自然储蓄水量，而围湖造田又使自然蓄水容积减小，尤其是大量季节性降水因蓄力削弱而流走，造成短期洪涝灾害，并降低了对地下水的补给，也引起严重的土壤和养分流失；另一方面，城市柏油路面和水泥地面减少了对降水的蓄渗，加大了流域洪峰的流量。

（2）人类过度开发局部地区的地表水和地下水，用于手工、农业及城市发展，使地表、地下水储量下降，出现地下漏斗及地上断流的现象，造成次生盐渍化，也使下游水源减少、水位下降、水质恶化，沿海出现海水入侵，加重了干旱化和盐渍化威胁。[3]

（3）干旱、半干旱地区大面积的植被被破坏，导致地区性气候向干旱化方向发展，直到形成荒漠。我国北方水文循环形式的恶化，已引起人们的普遍关注，并且得到了轻微的治理。如果不加强治理工作，环境恶化将会变得越来越严重。治理工作要从源头上来做，不然就只能是表面功夫。

（4）环境污染。一方面，工农业污染导致水质恶化，水资源短缺；另一方面，空气中颗粒物的增加，导致降水量的增加。空气中二氧化硫和汽车尾气以及工厂废气排放等的增加，导致酸雨的增加，甚至降雪中的铅含量也有所增加。大洋洋面的油污染导致蒸发量减少，而温室效应促进了蒸发，蒸发量的变化又导致全球范围内降水量的变化并引起气候变化的异常。在与人类活动有关的水循环问题中，水资源短缺与水污染是最受关注的两个问题。这两个问题与人们的生活息息相关，紧密相连，如果不及时治理，将会直接对人们的生活造成严重影响。[4]环境治理本身是一个极其漫长的过程。

6.2.1.3 水文循环的作用

水文循环是联系地球各圈层和各种水体的“纽带”。它是“调节器”，调节着地球各圈层之间的能量，对气候变化起到重要作用；它是“雕塑家”，通过侵蚀、搬运和堆积，塑造了丰富多彩的地表形象；它是“传输带”，是地表物质迁移的强大动力和主要载体。更重要的是，通过水文循环，海洋不断地向陆地输送淡水，补充和更新陆地上的淡水资源，从而使水成为可再生的资源。水文循环的主要作用表现在以下几个方面：

（1）水是很好的溶剂及物质循环的介质。绝大多数物质都溶于水，并随水迁移，营养物质的循环和水循环联系在一起，不可分割。地球上水的运动把陆地生态系统和水域生态系统连接起来，从而使局部生态系统与整个生物圈紧密联系在一起，实现水体的全球性流动。

（2）水是地质变化的动因之一，其他物质的循环常常是结合水循环进行的。一个地方矿物质元素的流失，而另一个地方矿物质元素的沉积，亦往往要通过水循环来完成。水循环是物质流动的物理基础。

（3）水在生态系统能量传输与能量平衡过程中起着极其重要的作用。大气环流、洋流等实现热量在全球范围内的再分配也是依靠水循环。

（4）水体热容量较大，有利于生态系统温度环境的改善，促进物质循环。一方面，水体在很大程度上改善了地表的温度环境，使地球温度变化幅度大为减小，有利于生态系统的繁荣与发展；另一方面，温度是物质分解的重要条件之一，良好的温度环境确保了生态环境中微生物的分解作用，使物质得以再循环，净化了生态环境。

6.2.2 地质循环

水的地质循环即地球浅部与深部层圈之间水的相互转化过程。[5]

在软流圈上升流区，上地幔熔融物质进入地壳或喷出地表时，地幔岩中的水分也随之上升与分异，转化为地球浅层圈的水。由地幔熔融物质直接分异出来的水称为初生水。在软流圈下降流区，含有大量水的地壳岩块俯冲沉入地幔，使地幔得到浅层圈水的补充。

矿物结合水的形成和脱出也是水的地质循环的一部分。在成岩、变质、风化作用等地质过程中，不仅有分子态的水进入矿物或从矿物中脱出，同时还伴有水分子的分解和合成。

查明水的地质循环，有助于分析地壳浅表和深部各种地质作用，对于寻找矿产资源、预测大尺度环境变化和深部地质灾害等均有重大意义。

6.3 自然界中的水均衡

自然界中的水在不断地运动着、变化着和循环着。根据物质守恒定律可知，对于任何地区、任一时段内，收入的水量与支出的水量之间的差必等于其蓄水量的变化，即水循环过程中收支平衡。此即水均衡原理。水均衡原理是现代水文学的基本理论之一。根据这个原理，可以列出水均衡方程式，其在水文学和水文地质学中得到广泛的应用。[5]

6.3.1 水量平衡方程式

水量平衡方程式可由水量的收支情况来确定。系统中输入的水 I 与输出的水 O 之差就是该系统内的蓄水量 ΔS，其通式为：$I - O = \pm\Delta S$。系统的空间尺度大可至全球，小可至一个区域。另外，从大气层到地下水的任何层次，均可根据通式写出不同的水量平衡方程式。[2]

（1）大气系统。其水量平衡方程式为：

$$A_i - B_i + E - P = \pm\Delta A \tag{6-1}$$

式中：A_i 和 B_i 分别为大气层中除降水与蒸发以外的其他收入水量和支出水量；E 为蒸发量；P 为降水量；ΔA 为大气系统中的蓄水量。

（2）流域系统。其水量平衡方程式为：

$$P - R - E = \pm\Delta S \tag{6-2}$$

式中：R 为流量；ΔS 为流域蓄水量。

（3）土壤系统。其水量平衡方程式为：

$$P + C_m - R + S_i - S = \pm\Delta W \tag{6-3}$$

式中：C_m 为土壤中的凝结水；S_i 为由地下水和壤中流形式进入土壤层的水；S 为由土壤层向下入渗地下水和壤中流形式流出土壤层的水；ΔW 为土壤层中的蓄水量。

（4）地下水系统。其水量平衡方程式为：

$$\alpha P + U_i - E_i - U = \pm\Delta U \tag{6-4}$$

式中：α 为地下水的降水入渗补给系数；U_i 为地下流入系统的水量；E_i 为地下水上升经土壤到地面后的蒸发量；U 为地下流出系统的水量；ΔU 为地下蓄水量。

（5）全球水量平衡。由大洋和大陆的水量平衡组成的全球水量平衡，是全球水循环的定量描述。全球的水量平衡要素中，大洋与大陆不同，前者蒸发量大于降水量，其差值作为大陆水体的来源，参加降水过程；后者则是降水量大于蒸发量，其差值为径流量，成为大洋水量的收入项之一，见表6-2。在大洋多年平均的水量平衡中，出现了淡水平衡的概念，年平均大洋淡水平衡可用下式表示：

$$P + R - E = 0 \tag{6-5}$$

式中：P 为年降水量；R 为大陆入海年径流量；E 为年蒸发量。在大洋的海冰中还包含着大量的淡水。大陆湖泊、水库、地下水及冰川的蓄水变化均会导致海平面的升降，对地球的生态环境有重要意义。

表6－2 大陆水量平衡

大陆	降水量		蒸发量		径流量		入海径流量	
	/mm	/km^3	/mm	/km^3	/mm	/km^3	/mm	/km^3
欧洲	790	8290	507	5320	283	2970	271	2849
亚洲	740	32200	416	18100	324	14100	312	13560
非洲	740	22800	587	17700	153	4600	136	4110
北美洲	757	18280	418	10100	339	8180	324	7840
南美洲	1595	28400	910	16200	685	12200	658	11700
大洋洲	791	7080	511	4570	280	2510	265	2370
南极洲	165	2310	0	0	165	2310	165	2310
全大陆	800	119000	485	72000	315	47000	300	44700

6.3.2 中国的水量平衡

与世界大陆相比，中国的年降水量偏低，但年径流系数大，这是由中国多山地形和季风气候影响所致，见表6－3。中国内陆区域的降水和蒸发均比世界内陆区域的平均值低，其原因是中国内陆流域地处欧亚大陆的腹地，远离海洋。中国水量平衡要素组成的重要界线是1200 mm年等降水量。年

表6－3 世界与中国水量平衡要素对比

地区	年降水量 /mm	年径流量 /mm	年蒸散发量 /mm	径流系数 /mm	蒸散发系数 /mm
中国	643	271	372	42	58
世界大陆	800	315	485	39	61
中国外流区	890	407	489	45	55
世界外流区	924	395	529	43	57
中国内流区	197	33	164	17	83
世界内流区	334	34	300	—	—

降水量大于1200 mm 的地区，径流量大于蒸散发量；反之，蒸散发量大于径流量。中国除东南部分地区外，绝大多数地区都是蒸散发量大于径流量，越向西北差异越大。水量平衡要素的相互关系还表明，在径流量大于蒸散发量的地区，径流与降水的相关性很高，蒸散发对水量平衡的组成影响甚小；在径流量小于蒸散发量的地区，蒸散发量依降水而变化。这些规律可作为年径流建立模型的依据。另外，中国平原地区的水量平衡均为径流量小于蒸散发量，说明水循环过程以垂直方向的水量交换为主。

6.3.3 水平衡要点

6.3.3.1 降水

降水是大气中的水汽凝结后以液态水或固态水的形态降落到地面的一种现象，是自然界中发生的雨、雪、露、霜、霰、雹等现象的统称。它是受地理位置、大气环流、天气系统条件等因素综合影响的产物，是水循环过程的最基本环节，又是水量平衡方程中的基本参数。降水是地表径流的来源，亦是地下水的主要补给来源。降水在空间分布上的不均匀性与时间变化上的不稳定性又是引起洪、涝、旱灾的直接原因。

单位时间的降水量称为降水强度。根据降水强度的大小分可为小雨、中雨、大雨、暴雨等多种等级。强度大、延续时间短的暴雨主要形成地表径流，常常是造成洪水的原因。强度不大但延续时间长的小雨，则对地下水的补给最有意义。形成降水的水汽主要来自海洋，陆地上水分的蒸发也是大气圈水汽的来源。植树造林、修建水库、扩大灌溉面积等人类生产和生活措施，可以增加地面水分的蒸发，扩大大气圈水汽的来源，在一定程度上可以影响降水总量。

6.3.3.2 蒸发

水由液态或固态转变成气态，逸入大气中的过程称为蒸发。蒸发量是指在一定时段内，水分经蒸发面散布到空中的量。通常用蒸发掉的水层厚度的毫米数表示，土壤或水面的水分蒸发量分别用不同的蒸发器测定。一般来说，温度越高、湿度越小、风速越大、气压越低，蒸发量就越大；反之，蒸发量就越小。土壤蒸发量和水面蒸发量的测定在农业生产和水文工作中非常重要。雨量稀少、地下水源及流入径流水量不多的地区，如果蒸发量很大，就易发生干旱。

影响蒸发的因素主要有蒸发面的温度、湿度、气压、风力等。在温度、湿度、气压等因素相同的情况下，冰面的蒸发比水面要慢，海水比淡水要慢，清水比浊水要慢。

6.3.3.3 径流

径流是指降雨及冰雪融化或者在浇地的时候在重力作用下沿地表或地下流动的水流。径流有不同的类型，按水流来源可分为降雨径流、融水径流以及浇水径流；按流动方式可分为地表径流和地下径流，地表径流又分为坡面流和河槽流。此外，还有水流中含有固体物质（如泥沙）形成的固体径流，水流中含有化学溶解物质构成的离子径流（也称为化学径流，即地壳风化产物在水流溶蚀作用下，以离子、分子及胶体形式呈胶体溶液随水流迁移的行为）等。地表径流可用流量、径流总量、径流深度、径流模数及径流系数五种特征值来表示。[5]

（1）流量 Q。在单位时间内通过河流某一过水断面所流出的水量称为流量，其常用单位是 m^3/s。由水力学知识可知，流量 Q 等于过水断面面积 F 与断面平均流速 v 的乘积：

$$Q = vF \tag{6-6}$$

（2）径流总量 W。在一定时段 T 内通过河流某一过水断面的总水量 Q 称为径流总量，单位通常为 m^3。其计算公式为：

$$W = QT \tag{6-7}$$

（3）径流深度 Y。某一时段内径流总量均匀分布于过水断面上的整个流域面积上所得到的水层厚度，即为径流深度，单位为 mm。若已知过水断面以上的流域面积为 F（单位为 km^2），径流总量为 W（单位为 m^3），则径流深度为：

$$Y = \frac{W}{F \times 10^3} \tag{6-8}$$

（4）径流模数 M。单位流域面积上平均产生的流量称为径流模数，单位为 $m^3/(s \cdot km^2)$。若已知流域面积为 F(单位为 km^2)，流量为 Q（单位为 m^3/s），则径流模数为：

$$M = \frac{Q}{F} \times 10^3 \tag{6-9}$$

（5）径流系数 α。某一时段内的径流深度与同一时段内的降水量之比称为径流系数。以小数或百分比计。若某一时段的径流深度为 Y（单位为 mm），同一时段的降水量为 X（单位为 mm），则径流系数为：

$$\alpha = \frac{Y}{X} \tag{6-10}$$

显然，径流系数 α 表示某一时段内的降水量中有多少水量变为径流补给河流，有多少水量损耗于蒸发和下渗补给地下水。

课外阅读

王启涛：《李冰和都江堰》，载《华西都市报》2019 年 6 月 10 日 A5 版，见 https：//finance. sina. com. cn/roll/2019 - 06 - 10/doc-ihvhiews7731299. shtml，2019 - 06 - 10。

练习题 6

1. 试述水文循环和地质循环的定义。
2. 试述我国水资源的特点。
3. 影响水文循环的主要气象因素包括哪些？
4. 下图表示“绿”水资源与“蓝”水资源的划分，“蓝”水是降水中形成地表水和地下水的部分，“绿”水是降水下渗到土壤中的水，最终会进入大气。读图，回答下列各题：

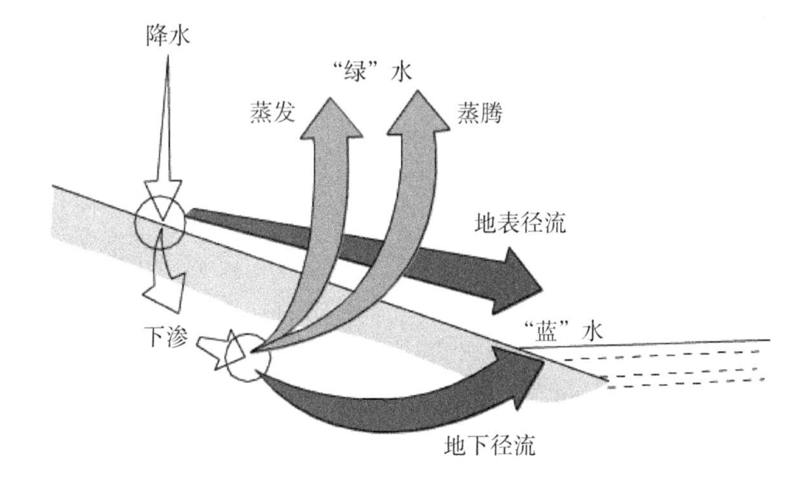

（1）据图，下列哪种说法是正确的？（ ）

A. “蓝”水和“绿”水来源相同

B. “蓝”水数量与“绿”水数量相同

C. “绿”水主要指地表和地下径流

D. 通常所说的水资源是指“绿”水

（2）“绿”水（ ）。

A. 直接参与了地表形态的塑造

B. 对海陆间循环产生明显影响

C. 吸收地面辐射，具有保温作用

D. 对湿润地区农业发展至关重要

本章参考文献

[1] 王大纯，张人权. 水文地质学基础 [M]. 北京：地质出版社，1995.

[2] 仵彦卿. 地下水与地质灾害 [J]. 地下空间，1999（4）：303－310，316－339.

[3] 罗兰. 我国地下水污染现状与防治对策研究 [J]. 中国地质大学学报（社会科学版），2008（2）：72－75.

[4] 张人权，梁杏. 水文地质学基础 [M]. 北京：地质出版社，2011.

[5] 朱厚华. 我国水平衡测试现状分析 [J]. 中国水利，2011（19）：22－23.

7　岩土的空隙和水以及地下水的赋存

地下水受诸多因素影响，各种因素的组合更是错综复杂，因此，人们从不同的角度，提出了各种各样的分类。概括起来主要有两种：①根据地下水的某种单一的因素或某种特征进行分类，如按硬度分类、按地下水起源分类等；②根据地下水的若干特征综合进行分类，如按地下水埋藏条件分类、按含水层性质分类等。

地下水按起源可分为渗入水、凝结水、埋藏水和岩浆水四类。[1]

（1）渗入水。渗入水由大气降水或地表水渗入岩土中的空隙而成。

（2）凝结水。单位体积空气中实际所包含的气态水量，称为空气的绝对湿度，以 g/m^3 为单位。饱和湿度是随温度而变的，温度越高，空气中所能容纳的气态水越多，饱和湿度便越大；温度降低，饱和湿度随之降低，形成凝结水。

（3）埋藏水。在封闭的地质构造中，各类沉积物将沉积时所包含的水分长期埋藏保存下来，形成埋藏水。在高温影响下，它们又可从矿物中析出，成为自由状态的水，即再生水。

（4）岩浆水。岩浆水又称为初生水，是岩浆冷凝时析出的水。

此外，地下水按埋藏条件可分为包气带水（包括土壤水和上层滞水）、潜水、承压水；按含水层性质可分为孔隙水、裂隙水、岩溶水（即喀斯特水），具体阐述见“7.1.2　岩石中水的存在形式”。上述分类可组合成表 7－1 所列的几种类型的地下水，如孔隙潜水、裂隙承压水等。

表7-1 地下水分类

地下水	孔隙水	裂隙水	岩溶水（喀斯特水）
包气带水	土壤水及季节性的局部隔水层以上的重力水	裂隙岩层中局部隔水层上部季节性存在的水	可溶岩层中季节性存在的悬挂水
潜水	各种成因类型的松散沉积物中的水	裸露于地表的裂隙岩层中的水	裸露的可溶岩层中的水
承压水	由松散沉积物构成的山间盆地、山间平原及平原中的深层水	构造盆地、向斜或单斜构造中的层状裂隙岩层中的水，构造破碎带中的水，独立裂隙系统中的脉状水	构造盆地、向斜或单斜构造中的可溶岩层中的水

7.1 孔隙度和含水量

地下水存在于岩土的空隙之中，而地壳表层往下10 km范围内都或多或少存在着空隙，特别是浅层部1～2 km范围内，空隙分布较为普遍。岩土的空隙既是地下水的储存场所，又是地下水的渗透通道，空隙的多少、大小及其分布规律，决定着地下水分布与渗透的特点。

7.1.1 岩土的空隙

岩土的空隙根据成因不同，可分为孔隙、裂隙和溶隙三大类。[2]（图7-1）

7.1.1.1 孔隙

松散或半松散岩石是由大大小小的颗粒组成的，在颗粒或颗粒的集合体之间普遍存在着空隙，空隙相互连通，呈小孔状，故称为孔隙，如图7-1(a)～(f) 所示。

孔隙发育程度用孔隙度 n（或孔隙率）表示。孔隙度是指包括孔隙在内

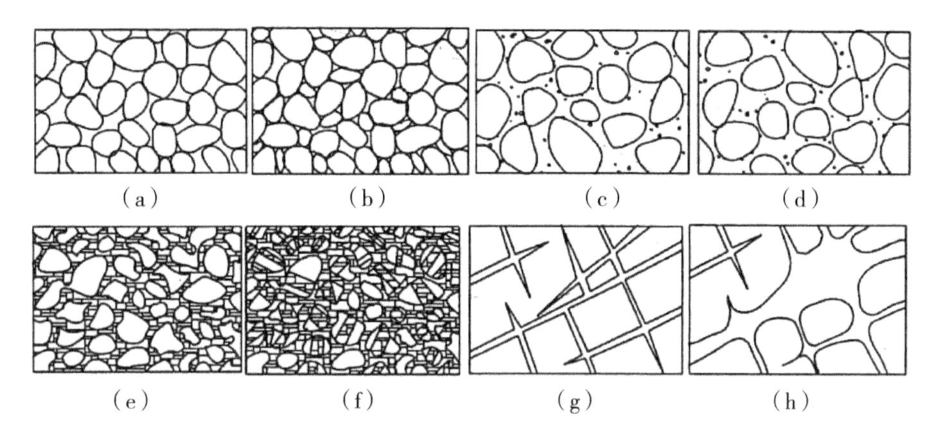

(a) 分选良好、排列疏松的砂；(b) 分选良好、排列紧密的砂；
(c) 分选不良，含泥、砂的砾石；(d) 部分胶结的砂岩；(e) 具有结构性孔隙的黏土；
(f) 经过压缩的黏土；(g) 具有裂隙的岩石；(h) 具有溶隙及溶穴的可溶岩

图7-1 岩土中的空隙

的岩土某一体积 V 中，孔隙体积 V_n 所占的比例，即：

$$n = \frac{V_n}{V} \times 100\% \tag{7-1}$$

岩土的孔隙度是影响其储存和容纳地下水能力大小的重要因素。孔隙度的大小主要取决于分选程度、颗粒排列方式、颗粒大小、颗粒形状及胶结充填情况。几种典型的松散土孔隙度的参考值见表7-2。

表7-2 典型松散土孔隙度参考值

松散土的名称	砾石	砂	粉砂	黏土
孔隙度范围	25%～40%	25%～50%	35%～50%	40%～70%

7.1.1.2 裂隙

坚硬岩石受地壳运动及其他内外地质作用的影响产生的空隙，称为裂隙[图7-1(g)]。裂隙发育程度用裂隙率 K_1 表示。所谓裂隙率，是指裂隙体积 V_1 与包括裂隙体积在内的岩石总体积 V 的比值，用小数或百分数表示，即：

$$K_1 = \frac{V_1}{V} \times 100\% \tag{7-2}$$

7.1.1.3 溶隙

可溶岩、石灰岩、白云岩等中的裂隙经地下水流长期溶蚀而形成的空隙称为溶隙［图7－1（h）］，这种地质现象称为岩溶（即喀斯特）。溶隙的发育程度用溶隙率K_k表示。所谓溶隙率，是指溶隙的体积V_k与包括溶隙在内的岩石总体积V的比值，用小数或百分数表示，即：

$$K_k = \frac{V_k}{V} \times 100\% \tag{7-3}$$

7.1.2 岩石中水的存在形式

地壳岩石的孔隙、裂隙、溶隙中存在着各种形式的水[3]，如图7－2所示。

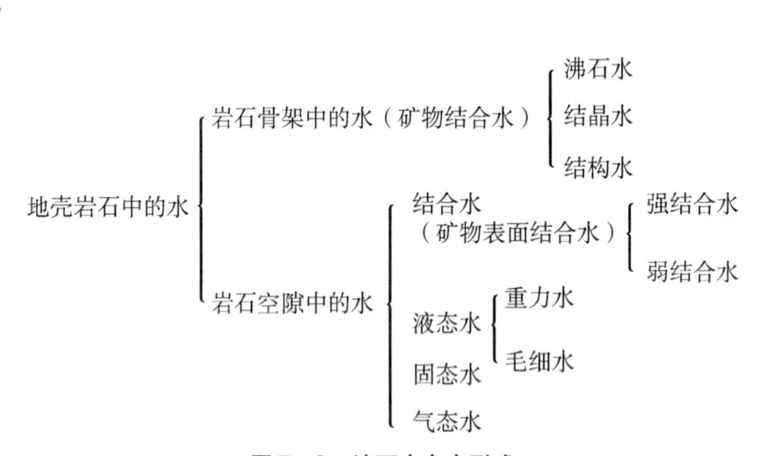

图7－2 地下水存在形式

（1）结合水。结合水是指受固相表面的引力大于水分子自身重力的那部分水，它束缚于固相表面，不能在自身重力影响下运动。由于固相表面对水分子的吸引力自内向外逐渐减弱，结合水的物理性质也随之发生变化，因此，将最接近固相表面的结合水称为强结合水，其外层的称为弱结合水。

（2）液态水。①重力水。距离固体表面更远的那部分水分子，重力对它的影响大于固体表面对它的吸引力，因此能在自身重力影响下运动，这部分水就是重力水。重力水中靠近固体表面的那一部分仍然受到固体引力的影响，水分子的排列较为整齐，这部分水在流动时呈层流状态，而不做紊流运动。远离固体表面的重力水不受固体引力的影响，能够自由流动，流速较大时容易转为紊流运动。井泉取用的地下水都属于重力水，是水文地质研究的主要对象。②毛细水。自然界松散岩石中细小的孔隙通道构成毛细管，在毛细作用下，地下水面以上的包气带中广泛存在着毛细水，分为三类：支持毛细水、悬挂毛细水、孔角（触点）毛细水。

（3）固态水。固态水是在饱水岩层中地下水冻结形成的冰碛等。它与季节的变化有关，在冻土带中较为常见。

（4）气态水。以水汽形式存在于未饱和的岩石空隙中的水分，即为气态水。气态水在一定温度、压力条件下与液态水相互转化，两者之间保持动态平衡，因而，对岩石水分的重新分布起着一定的作用。

地下水按含水层性质可分为孔隙水、裂隙水和岩溶水。

7.1.2.1 孔隙水

孔隙水主要赋存于松散的沉积物颗粒之间，是沉积物的组成部分。在特定沉积环境中形成的不同类型沉积物，受到不同水动力条件的制约，其空间分布、粒径与分选各具特点，从而控制着赋存于其中的孔隙水的分布及其与外界的联系。按沉积物的成因类型，孔隙水可分为洪积扇中的地下水、冲积物中的地下水、湖积物中的地下水、黄土高原的地下水、沙漠地区的地下水和冰川堆积物中的地下水。具体见“10.2　洪积物、冲积物及湖积物等中的地下水”。

7.1.2.2 裂隙水

埋藏在基岩裂隙中的地下水称为裂隙水。这种水运动复杂，水量变化较大，这与裂隙发育及成因有密切关系。裂隙水按基岩裂隙成因分类，有风化裂隙水、成岩裂隙水、构造裂隙水三种。

（1）风化裂隙水。分布在风化裂隙中的地下水多数为层状裂隙水，由于风化裂隙彼此相连通，因此，在一定范围内形成的地下水也是相互连通的，其水平方向透水性均匀，垂直方向随深度而减弱，多属潜水，有时也存在上层滞水。如果风化壳上部的覆盖层透水性很差，其下部的裂隙带就有一定的承压性。风化裂隙水主要接受大气降水的补给，常以泉的形式排泄于河流中。

（2）成岩裂隙水。具有成岩裂隙的岩层出露地表时，常赋存成岩裂隙潜水。岩浆岩中成岩裂隙水较为丰富。例如，玄武岩经常发育柱状节理及层面节理，裂隙均匀密集，张开性好，贯穿连通，常形成储水丰富、导水畅通的潜水含水层。成岩裂隙水多呈层状，在一定范围内相互连通。当具有成岩裂隙的岩体被后期地层覆盖时，也可构成承压含水层，在一定条件下可以具有很大的承压性。

（3）构造裂隙水。由于地壳的构造运动，岩石在受挤压、剪切等应力作用下形成构造裂隙，其发育程度既取决于岩石本身的性质，也取决于边界条件及构造应力分布等因素。构造裂隙发育很不均匀，因而构造裂隙水的分布和运动相当复杂。当构造应力分布比较均匀且强度足够时，在岩体中形成比较密集、均匀且相互连通的张开性构造裂隙，赋存层状构造裂隙水；当构造应力分布相当不均匀时，岩体中张开性构造裂隙分布不连续，互不连通，赋存脉状构造裂隙水。具有同一岩性的岩层，由于构造应力的差异，一些地方可能赋存层状裂隙水，另一些地方则可能赋存脉状裂隙水；反之，当构造应力大体相同时，由于岩性变化，裂隙发育不同，张开裂隙密集的部位赋存层状裂隙水，其余部位则为脉状裂隙水。层状构造裂隙水可以是潜水，也可以是承压水。当柔性与脆性岩层互层时，前者构成具有闭合裂隙的隔水层，后者成为发育张开裂隙的含水层。柔性岩层覆盖下的脆性岩层中赋存承压水，而脉状裂隙水多赋存于张开裂隙中。由于裂隙分布不连续，所形成的裂隙各有自己独立的补给源及排泄系统，水位不一致。但是，不论是层状裂隙水还是脉状裂隙水，其渗透性常常显示各向异性。这是因为，不同方向的裂隙，其性质也不同，某些方向上的裂隙张开性好，另一些方向上的裂隙张开性差，甚至是闭合的。

综上所述，裂隙水的存在及其类型、运动、富集等受裂隙发育程度、性质及成因控制，所以，只有具体地研究裂隙发生、发展的变化规律，才能更好地掌握裂隙水的规律性。

7.1.2.3 岩溶水

赋存和运移于可溶岩的溶穴中的地下水称为岩溶水（即喀斯特水）。我国岩溶的分布十分广泛，特别是在南方地区。因此，岩溶水分布很普遍，其水量丰富，对供水极为有利；但对矿床开采、地下工程和建筑工程等都会带来一些危害。岩溶水根据埋藏条件可分为岩溶上层滞水、岩溶潜水及岩溶承压水。

（1）岩溶上层滞水。在厚层灰岩的包气带中，常有局部非可溶的岩层存在，起着隔水作用，在其上部形成岩溶上层滞水。

（2）岩溶潜水。在大面积出露的厚层灰岩地区广泛分布着岩溶潜水。岩溶潜水的动态变化很大，水位变化幅度可达数十米，水量相差可达几百倍。这主要是受补给和径流条件影响，降雨季节水量很大，其他季节水量很小，甚至干枯。

（3）岩溶承压水。岩溶地层被覆盖或岩溶地层与砂页岩互层分布时，在一定的构造条件下，就能形成岩溶承压水。岩溶承压水的补给主要取决于承压含水层的出露情况。岩溶水的排泄多数靠导水断层，经常形成大泉或泉群，也可补给其他地下水。岩溶承压水动态较稳定。岩溶水的分布主要受岩溶作用规律的控制，因此，岩溶水在运动过程中不断地改造着其自身的赋存环境。岩溶发育有的地方均匀，有的地方不均匀。若岩溶发育均匀，又无黏土填充，各溶穴之间的岩溶水有水力联系，则有一致的水位；若岩溶发育不均匀，又有黏土等物质充填，各溶穴之间可能没有水力联系，则有可能使岩溶水在某些地带集中形成暗河，而另外一些地带可能无水。在较厚层的灰岩地区，岩溶水的分布及富水性与岩溶地貌有很大关系。在分水岭地区，常发育着一些岩溶漏斗、落水洞等，构成特殊地形“峰林地貌”，它常是岩溶水的补给区。在岩溶水汇集地带，常形成地下暗河，并有泉群出现，其上经常堆积着一些松散的沉积物。

实践和理论证明，在岩溶地区进行地下工程和地面工程建设，必须弄清岩溶的发育与分布规律，因为岩溶的发育可使建筑工程场区的工程地质条件大为恶化。

7.1.3 与水的储存和容纳及运移有关的岩石性质

岩土的水理性质是指岩石与水作用时所具有的性质，主要有含水性、给水性和透水性。[4]岩土含水的性质称为含水性，通常是表明岩土能容纳和保持水分的多少，即容水度和持水度。

（1）容水度。容水度是指岩土完全饱水时所能容纳的最大的水体积与岩土总体积之比值。容水度在数值上与孔隙度（裂隙率、岩溶率）相当。值得注意的是，膨胀性黏土的容水度大于孔隙度。

（2）含水量。含水量有两种表达形式：重力含水量和体积含水量。重力含水量 W_g 是指松散岩石孔隙中所含的水量 G_w 与干燥岩石质量 G_s 的比值：

$$W_g = \frac{G_w}{G_s} \times 100\% \tag{7-4}$$

体积含水量 W_V 是指含水的体积 V_w 与包括孔隙在内的岩石总体积 V 的比值：

$$W_V = \frac{V_w}{V} \times 100\% \tag{7-5}$$

（3）给水度。地下水位下降一个单位深度，从地下水位延伸到地面的单位水平面积岩石柱体在重力作用下释放的水的体积和疏干体积的比值称为给水度。松散岩土的给水度取决于颗粒的大小、分选、粗细颗粒成层分布状况，以及地下水位下降速度。

（4）持水度。持水度是指地下水位下降时，一部分水由于毛细力的作用保持于空隙中，地下水位下降一个单位深度，单位水平面积岩石柱体中反抗重力而保持于岩石空隙中的水量与疏干体积的比值。给水度与持水度之和为孔隙度。

（5）透水性。岩土的透水性是指岩土允许重力水透过的能力，通常用渗透系数表示。重力水在岩土空隙中流动时，由于结合水与重力水以及重力水质点之间存在着摩擦阻力，最靠近空隙边缘的重力水流速趋于零，向中心流速逐渐增大，至中心部分流速最大。因此，空隙越小，重力水所能达到的最大流速越小，透水性也越差。空隙的大小和多少决定着岩石透水性的好坏，且空隙大小经常起主要作用。例如，砂性土的孔隙度小于黏性土，但透水性（渗透系数）大于黏性土。

7.1.4 含水层和隔水层

饱水带岩土层按其透过和给出水的能力，可以划分为含水层和隔水层。[5]

含水层是指能够透过并给出相当数量的水的岩土层；隔水层则是不能透过并给出水，或者透过和给出水的数量微不足道的岩土层。划分含水层和隔水层的标志并不在于岩土层是否含水，因为自然界中完全不含水的岩土层是不存在的，其关键在于所含水的性质。空隙细小的岩土层（如致密黏土、裂隙闭合的页岩）所含的几乎全是结合水，结合水在通常条件下是不能移动的，这类岩土层实际上起着阻隔水透过的作用，所以是隔水层。而空隙较大的岩土层（如沙砾层、发育溶穴的可溶岩）主要含有重力水，在重力作用下能够透过和给出水，就构成了含水层。

含水层和隔水层的划分是相对的，并不存在截然的界限和绝对的定量标准。从某种意义上讲，含水层和隔水层是相比较而存在的。例如，粗砂岩中的泥质粉砂夹层，由于粗砂的透水和给水能力比泥质粉砂强得多，相对来说，后者就可以视为隔水层；同样的泥质粉砂夹在黏土层中，由于其透水和给水能力均比黏土强，就应当视为含水层。由此可见，同一岩土层在不同条件下可能具有不同的水文地质意义。

含水层和隔水层在一定条件下会发生转化。例如，致密黏土主要含有结合水，透水和给水能力均很弱，通常是隔水层；但在较大水头差作用下，部分结合水也能发生运动，透过和给出一定数量的水，在这种情况下再将其视为隔水层就不恰当了。实际上，黏土层往往在水力条件发生变化不大时，就可以由隔水层转化成含水层。

自然界岩土层的透水性往往还具有各向异性的特征，即沿不同方向岩土层的透水性具有明显的差异。例如，薄层页岩和石灰岩互层的沉积岩，页岩中裂隙闭合，而石灰岩中裂隙张开，因而具有顺层透水、垂直层面隔水的特征。

7.1.5 包气带和饱水带

地表以下一定深度内存在着地下水面。地下水面以上，称为包气带；地下水面以下，称为饱水带。在包气带中，空隙表面吸附着结合水，在细小的空隙中保持着毛细水，空隙未被液态水占据的部分包含空气及气态水。当空隙中的水超过吸附力和毛细力所能支持的量时，剩余的水便以重力水的形式下降。上述所有水统称为包气带水。

包气带自上而下可分为三部分：土壤水带、中间带及毛细水带，如图7－3所示。包气带顶部植被根系活动带发育土壤层，其中所含的水称为土壤水。土壤富含有机质，具有团粒结构，在中间带能以毛细水的形式大量保持水分，维持植物生长。由地下水面上升的形式支持的毛细水，在包气带底部构成毛细水带。毛细水带通常是饱和的，但由于毛细力呈现负压，其压强小于大气压强，故这部分水在重力作用下不能自由运动。

饱水带岩土的空隙全部被液态水充满，既有重力水，也有结合水。由于饱水带中的地下水呈连续分布，能够传递静水压力，因此，在水头差的作用下可以发生连续运动。

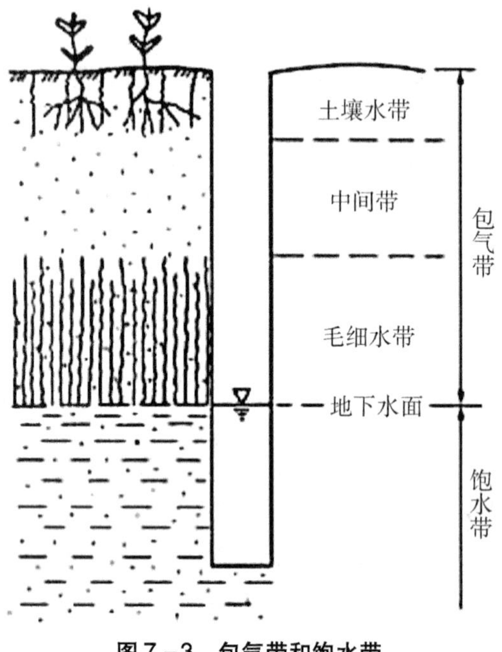

图7-3 包气带和饱水带

7.2 潜水

7.2.1 潜水的概念

潜水是埋藏在饱水带中地表以下第一个具有自由水面的含水层中的重力水，如图7-4所示。一般多储存在第四系松散沉积物中，也可形成于裂隙性或可溶性基岩中。其基本特点是与大气圈和地表水联系密切，积极参与水循环。

潜水的自由水面称为潜水面；潜水面上任何一点的标高称为该点的潜水位；潜水面到地表的垂直距离称为潜水埋藏深度；潜水面到隔水底板的铅直距离称为含水层厚度，它随潜水面的变化而变化；潜水在重力作用下从高处向低处流动，称为潜水流；在潜水流的渗透途径上任意两点的水位差与该两点的水平距离之比，称为潜水流在该处的水力坡度（也称为水力梯度），一般潜水流的水力坡度很小，常为千分之几至百分之几。

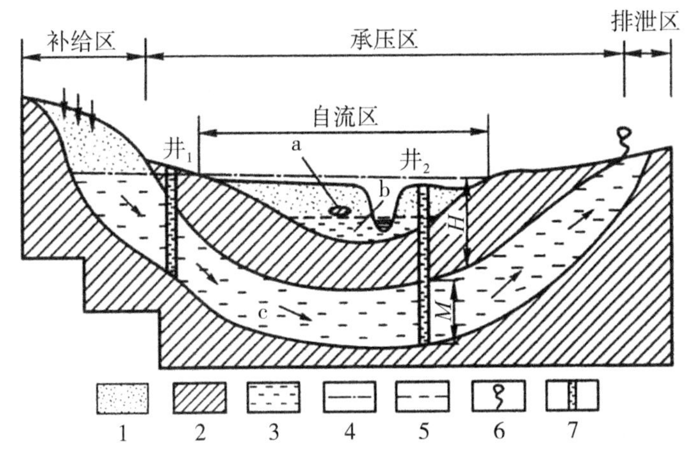

1—透水层；2—隔水层；3—含水层；4—承压水测压水位；5—潜水位；
6—上升泉；7—水井（实线部分表示井壁不进水）；
a—上层滞水；b—潜水；c—承压水；H—承压水头；
M—含水层厚度；井$_1$—承压井；井$_2$—自流井

图7－4　潜水、承压水和上层滞水

潜水含水层的分布范围称为潜水分布区，大气降水或地表水入渗补给潜水的地区称为潜水补给区。一般情况下，潜水分布区与补给区基本一致。潜水流出的地区称为潜水排泄区。潜水的埋藏深度随时间和所处空间的不同而变化，主要受气候、地形及地质构造的影响；同样，人类活动（开采、回灌）也影响潜水的埋藏深度。潜水的补给来源充沛，水量比较丰富，是重要的供水水源；但在工厂和居民区附近易被污染。潜水水质变化较大，湿润气候及切割强烈的地形往往形成含盐量不高的淡水，干旱气候及低平地形常形成含盐量较高的咸水。

7.2.2　潜水面的形状及其影响因素

潜水面的形状是潜水的重要特征之一。它一方面反映外界因素对潜水的影响；另一方面也反映潜水的特点，如流向、水力坡度等。一般情况下，潜水面不是水平的，而是向排泄区倾斜的曲面，起伏大体与地形一致，但较地形平缓。一个地区的潜水，只有获得大气降水入渗补给，并有水文网切割，潜水排泄出地表时才能形成潜水分水岭。潜水分水岭的形状在铅直剖面上为一上拱的半椭圆曲线。潜水分水岭的位置取决于分水岭两侧的河水位，当河水位同高，岩性又均匀时，分水岭在中间；当河水位不同高时，分水岭偏向高水位的一边，甚至可能消失。

潜水面的形状和坡度还受含水层岩性、厚度、隔水底板起伏的影响。当含水层的岩性和厚度沿水流方向发生变化时，潜水的形状和坡度也相应地发生变化。在含水层的透水性减弱或隔水层的厚度增大的地段，潜水流中途受阻，在此地段上水流厚度变薄，潜水面可接近地表，甚至溢出地面成泉。

7.2.3 潜水面的表示方法

潜水面的表示方法有两种：剖面图法（绘制水文地质剖面图）和等水位线图法（绘制等水位线）。

根据等水位线图可以确定潜水流向、潜水水力坡度、潜水与河水的补排关系、潜水埋藏深度、地下水取水工程位置，并推断含水层岩性或厚度的变化。

7.2.4 潜水的补给、径流和排泄

潜水含水层自外界获得水量的过程称为补给。在补给过程中，潜水的水质可随之发生变化。潜水最普遍和最大的补给源是大气降水入渗。地表水的补给常发生在河流的下游或洪水期，地上河的补给则是经常性的。当潜水下部含水层的水位高于潜水水位时，下部含水层的水可以通过它们之间的弱透水层补给潜水，这种补给称为越流补给。在干旱气候条件下，凝结水则是潜水的重要补给源。

潜水由补给区流向排泄区的过程称为径流。影响潜水径流的因素主要是地形坡度、切割程度以及含水层的透水性。地面坡度大，地形切割强烈，含水层透水性强，径流条件就好；反之则差。

潜水含水层失去水量的过程称为排泄。排泄过程中潜水的水质也可随之发生变化。潜水排泄概括起来有两种方式：水平方向排泄和垂直方向排泄。排泄方式不同，引起的后果也不一样。垂直排泄时，只排泄水分，不排泄水中的盐分，结果导致潜水水分消耗，含盐量增加，矿化度升高，甚至改变水的化学类型。许多干旱盆地中心形成高矿化的氯型水，就是垂直排泄的结果。水平排泄既消耗水分又消耗水中的盐分，所以不会引起潜水化学性质的改变。

排泄与径流两者是密切相关的，一定径流条件的产生与其排泄方式相适应，如径流条件好的山区或河流中上游地区，潜水排泄以水平方式为主；径流条件不好的平原或河流下游地区，主要是垂直排泄。另外，人工抽取潜水也是一种排泄。

潜水的补给、径流、排泄组成了潜水的运动过程。潜水在运动过程中，其水质、水量都不同程度地得到更新置换，这种更新置换称为水交替。水交替随地层深度的增加而减缓。

7.3 承压水

7.3.1 承压水的概念

承压水是充满于两个稳定隔水层之间的含水层中具有静水压力的重力水。[5]若地下水未充满含水层，则称为无压层间水。承压水有上下两个稳定的隔水层，上面的称为隔水顶板，下面的称为隔水底板。顶、底板之间的垂直距离为含水层的厚度。（图 7 –4）

打井时，若未揭穿隔水顶板，则见不到承压水。揭穿顶板后，水位将上升到含水层顶板以上某高度后稳定下来。稳定水位高出含水层顶板底面的距离称为承压水头。井中稳定水位的高程称为含水层在该点的测压水位（又称为承压水位）。当测压水位高出地表时，可自喷形成自流水。

由于承压含水层上覆有稳定的隔水层，故与潜水不同。承压水的分布区与补给区不一致，不能直接接受大气降水或地表水的补给；承压水的水质、水量、水温受气候影响较小，随季节变化不明显；承压水不易受污染，稳定水位高于初见水位。

7.3.2 承压水蓄水构造

蓄水构造（又称为储水构造）是指能够储存地下水的地质构造，即含水层与隔水层相互组合而形成的储存地下水的地质环境。承压水蓄水构造分为补给区、承压区、排泄区三个组成部分，如图 7 –4 所示。

7.3.3 承压水的补给、径流和排泄

承压水的补给区直接裸露于地表，接受降水的补给。只有当补给区有地表水体时，地表水才可能补给承压水。补给的强弱取决于补给区分布范围、岩石透水性、降水特征、地表水流量等因素。

承压水的径流条件取决于地形、含水层透水性、地质构造及补给区与排泄区的承压水位差。承压含水层的富水性与含水层的分布范围、深度、厚度、透水性、补给来源等因素密切相关。

承压水的排泄有如下形式：当承压含水层的排泄区直接裸露于地表时，便以泉的形式排泄并补给地表水；当承压水位高于潜水位时，可排泄于潜水成为潜水的补给源。

由于承压水形成条件不同，故水质变化较为复杂。在同一个大型构造盆地的含水层中，可出现矿化度小于 1 g/L 的淡水、数十到数百克/升的咸水和卤水以及高温热水，使得承压水有多方面的利用价值。

7.3.4 承压水面的特征

承压水面即承压水的水压面，简称水压面。它与潜水面不同，潜水面是一实际存在的面，而承压水面是一个势面。承压水面的深度并不反映承压水的埋藏深度。承压水面的形状在剖面上可以是倾斜直线，也可以是曲线。

承压水面的表示方法是根据同一时间测定的各井孔的测压水位标高资料绘制出来的等水压线图，即测压水位标高相同点的连线。等水压线形状与地形等高线形状无关。利用等水压线图可确定承压水流向、水力坡度，若在等水压线图上同时附有地形等高线和隔水顶板等高线，则可确定承压水的埋藏深度和承压水头。根据这些数据可选择开采承压水的适宜地段。

课外阅读

《1986 年 12 月 6 日，泥沙学家钱宁逝世》，见新浪读书，https：//history. sina. com. cn/today/2010 - 12 - 01/1605280684. shtml，2010 - 12 - 01。

练习题 7

1. 地下水按埋藏条件有哪些类型?
2. 影响孔隙度的因素有哪些?
3. 名词解释：潜水、承压水。
4. 潜水面的表示方法有哪些?

本章参考文献

[1] 李伍平. 工程地质学 [M]. 长沙：中南大学出版社，2016.

[2] 琚晓冬. 工程地质 [M]. 北京：清华大学出版社，2019.

[3] 戴文亭. 土木工程地质 [M]. 2 版. 武汉：华中科技大学出版社，2013.

[4] 赵树德. 土木工程地质 [M]. 北京：科学出版社，2009.

[5] 臧秀平. 工程地质 [M]. 3 版. 北京：高等教育出版社，2016.

8 地下水运动的基本规律

从广义角度讲，地下水的运动包括包气带水的运动和饱水带水的运动两大类。尽管包气带与饱水带具有十分密切的联系（例如，饱水带往往是通过包气带接受大气降水补给的），但是在土木工程实践中，掌握饱水带重力水的运动规律具有更大的意义。

地下水在岩石空隙中的运动称为渗流或渗透。发生渗流的区域称为渗流场。由于受到介质的阻滞，地下水流的运动比地表水缓慢。在岩层空隙中渗流时，水的质点做有秩序的、互不混杂的流动，称为层流运动。在具狭小空隙的岩土（如砂、裂隙不大的基岩）中流动时，重力水受到介质的吸引力较大，水的质点排列较有秩序，故做层流运动。若水的质点做无秩序的、互相混杂的流动，则称为紊流运动。做紊流运动时，水流所受阻力比层流状态时的大，消耗的能量较多。在宽大的空隙中，水的流速较大时，容易做紊流运动。[1]

8.1 流网

工程中涉及的许多渗流问题都为二维或三维问题。在一些特定条件下，三维问题可以简化为二维问题（即平面渗流问题），典型的如关于坝基、河滩路堤及基坑挡土墙等的问题，即假定在某一方向的任一断面上其渗流特性是相同的。然而，一般而言，渗流问题的边界条件往往是十分复杂的，很难给出其严密的数学解析解，为此可采用电模拟试验法或图绘流网法，也可以采用有限元法等数值计算手段。[2] 其中，图绘流网法直观明了，而且其精度一般能够满足实际需要，在工程中有着广泛的应用。

在渗流场中，由流线和等水头线组成的网格称为流网。流线是在给定时刻的渗流场中绘制的一些曲线，曲线上各点处的渗流速度向量均与该点处的曲线相切，所以，流线上任一点表征渗流的运动方向；渗流场中水头值相等的各点连成的面称为等水头面，等水头面就是过水断面，它在剖面上表现为等水头线。根据流线与等水头线的定义可知，在各向同性含水层中，流线与等水头线必定正交。

迹线是表示同一质点在不同时间的运动轨迹。应当注意，不能把流线与表示质点运动轨迹的迹线相混淆，二者是不同的概念。一般情况下，流线与迹线不一致，迹线是对水质点运动所拍的“录像”；但在稳定流条件下，二者一致。

8.1.1　均质各向同性介质中的流网及其绘制

8.1.1.1　二维流网图

（1）平面流网：包括潜水等水位线图、承压水等测压水位线图（或等水压线图）。

（2）剖面流网：当含水量较大时，常需要进行剖面的水流。

8.1.1.2　流网的特点

（1）在均质各向同性介质中，流线与等水头线正交；在均质各向异性介质中，流线与等水头线斜交。

（2）流网是按一定规则绘制的，包括流线（相邻两条流线之间通过的流量相等）、等水头线（根据等水头差绘制）。

在绘制流网的过程中，我们需要考虑边界条件、流线的起止点和地下分水线等问题。

8.1.1.3　流网的绘制方法

均质各向同性介质中流网的绘制方法如下：

（1）寻找已知边界条件［定水头边界、湿周（指过流断面上流体与固体壁面接触的周界线）、隔水边界、地下水面边界］，绘制容易确定的流线和等水头线。

（2）确定分水线、源、汇。

（3）画出渗流场周边的流线与条件。

（4）中间内插，即根据流线与等水头线正交的原则，在已知流线和等水头线间插补其余部分。

8.1.1.4 流网的应用

流网反映了渗流场中地下水的流动状况，同时也是介质场与势场的综合反映。[2]它提供了如下信息：

（1）可以确定任一点的水头值 H，并了解其变化规律。

（2）可以确定水力坡度 i 的大小及其变化规律。

（3）可以确定渗流速度 v 的大小及其变化规律。

（4）可以确定渗流场内的流量分布情况（如确定如何打井水，井布置在何处；追踪溶质中污染物的运移；根据某些矿体溶于水的标志性成分的浓度分布，结合流网分析，确定深埋于地下的盲矿体的位置）。

（5）可以确定水质点的渗流途径及长短，当流线与迹线重合时，流线近似于水质点的运移轨迹。

8.1.2 层状非均质介质中的流网

层状非均质是指介质场内各岩层内部介质的渗透性相同，而不同层介质的渗透性不同。[3]地下水在层状非均质介质中运动，当水流通过渗透系数突变的界面时，流线会发生折射。

8.2 达西定律

渗流或渗透是地下水在多孔介质中的运动。达西（H. Darcy）是法国水力学家，他于1856年通过大量的室内渗流实验（图8－1）得出渗流基本定律，即达西定律：

$$Q = KA\frac{H_1 - H_2}{L} = KAi \tag{8-1}$$

式中：Q 为单位时间内的渗透流量（出口处流量即为通过沙柱各断面的流量，单位为 m^3/d）；A 为过水断面面积（单位为 m^2）；H_1 为上游过水断面

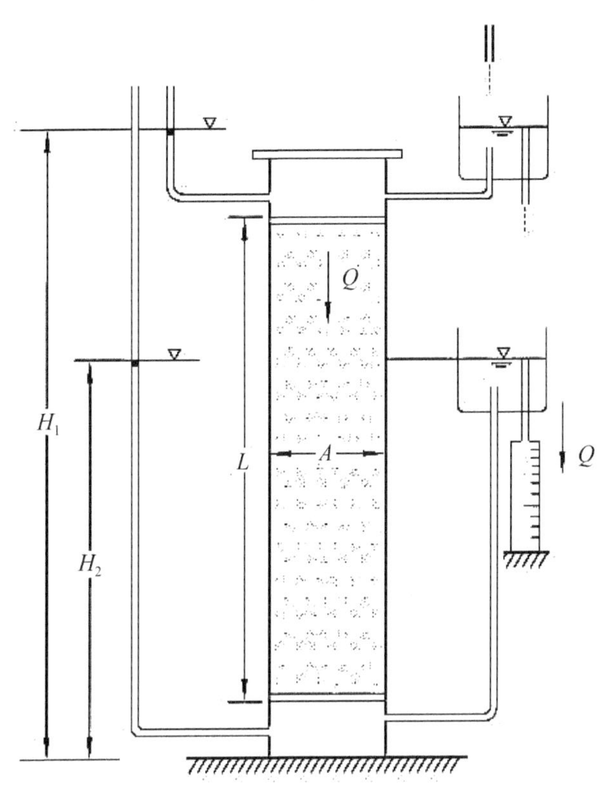

图8－1 渗流实验装置

的水头（单位为 m）；H_2 为下游过水断面的水头（单位为 m）；L 为渗透途径（上下游过水断面的距离，单位为 m）；i 为水力坡度（即水头差除以渗透途径长度）；K 为渗透系数（单位为 m/d）。

由水力学知识可知，通过某一断面的流量 Q 等于流速 v 与过水断面面积 A 的乘积，即：

$$Q = Av \tag{8-2}$$

据此，达西定律也可以表达为另一种形式：

$$v = Ki \tag{8-3}$$

式中：v 为渗流速度；其余各项意义同前。由式（8－3）可知，地下水的渗流速度与水力坡度成正比，这就是线性渗流定律。

当水在砂土中流动时，达西公式是正确的，如图8－2所示，地下水的渗流速度符合达西定律。达西定律只适用于雷诺数（雷诺数是流体惯性力与黏性力比值的量度，它是一个无量纲数）不大于10的地下水层流运动。在自然条件下，地下水流动时阻力较大，一般流速较小，绝大多数属层流运动；但在岩石的洞穴及大裂隙中，地下水的运动多属于非层流运动。[3]

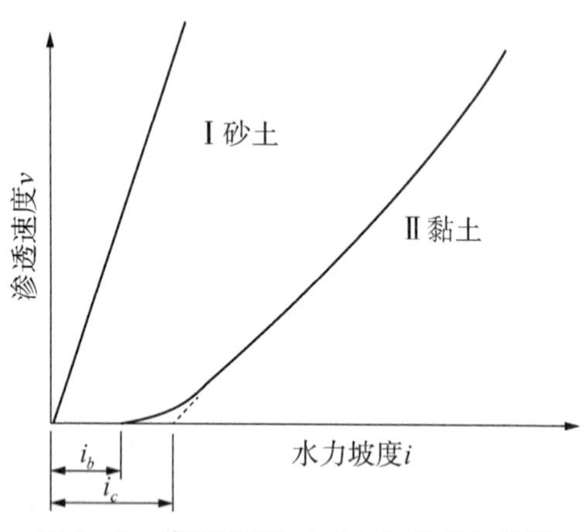

图8－2　渗流速度与水力坡度的关系曲线

1. **渗流速度 v**

在式（8－2）中，过水断面面积 A 包括岩土颗粒所占据的面积及空隙所占据的面积，而水流实际通过的过水断面面积 A_1 为空隙所占据的面积，即：

$$A_1 = An \tag{8-4}$$

式中：n 为空隙度。

由此可知，v 并非地下水的实际流速，而是假设水流通过整个过水断面（包括颗粒和空隙所占据的全部空间）时所具有的虚拟流速。

2. **水力坡度 i**

水力坡度为沿渗流途径的水头损失与相应渗透途径长度的比值，也称为水力梯度。当地下水在空隙中运动时，受到空隙壁以及水质点自身的摩阻力，要克服这些阻力，保持一定的流速，就要消耗能量，从而出现水头损失。所以，水力坡度可以理解为水流通过某一长度渗流途径时，为克服阻力、保持一定流速所消耗的以水头形式表现的能量。

3. **渗透系数 K**

从达西定律 $v=Ki$ 可以看出，水力坡度 i 是无因次的，故渗透系数 K 的因次与渗流速度相同，一般采用m/d或cm/s为单位。令 $i=1$，则 $v=K$，即渗透系数为水力坡度等于1时的渗流速度。当水力坡度为定值时，渗透系数越大，渗流速度就越大；当渗流速度为一定值时，渗透系数越大，水力坡度就越小。由此可见，渗透系数可定量地说明岩土的渗透性能。渗透系数越大，岩土的透水能力越强。K 值可在室内做渗透试验测定或在野外做抽水试验测定。其大致数值见表 8 - 1。

表 8 - 1　岩石的渗透系数参考值

单位：m/d

名称	渗透系数
黏土	<0.005
亚黏土	0.005～0.1
轻亚黏土	0.1～0.5
黄土	0.25～0.5
粉砂	0.5～1
细砂	1～5
中砂	5～20
均质中砂	35～50
粗砂	20～50
圆砾	50～100
卵石	100～500
无充填物的卵石	500～1000
稍有裂隙的岩石	20～60
裂隙多的岩石	>60

课外阅读

《张光斗》，见中国水力发电工程学会，http://www.hydropower.org.cn/showSdRwNewsDetail.asp?nsId=17974，2016-03-04。

练习题 8

1. 阐述流网的绘制方法。

2. 流网的定义是什么？其特点是什么？

3. 名词解释：达西定律、渗流速度、水力坡度。

本章参考文献

[1] 赵成刚，白冰. 土力学原理 [M]. 北京：清华大学出版社，2004.

[2] 下游船只基本疏通　16 日 12 时起封闭梧州西江大桥北侧通航桥孔 [EB/OL]. (2009 - 11 - 17) [2021 - 02 - 04]. http：//www. wzljl. cn/content/2009 - 11/17/content_12022. htm.

[3] 代革联. 对水力梯度的理解及其应用分析 [J]. 西北地质，1997 (4)：102 - 105.

9　包气带水以及地下水的补给与排泄

9.1　包气带水

9.1.1　毛细现象及其实质

9.1.1.1　毛细现象

将一根玻璃毛细管插入水中，毛细管内的水面即会上升到一定高度，这便是发生在固、液、气三相界面上的毛细现象[1]，如图 9 - 1 所示。

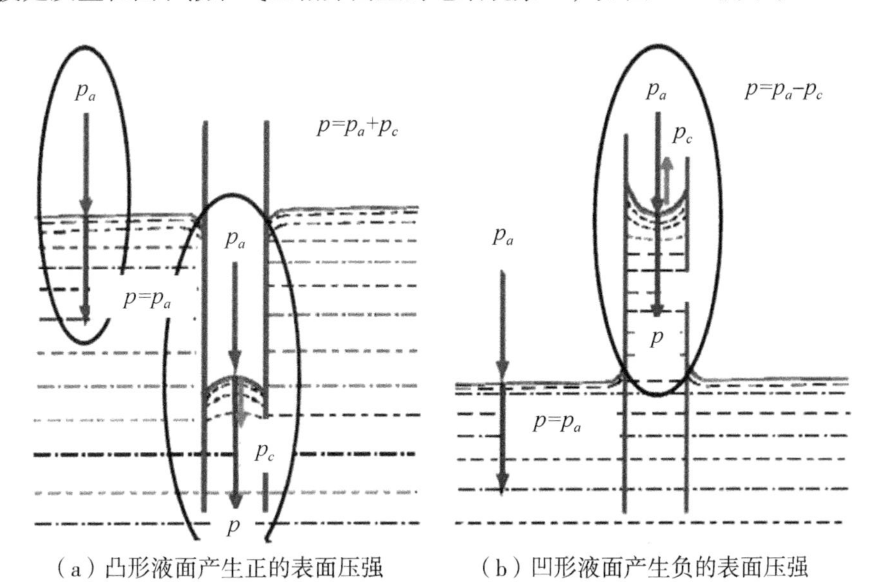

（a）凸形液面产生正的表面压强　　（b）凹形液面产生负的表面压强

p—实际表面压强；p_a—初始表面压强；p_c—附加表面压强

图 9 - 1　毛细现象与附加表面压强

9.1.1.2 毛细现象的实质

毛细现象的产生与表面张力有关。任何液体都有力图缩小其表面的趋势。一滴液滴总是力求成为球状，即同体积的液体表面积最小的形状。

设想在液面上画一条长度为 L 的线段，此线段两边的液面以一定的力 f 相互吸引，力的作用方向平行于液面而与此线段垂直，力的大小与线段长度成正比，此即表面张力，表示为：

$$f = \alpha L \tag{9-1}$$

式中：α 为表面张力系数，单位为 dyn/cm（1dyn/cm = 0.001 N/m）。

9.1.1.3 附加表面压强

由于表面张力的作用，弯曲的液面对液面内的液体产生附加表面压强 p_c，如图 9 – 2 所示。

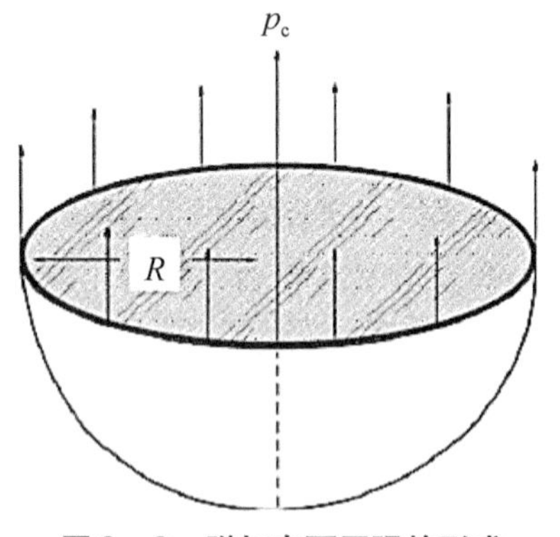

图 9 –2　附加表面压强的形成

（1）半圆球形液面。设想切取一个半径为 R 的半圆球形液面，液面的圆周状边线上都存在着指向液层内部的表面张力，垂直于面积为 πR^2 的投影圆面。则表面张力所引起的附加表面压强 p_c 为：

$$p_c = \frac{\alpha \cdot 2\pi R}{\pi R^2} = \frac{2\alpha}{R} \tag{9-2}$$

（2）实际表面压强。平的液面不产生附加表面压强，即 $p = p_a$；而弯曲的液面产生附加表面压强 p_c。当液面为凸形时，附加表面压强是正的，如图 9 – 1（a）所示，即：

$$p = p_a + p_c \tag{9-3}$$

当液面为凹形时，附加表面压强是负的，如图 9-1（b）所示，即：

$$p = p_a - p_c \tag{9-4}$$

（3）任何形状的弯液面。任何形状的弯液面所产生的附加表面压强都可以用拉普拉斯公式表示：

$$p_c = \alpha\left(\frac{1}{R_1} + \frac{1}{R_2}\right) \tag{9-5}$$

式中：α 为表面张力系数；R_1、R_2 为液体表面的两个主要曲率半径。拉普拉斯公式的含义是：弯曲的液面将产生一个指向液面凹侧的附加表面压强，附加表面压强与表面张力系数成正比，与表面曲率半径成反比。

9.1.1.4 毛细负压

毛细管在水中的凹形弯液面产生的附加压强 p_c 是个负压强，称为毛细负压（或毛细压强）。由于表面张力的作用，凹形弯液面的水要比平的液面小一个相当于 p_c 的压强；或者说，凹形弯液面下的水存在一个相当于 p_c 的真空值。若将 p_c 换算为水柱高度（以 m 为单位），并以 h_c 表示，则：

$$h_c = \frac{p_c}{\rho g} = \frac{4\alpha}{\rho g D} \approx \frac{0.03}{D} \tag{9-6}$$

式中：ρ 为水的密度；g 为重力加速度；D 为毛细管直径（单位为 mm）；α 为表面张力系数。上式表明，毛细上升高度 h_c 与毛细直径成反比，此即茹林定律。

9.1.1.5 饱水带和包气带

饱水带（即饱和带）-包气带（即非饱和带）地下水运动时，总水头 H（总水势）可表示为位置水头（重力势）Z 和压力水头（压力势）h_p 之和，即 $H = Z + h_p$，如图 9-3（a）所示。饱水带地下水面以下的压力水头为正，$h = h_p$；包气带压力水头为负，$h = -h_c$；潜水面处的压力水头为零。

包气带毛细负压用张力计测定。如图 9-3（b）所示，张力计是一端带有陶土多孔杯的充水弯管，多孔杯充水后透水而不透气。将此多孔杯插入土中，经过一定时间，张力计中的水与土中的水达到水力平衡，在弯管开口部分显示一个稳定的水位。此水位到放置多孔杯处的垂直距离就是毛细压头 h_c（负的压力水头称为毛细负压）：

$$H = Z - h_c \tag{9-7}$$

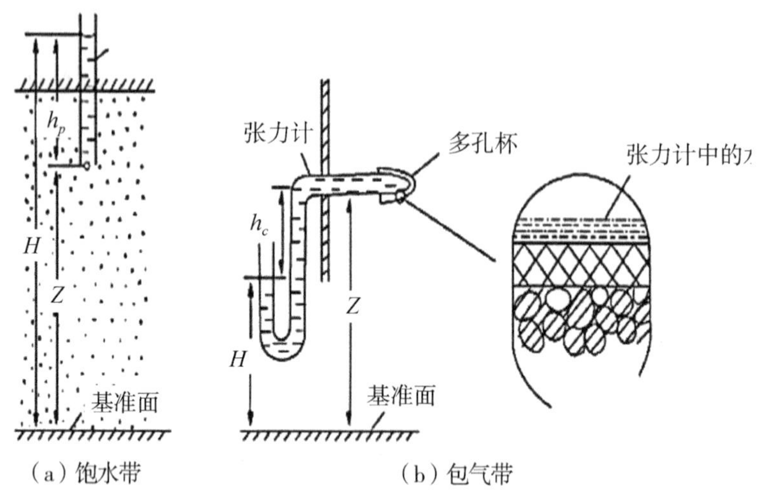

（a）饱水带　　（b）包气带

图9－3　饱水带和包气带的压力测定

9.1.2　土壤水势及其组成

土壤水势指单位数量的水所具有的能量与其在参照条件下所具有的能量之差。总水势包括重力势、压力势、基质势、溶质势等。[2]

9.1.2.1　重力势

重力势 Z 即位置势能，源于重力场，是在恒温条件下将物体从基准面移至某一高于基准面的位置时，需要克服由于地球引力产生的重力作用而做功。在基准面以上，深度 z 的单位质量的水所具有的重力势能为 $\rho g = Z$；反之，在基准面以下，深度 z 的重力势能为 $\rho g = -Z$。

9.1.2.2　压力势

压力势即相对于大气压力（参照零点）所存在的势能差。在潜水面处，水的压力势为0（压强为大气压强）；在潜水面以下饱水带区的静水压力为正值；在潜水面以上包气带区水的压力势为负值，常称为毛细管势，对应于前文讨论的毛细负压水头。

9.1.2.3 基质势

基质势是由包气带（土壤）基质对水的吸附力和毛细力产生的。这种力将水束缚在土壤中，使土壤水的势能低于自由水（参照状态）的势能。基质势只有在包气带固、液、气三相并存时才存在，其大小与岩性、含水量状况有关。饱水带的基质势为零。

9.1.2.4 溶质势

溶质势是溶质溶于水后，因溶质对水分子的吸引力降低了土壤溶液的势能，当土－水系统中存在半透膜（只允许作为溶剂的水通过而不允许盐类等溶质通过的材料）时，水将通过半透膜扩散到溶液中去，这种溶液与纯水之间存在的势能差称为溶质势，也称为渗透势。

溶质势只有在半透膜存在的情况下才起作用。土壤中一般不存在半透膜，因此，土壤水中溶质的存在并不会显著影响土壤水分的运动。植物根系存在不完全半透膜，考虑植物根系吸水问题时，溶质势的作用不可忽略。只有当土壤溶液的势能高于根内势能时，植物根系才能吸收土壤水；否则，植物根系将不能吸水，甚至根茎内水分还会被土壤吸取。

一般情况下，研究饱水带时主要考虑重力势和压力势（静水压力），研究包气带时主要考虑重力势和毛细管势，研究植物根系吸水时需要考虑溶质势。

9.1.3 包气带水的分布与运动规律

9.1.3.1 包气带水的垂向分布特征

在理想条件下，即无蒸发、无下渗条件下，包气带分布稳定。图9－4为均质土包气带水分布。其垂向分布包含三个分布带：

（1）残留水量带（结合水、孔角毛细水、部分悬挂毛细水），为反抗重力保持于土中的最大持水。

（2）支持毛细水非饱和带（即有管径细小的水上来）。

（3）毛细水饱和带（即张力饱和带，区别于饱水带）。

毛细水饱和带与饱水带相比，相同点是两者均为孔隙被水填充饱和，水运动可用达西定律描述。不同点是毛细水饱和带为表面张力作用，而饱水带

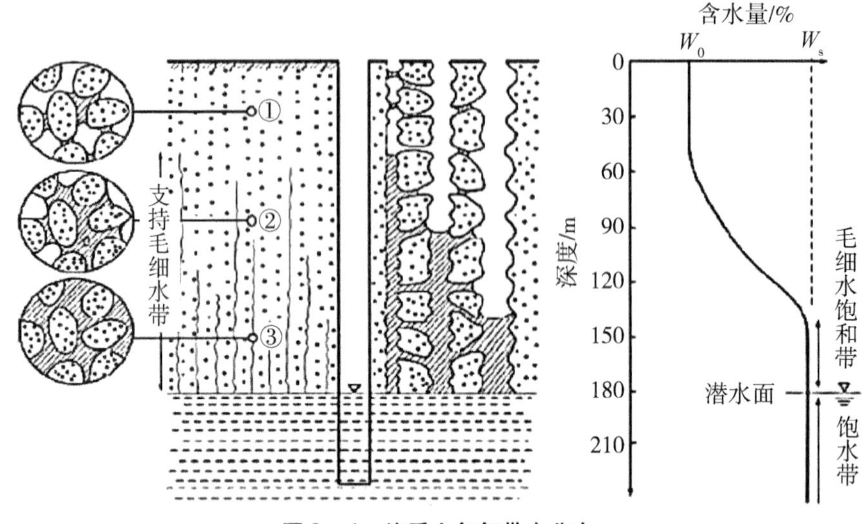

图9－4 均质土包气带水分布

为重力作用。

饱水带中，对于任一特定的均质土层，渗透系数 K 是常数。

包气带中，渗透系数 K 随含水量降低而迅速变小，K 也是关于含水量的函数：$K = K(W)$。渗透系数 K 与含水量呈非线性关系，其原因主要有：

（1）含水量降低，实际过水断面随之减小。

（2）含水量降低，水流实际流动途径的弯曲程度增加。

（3）含水量降低，水流在更窄小的孔角通道及孔隙中流动，阻力增加。

9.1.3.2 包气带水运动的基本定律

（1）运动定律。包气带水的非饱和流动仍可用达西定律描述。做一维垂直下渗运动时，渗流速度可表示为：

$$v_z = -K(W)\frac{\partial H}{\partial z} \tag{9-8}$$

（2）运动速度。降水入渗补给均质包气带，在地表形成一极薄水层（其厚度可忽略），当活塞式下渗水的前锋到达深处 z 时，位置水头为 $-z$（以地面为基准，向上为正），前锋处弯液面造成的毛细压力水头为 $-h_c$，如图9－5所示。则任一时刻 t 的入渗速率，即垂向渗流速度 v_t 为：

$$v_t = K\frac{h_c + z}{z} = K\left(\frac{h_c}{z} + 1\right) \tag{9-9}$$

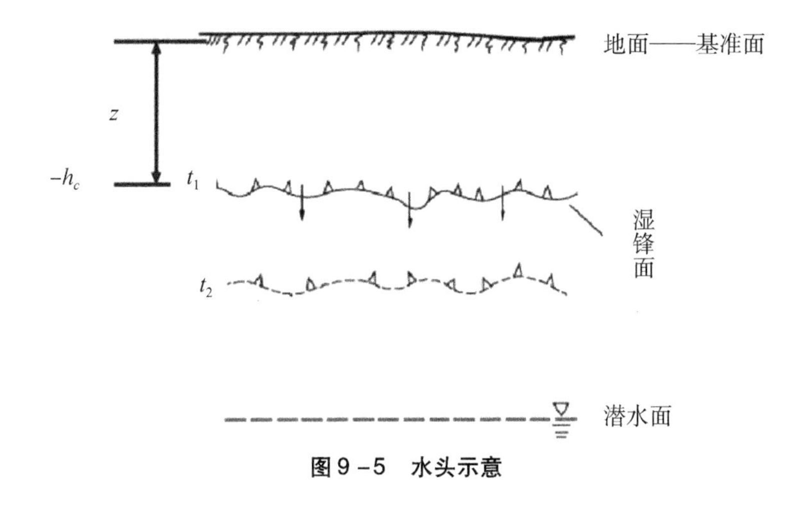

图 9-5　水头示意

式中：z 为水头距地面的深度；K 为渗透系数；h_c 为毛细压力水头。

（3）运动特点。与饱水带水的运动相比，包气带水的运动有以下三点不同：①饱水带存在重力势与压力势，包气带则存在重力势与毛细管势；②饱水带某点的压力水头与含水量无关，包气带的压力水头则是关于含水量的函数；③饱水带的渗透系数是个定值，包气带的渗透系数随含水量的降低而变小。

毛细上升速度具有不均匀性，开始时上升速度快，以后逐渐减慢，直到停止。毛细空隙越大，毛细上升速度越慢；毛细空隙越小，毛细上升速度越快；毛细水可以上升的最大高度 h_{max} 就等于该毛细管可以产生的最大毛细压力水头 h_c。表 9-1 为土的最大毛细上升高度。

表 9-1　土的最大毛细上升高度（据西林-别克丘林，1958）

土的类型	最大毛细上升高度/cm
粗砂	2～5
中砂	5～12
细砂	35～70
粉砂	70～150
黏性土	200～400

9.1.3.3 包气带水的数量与能量的关系

土壤水负压（或基质势）表征包气带土壤水的能量状态，土壤含水量表征土壤水的数量。土壤水分特征曲线或持水曲线反映了土壤水的能量与数量呈非线性关系。[3] 土壤含水量越大，负压绝对值越小。排水过程的水分特征曲线如图 9－6 所示，其中，W_{01}、W_{02} 为残留含水量；n_1、n_2 为孔隙度；h_{cc1} 为分选性好的土进气值，h_{cc2} 为分选性差的土进气值。

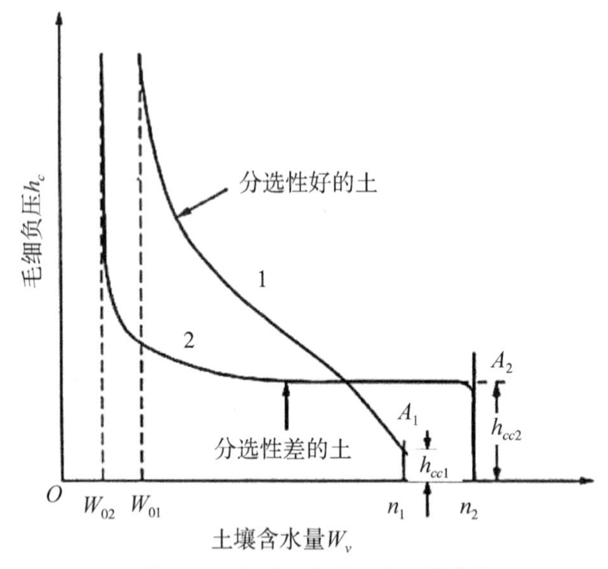

图 9－6 排水过程的水分特征曲线

土壤水分特征曲线（图 9－7）可反映不同土壤的持水和释水特性，也可从中了解给定土类的一些土壤水分常数和特征指数。实际上，土壤水分特征曲线不是一个单值函数曲线，相同负压下，排水状态的土壤水分含量大于吸水状态的土壤水分含量，存在着排水滞后现象，如图 9－7 所示；相同含水量时，排水状态排水所需的压力更大。排水状态所需的压力取决于孔喉直径（较小孔径），吸水状态所需的压力取决于孔腹直径（较大孔径）。

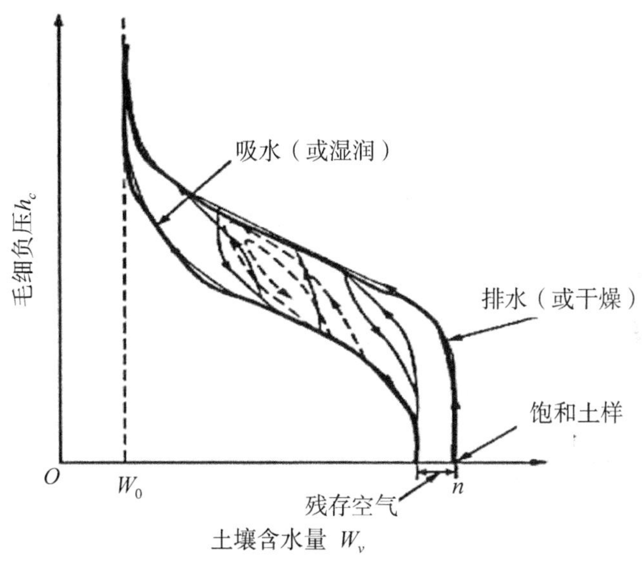

图 9－7　土壤水分特征曲线的滞后现象

9.1.4　涉及包气带水的主要领域

（1）水文学与水文地质学。包气带是水文循环的重要环节。为了正确评价一个流域或地区的水资源，水文学家和水文地质学家通常要研究大气降水—地表水—土壤水—地下水的相互转化关系，如降水入渗补给、蒸腾、蒸发等过程及其定量表达。

（2）农田水利工程。研究包气带水，旨在查明农田水分状况和水盐运动规律，为调控农田水分养分状况拟定合理的节水灌溉制度、科学的灌水与施肥方式，为改良盐碱地和冷浸田拟订农田排水方案。

（3）岩土工程。研究包气带，主要是研究非饱和土的物理力学性质和物理化学性质，为岩土工程建设服务。

（4）环境科学与工程领域。研究包气带，主要是查明污染物在包气带的输运、转化与储存机理，为开展污染的土壤修复、核废物处理、生态建设等环境保护和修复工作服务。

9.2 地下水的补给与排泄

地下水是通过补给与排泄两个环节参与自然界的水文循环的。这两个环节是含水层与外界发生联系的两个作用过程。地下水通过补给、径流与排泄，不断参与水文循环并与外界进行物质和能量交换，保持生生不息的循环交替，支撑相关的水文系统和生态环境系统的运行。[4]

根据地下水循环的位置，可分为补给区、径流区、排泄区。补给区是含水层出露或接近地表接受大气降水和地表水等入渗补给的地区。径流区是含水层中的地下水从补给区至排泄区的流经范围。排泄区是天然条件下含水层或含水系统中的地下水向外界排泄的区域。如图 9－8 所示。

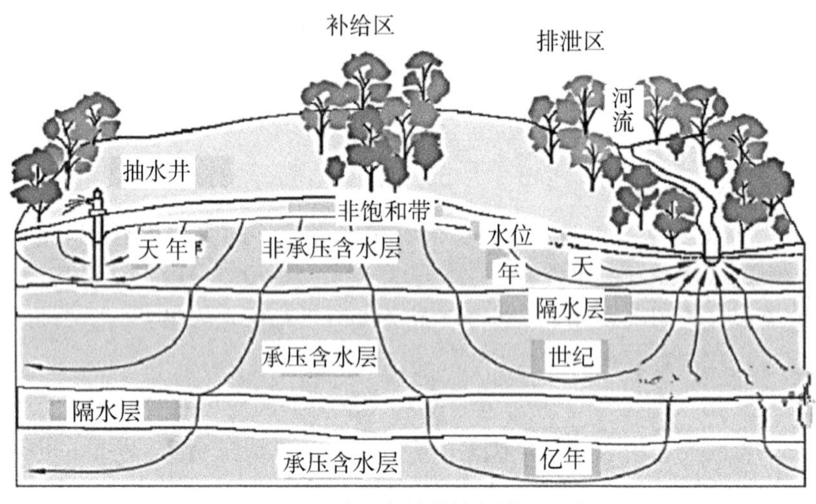

图 9－8 地下水的补给与排泄示意

9.2.1 地下水的补给

9.2.1.1 地下水补给的定义、特征

补给是地下含水层或含水系统从外界获得水量的过程，水量增加的同

时，盐量、能量等也随之增加。补给使含水层的水量、水化学特征和水温发生变化，使含水层或含水系统的地下水位上升，增加了势能，地下水保持不停地流动。如果构造封闭或气候干旱，得不到补给，地下水的流动将停滞。对地下水的研究包括对补给来源、补给条件及补给量的研究。

地下水的补给来源有：①天然补给，包括大气降水、地表水、凝结水及相邻含水层的补给等；②与人类活动有关的补给，如灌溉水入渗、水库渗漏及人工回灌。

9.2.1.2 大气降水补给地下水

1. 大气降水入渗机制

包气带是降水对地下水补给的枢纽，包气带的岩性结构和含水量状况对降水入渗补给起着决定性作用。目前认为，松散沉积物的降水入渗有两种方式：活塞式入渗（均质砂土）和捷径式入渗（黏性土介质）。

（1）活塞式入渗（均质砂土）。活塞式入渗是指入渗水的湿锋面整体向下推进，就像活塞的运移一样，如图 9－9 所示。在降水初期 t_1，土层干燥，吸水能力很强，雨水下渗快，此阶段称为渗润阶段；当降水延续到时间 t_2 时，土层达到一定的含水量，毛细力与重力共同作用，下渗趋于稳定，此阶段称为渗漏与渗透阶段；随着降水持续，当土层湿锋面推进到支持毛细水带时，含水量获得补给，潜水位上升。

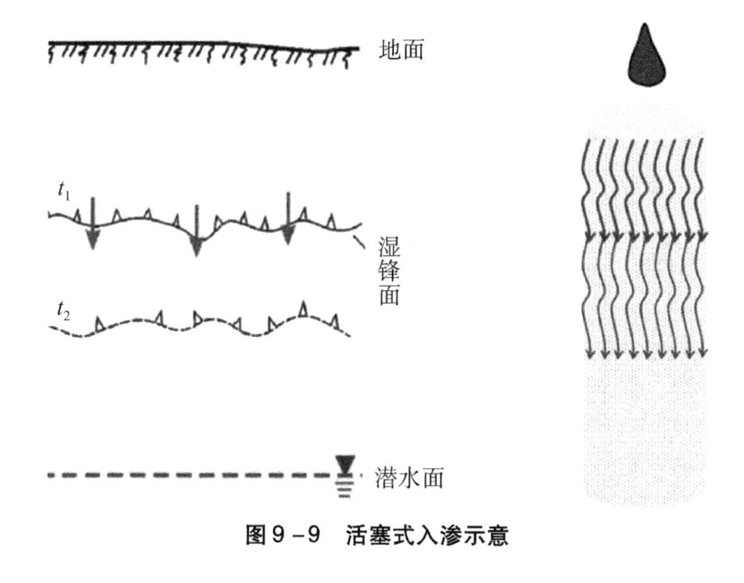

图 9－9 活塞式入渗示意

（2）捷径式入渗（黏性土介质）。捷径式入渗是指由于存在水分运移的大空隙通道（根孔、虫孔、裂缝等），入渗水流沿着该通道下渗，优先达到地下水面的过程，如图 9－10 所示。捷径式入渗与活塞式入渗的主要区别在于，捷径式入渗新水可以超过老水，优先到达含水层，且捷径式入渗不必等到包气带达到饱和即可补给下方含水层。

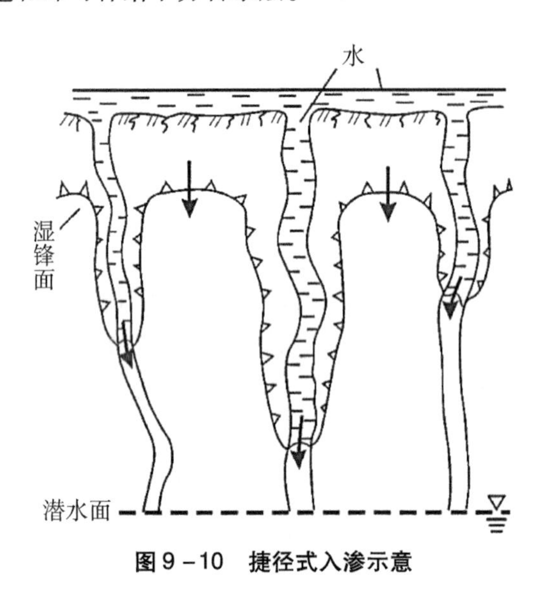

图 9－10　捷径式入渗示意

2. 大气降水补给地下水的影响因素

降水有三个去向：转化为地表径流、蒸发返回大气圈和下渗补给含水层，如图 9－11 所示。

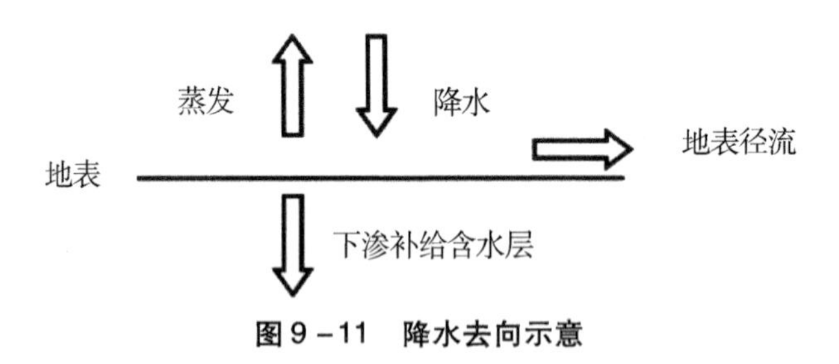

图 9－11　降水去向示意

入渗水补足水分亏缺后继续下渗，到达含水层时，降水入渗补给地下含水层水量 q_p 为：

$$q_p = q - D - \Delta s \qquad (9-10)$$

式中：q 为年总降水量；D 为地表径流量；Δs 为包气带水分滞留量。

大气降水入渗的影响因素主要有：①降水强度、年总降水量和降水特征。若降水强度小且持续时间短，则不利于入渗补给。②包气带岩性及厚度。其透水性好，则入渗大。③地形因素。坡度越大，转为地表径流的降水越多；地形平坦，降水形成的坡流流动缓慢，入渗时段延长，转为地下水的部分就越多。④植被。植被阻止了部分地表径流，林下土壤有机质多，结构性好，树木根系使表土透水性加强，落叶则保护了土壤结构免遭受雨滴的破坏。⑤地下水埋深。地下水埋藏深度越浅，毛细水饱和带则越接近地面，降水转化为地表径流的量就越多，降水入渗系数就越小。地下水接受降水补给的最佳深度为 2.0～2.5 cm。

9.2.1.3 地表水对地下水的补给

地表水对地下水的补给来源主要是地表水体（河、湖、水库等）。在空间上，其补给机制随着部位和岩石性质的不同而不同；在时间上，随着季节的不同，其补给和排泄方式也存在着不同。

1. 河流补给地下水

河流补给地下水时，补给量的大小取决于下列因素：

（1）河床的渗透性（渗透系数）。

（2）河流与地下水有联系部分的长度及河床浸水周界（过水断面）。

（3）河水位与地下水位的高差（水力坡度）。

（4）河床过水时间。

地表水补给地下水必须具备两个条件：①地表水水位高于地下水；②二者之间存在水力联系。

2. 我国北方的间歇性河流补给过程

间歇性河流补给地下水过程有三个阶段：

（1）汛期开始时，河水浸湿包气带并发生垂直下渗，使河下潜水面形成水丘，如图 9－12（a）所示。

（2）河水不断下渗，水丘逐渐抬高与扩大，与河水连成一体，如图 9－12（b）所示。

（3）汛期结束，河水撤走，水丘逐渐趋平，使一定范围内的潜水位普遍抬高，如图 9－12（c）所示。

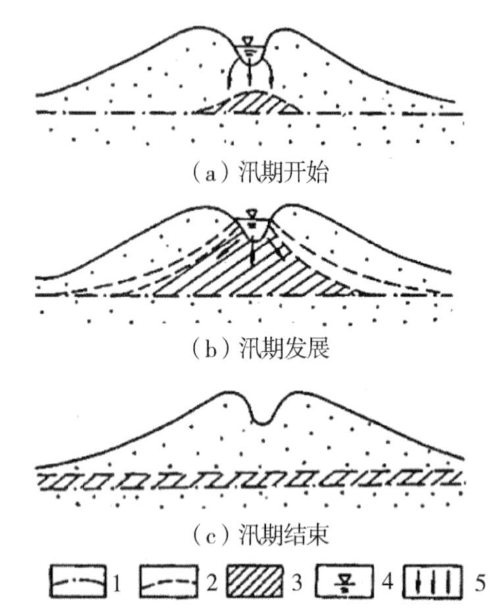

1—原地下水位；2—抬高后的地下水位；3—地下水位抬高部分；
4—河水位；5—补给方向

图 9－12　间歇性河流补给地下水过程示意

3. 地表水对地下水的补给与大气降水的区别

(1) 大气降水是面状均匀补给，地表水对地下水的补给是线状补给。

(2) 大气降水局限于地表水体的周边；地表水体附近的地下水既接受降水补给，又接受地表水的补给。

(3) 经开采后与地表水的高差加大，可使地下水得到更多的增补，因此，一般说来，河流附近的地下水比较丰富，大气降水对其影响不大。

9.2.1.4　地下水的其他补给来源

1. 凝结水对地下水的补给

空气的湿度一定时，饱和湿度随温度下降而降低；温度达到某一临界值时，达到露点，温度下降，超过饱和湿度的那一部分水汽便凝结成水，这种由气态水转化为液态水的过程称为凝结作用。一般情况下，凝结形成的地下水相当有限；但是，高山、沙漠等昼夜温差大的地方（如撒哈拉沙漠昼夜温差可达 50 ℃），凝结水对地下水补给很重要。高山、沙漠地带夏季的白天，大气和土壤都吸热增温。到夜晚，土壤散热快而大气散热慢，地温降到一定程度，土壤孔隙中的水汽达到饱和，凝结成水滴，绝对湿度随之降低。

此时气温较高，地面大气的绝对湿度较土壤中的大，水汽由大气向土壤孔隙运动。如此不断补充，不断凝结，当形成足够的液滴状水，便下渗补给地下水。

2. 灌溉水对地下水的补给

灌溉回渗、水库渗漏、渠道渗漏、工业与生活废水的排放都使地下水获得新的补给，下渗补给地下水的那部分灌溉水称为灌溉回归水。

3. 地下水的人工补给

采用有计划的人为措施补充含水层水量的方法称为地下水人工补给。人工补给的目的是：补充与储存地下水资源，抬高地下水位，储存热源、冷源，控制地面沉降以及防止海水咸水入侵淡水含水层等。

人工补给地下水通常采用地面、河渠、坑塘水渗补以及采用井孔灌注方式进行。

9.2.2 地下水的排泄

含水层或含水系统失去水量的过程称为排泄。排泄是饱水带减少水量的过程；减少水量的同时，盐量和能量等也随之减少。

地下水通过泉、向地表水泄流、土面蒸发、叶面蒸发等形式向外界排泄。此外，也存在着一个含水层或含水系统中的水向另一个含水层或含水系统排泄的现象。研究含水层或含水系统的排泄包括研究排泄去路、排泄条件与排泄量等。[5]

9.2.2.1 泉水排泄

1. 泉的定义

泉是地下水的天然露头，在地面与含水层或含水通道相交点，地下水出露成泉。

2. 泉的类型

根据补给泉的含水层性质，可将泉分为下降泉及上升泉两大类，如图9－13所示。根据出露成因，可将泉分为侵蚀泉、接触泉、溢流泉、断层泉、接触带泉。

（1）下降泉。下降泉由潜水或上层滞水补给，是出露于潜水含水层中的泉。下降泉可进一步分为侵蚀泉、接触泉和溢流泉，如图9－14所示。侵蚀泉的地形切割至潜水面；接触泉的地形切割至隔水底板；溢流泉是由于水

（a）下降泉

（b）上升泉

图 9－13　泉的类型示意

流在前方受阻，水位抬升而溢流成泉。

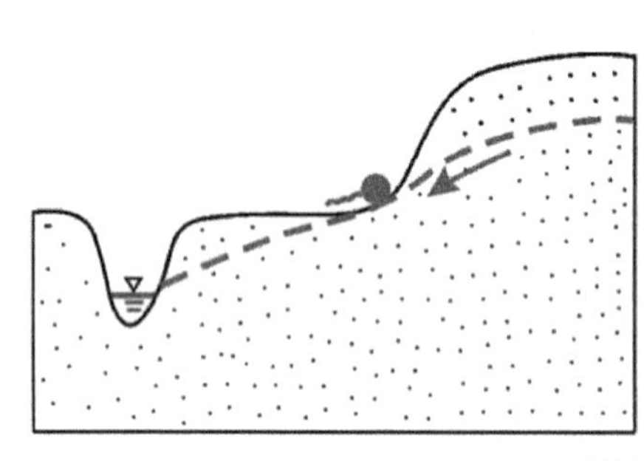
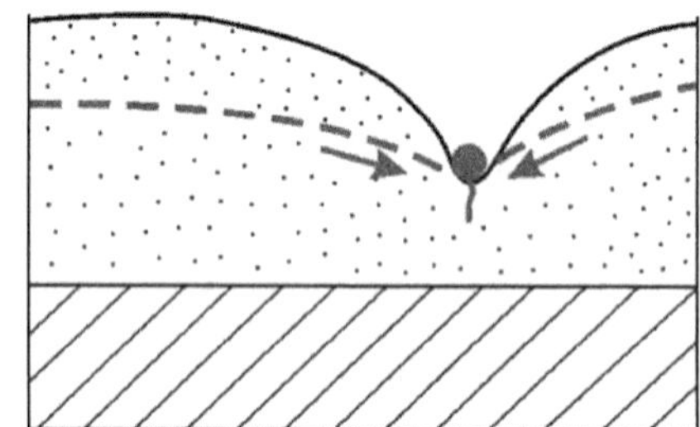

（a）侵蚀泉（下降）

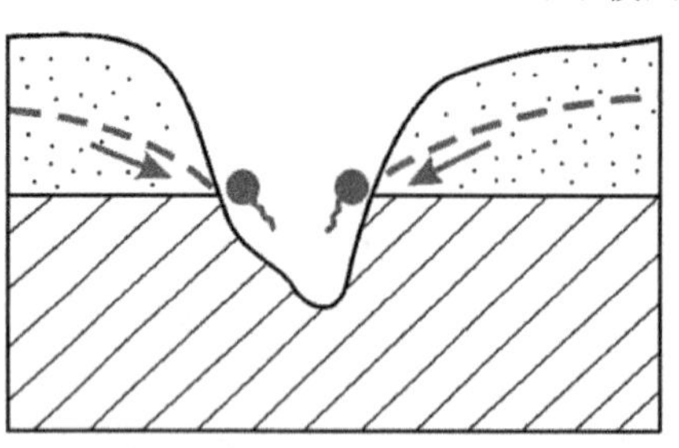
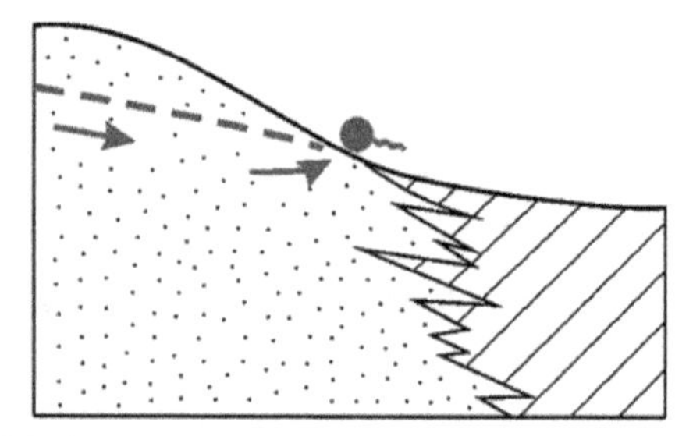

（b）接触泉

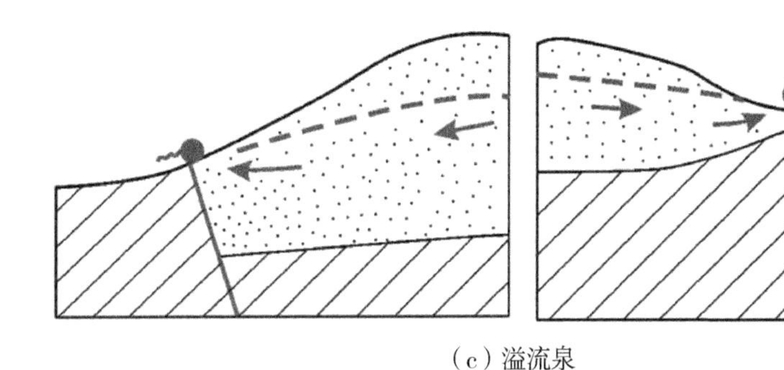

（c）溢流泉

图 9－14　下降泉示意

（2）上升泉。上升泉是出露于承压含水层中的泉。上升泉根据出露条件可分为侵蚀泉、断层泉和接触带泉，如图 9－15 所示。侵蚀泉的地形切割至承压水隔水顶板，断层泉是通过导水断层出露形成的，接触带泉是通过接触带出露形成的。

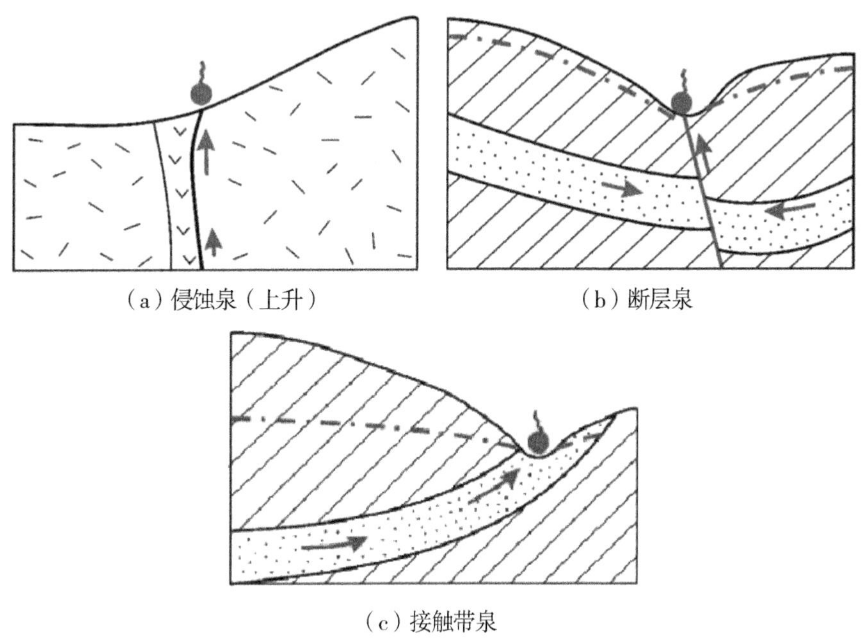

（a）侵蚀泉（上升）　　（b）断层泉

（c）接触带泉

图 9－15　上升泉示意

3. 研究泉的意义

通过泉的出露标高、流量、动态、温度、水化学，可以综合分析与泉水成因有关的地质条件和水文地质条件。

（1）泉的出露标高：代表地下水位的标高。

（2）泉的出露特征：可用于判断泉水出露两侧岩层的性质（含水层、隔水层）、地质构造（断层）等。

（3）泉的流量大小：反映含水层补给条件、断层导水性的好坏。

（4）泉水的动态：反映地下水的类型。

（5）泉水的化学特征：反映补给与径流条件的好坏。

（6）泉水的温度：反映地下水的循环深度。

（7）供水水源：反映可否直接利用，如山泉水等。

9.2.2.2 泄流

当河流、湖泊、海洋切割含水层时，地下水分散沿地表水体呈线状排泄的过程，称为泄流。地下水的泄流量可通过分割河流流量过程线的方法（基流分割法）确定，如图 9－16 所示。

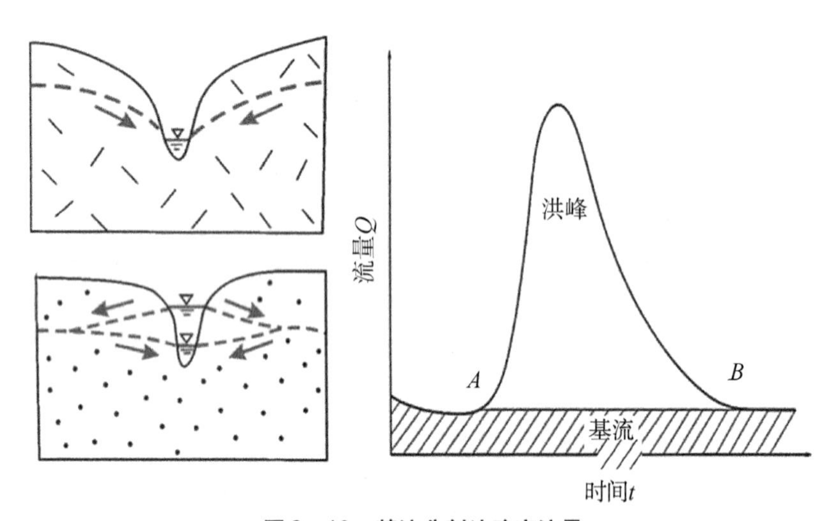

图 9－16　基流分割法确定流量

影响泄流的因素主要有以下三个：

（1）地下水位与河水位的高差越大，则泄流量越大。

（2）地下水含水层透水性越好，则泄流量越大。

（3）河床切入含水层的深度与长度，即河床断面揭露的含水层面积越大，泄流量也越大。

9.2.2.3 蒸发（蒸腾）

蒸发（蒸腾）是干旱气候下由松散沉积物构成的平原与盆地中低平地区地下水的主要排泄方式。可分为水面蒸发、土面蒸发和叶面蒸发。

1. 水面蒸发

水面蒸发是潜水通过支持毛细水带将饱水带水传输到包气带蒸发，使地下水位下降的过程，如图9－17所示。其结果导致地下水位下降、土壤盐渍化、地下水盐化。

2. 土面蒸发

土面蒸发是指潜水通过包气带耗失水分的过程，是包气带上部的水分（不与潜水面发生直接联系）由液态转为气态而直接耗失的过程。其结果导致包气带水分含量降低，造成包气带水分亏缺。

3. 叶面蒸发

叶面蒸发是指植物通过根系吸收潜水或包气带水并在叶面转化为气态水而蒸发消耗的过程。其特点是吸收水分和部分盐类，但只消耗水分，不带走盐类。

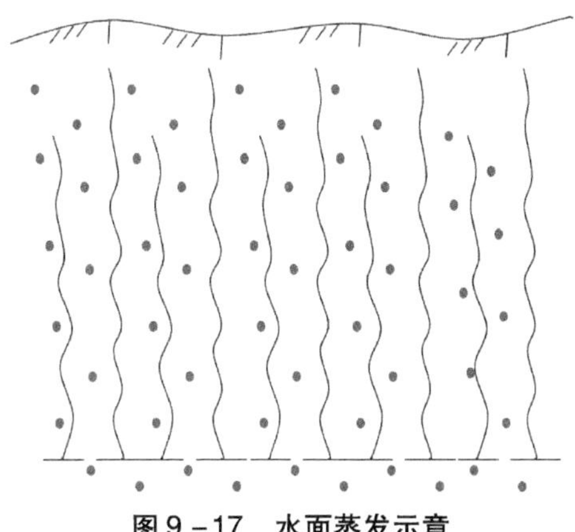

图9－17　水面蒸发示意

4. 蒸发（蒸腾）的影响因素

（1）气候因素。气候越干燥，相对湿度越小，则蒸发越强烈。

（2）包气带岩性。与毛细上升高度和速度有关，见表9－2。

（3）地下水位埋深。埋深越浅，蒸发越强烈；超过蒸发极限深度，则蒸发趋向于零。干旱地区蒸发极限深度大，湿润地区蒸发极限深度小。

（4）人为因素。大面积灌溉引起水位抬升，蒸发加强，造成次生盐渍化问题。

表 9－2 包气带岩性与蒸发的关系

岩性	砂砾石	粉砂	亚砂	黏土
渗透系数	大	中	小	极小
毛细上升高度	低/极低	中	高	很高
毛细上升速度	慢	快	中	慢

9.2.2.4 含水层之间的补给与排泄

两个含水层之间存在水头差且有联系的通路，则水头较高的含水层补给水头较低者，后者从前者获得补给。

常见的含水层之间的补给方式有如下五种：

（1）两含水层相互连通产生直接补给，如图 9－18（a）（b）所示。

（2）两含水层通过切穿隔水层的导水断层进行补给，如图 9－18（c）所示。

（3）穿越多个含水层的钻孔或止水不良的分层钻孔，往往成为含水层之间的人为联系通道，如图 9－18（d）所示。

（4）隔水层分布不稳定时，在其缺失部位，相邻的含水层通过“天窗”发生水力联系，如图 9－18（e）所示。

（5）越流补给。越流是具有一定水头差的相邻含水层通过其间的弱透水岩层发生水量交换的过程。越流经常发生于松散沉积物中，黏性土层构成弱透水层，如图 9－18（e）所示。

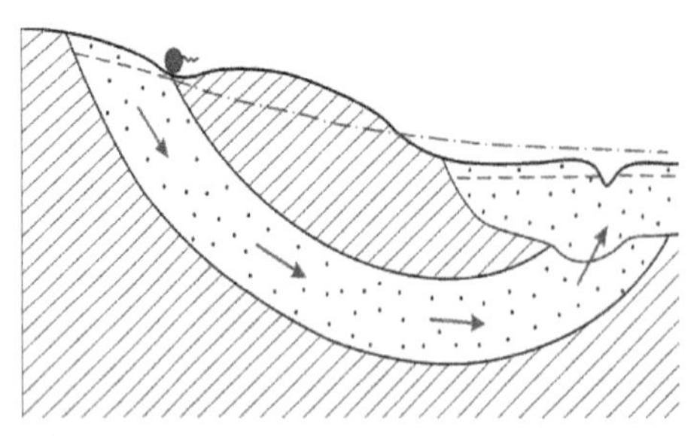

（a）承压水补给潜水

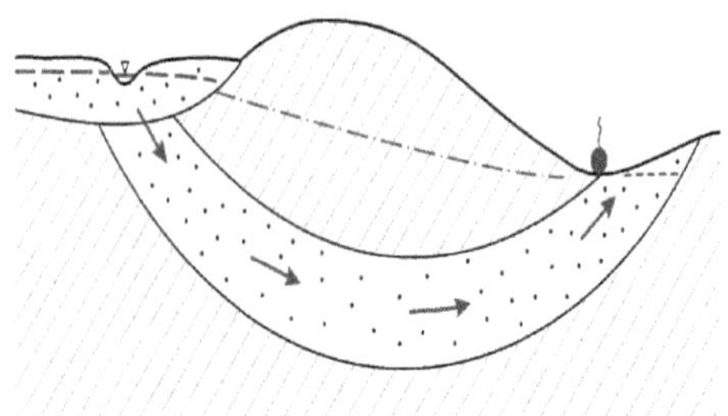

（b）潜水补给承压水

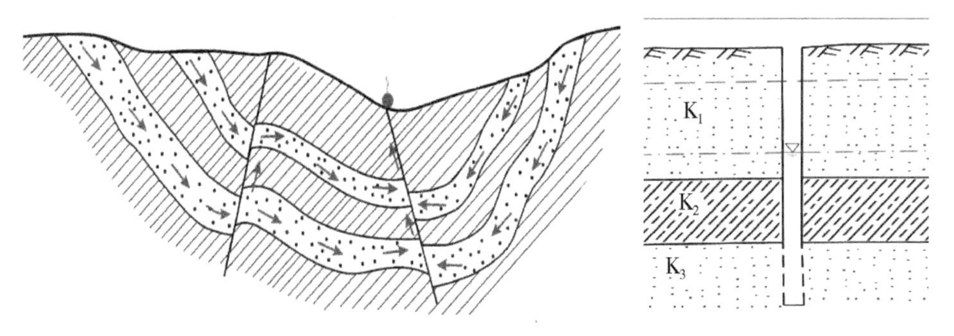

（c）含水层通过导水断层发生水力联系　　（d）含水层通过钻孔发生水力联系

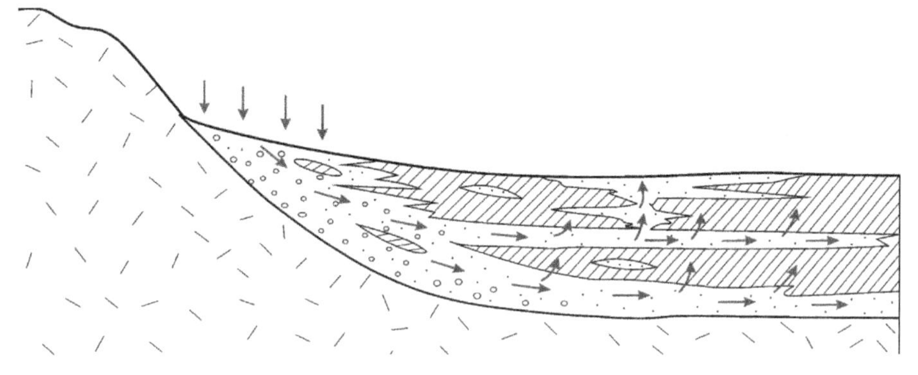

（e）松散沉积物中含水层通过“天窗”及越流发生水力联系

图9－18　含水层之间的补给示意

9.2.3　地下水的径流

径流是连接补给与排泄的中间环节，它将地下水的水量和盐量由补给处传输到排泄处，从而影响含水层或含水系统水量与水质的时空分布。影响径流速度的因素主要有含水层的渗透性、水力坡度、过水断面面积、温度和含盐量等。研究地下水径流包括研究径流方向、径流强度、径流条件及径流量等。

地下水径流有以下特点：

（1）地下水径流首先取决于水力坡度，地下水流向总是水力坡度最大的方向。

（2）径流受岩石透水性的制约。

（3）水流常呈层流运动，流速很小，动能通常不考虑。

（4）边界对流速影响小，除非边界明显改变了地下水流向和过水断面面积。

地下水径流的强弱影响着含水层水量与水质的形成过程。地下水的径流强度可用单位时间通过单位面积的流量，即渗透流速来表征。

地下径流模数也称为地下径流率，它说明一个地区地下水流量的大小，常以1 km^2 含水层分布面积上的地下水径流量来表示。年平均地下径流模数 M_c［单位为 $L/(s \cdot km^2)$］可用下式求得：

$$M_c = \frac{Q \times 10^3}{F \times 365 \times 86400} \tag{9-11}$$

式中：F 为含水层或含水系统分布面积；Q 为地下水流量。

课外阅读

《张超然：40年如一日　勤勤恳恳兢兢业业》，见中国工程院，https://ysg.ckcest.cn/ysgNews/176616.html，2013－10－16。

练习题9

1. 包气带水的运动与饱水带水的运动相比有哪些特点？
2. 几种类型的地下水所处的位置如何？
3. 什么叫作地下水的径流？它与哪些因素有关？
4. 地下水有哪些可能的补给来源？
5. 泉的分类依据是什么？有哪些分类？
6. 地下水排泄有哪些途径？它们各自有哪些特点？
7. 当上、下两个含水层之间的隔水层为弱透水岩层时，两含水层之间有否相互补给关系？

本章参考文献

［1］包气带水［EB/OL］.（2015－11－03）［2021－02－04］. https://wenku.baidu.com/view/9dffecd2e518964bcf847cb8.html.

［2］王金生，杨志峰，陈家军，等. 包气带土壤水分滞留特征研究

[J]. 水利学报：2000（2）：1－6.

［3］水文地质学基础［EB/OL］.（2014－07－23）［2021－02－04］. https：//wenku. baidu. com/view/669e02 a8f705cc17552709a3. html.

［4］地下水补给排泄与径流［EB/OL］.（2019－10－17）［2021－02－04］. https：//wenku. baidu. com/view/c7455c12f605cc1755270722192e453611665bd0. html.

［5］刘晓娜，饶元根，李洋，等. 河南省平原区浅层地下水资源及补排结构分布特征［J］. 河南水利与南水北调，2020，49（6）：33－34.

10　地下水动态与均衡以及孔隙水

10.1　地下水动态与均衡

地下水是一种时刻处于变动之中的资源。只有掌握其随时间的变化情况与变化趋向，才能有效地利用地下水，并防治其危害。对地下水动态与均衡的分析，可以帮助我们查清地下水的补给与排泄，阐明其资源条件，确定含水层之间以及含水层与地表水体之间的关系。[1]

10.1.1　地下水动态

在与环境相互作用下，含水层或含水系统各要素（如水位、水量、水化学成分、水温等）随时间的变化，称为地下水动态。

10.1.1.1　地下水动态的形成机制

含水层或含水系统地下水各要素随时间发生变化，是含水层或含水系统中物质、能量收支不平衡的综合表现。因此，地下水动态是含水层或含水系统对外部环境施加的激励所产生的响应，也可理解为含水层或含水系统将接收的输入信息变换后产生的输出信息。

下面以一次降雨为例说明地下水动态的形成机制。如图 10 - 1 所示为地下水输入与输出的对应关系。

一次降雨通常持续数小时乃至数天，可看作发生于某一时刻的“脉冲”。降雨入渗地面并在包气带下渗，达到地下水面后才能使地下水位抬高。

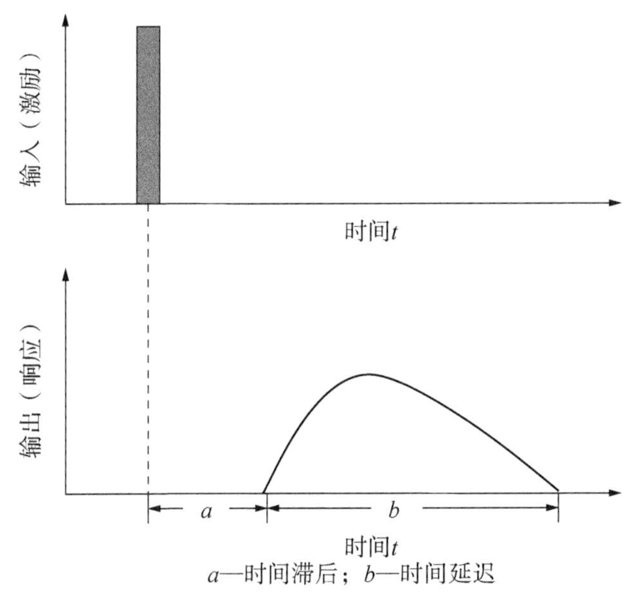

a—时间滞后；b—时间延迟

图 10－1　地下水输入与输出的对应关系

同一时刻的降雨在包气带中通过大小不同的空隙以不同的速度下渗。当运动最快的水滴到达地下水面时，地下水位开始上升；占比例最大的水量到达地下水面时，地下水位的上升达到峰值；运动最慢的水滴到达地下水面以后，降水的影响便告结束。

这样，与一个降水脉冲相对应，作为响应的地下水位的抬升便表现为一个波形。或者说，经过含水层或含水系统的变换，一个脉冲信号变成了一个波信号。与对应的脉冲相比较，波的出现有一个时间滞后 a，并持续某一时间延迟 b，如图 10－1 所示。。

由以上分析可知，地下水动态（对外界的响应）的特点在时间上表现为滞后和延迟现象。另外，地下水位对外界输入（降水）响应的信息传输的叠合，称为叠加现象，如图 10－2 所示。当相邻的两次或更多次降雨接近，各次降雨引起的地下水抬升的波形便会相互叠合。当各个波峰在某种程度上叠加时，会叠合成更高的波峰，地下水位会出现一个峰值。

然而，实际情况往往是各个波形的波峰与波谷叠合，削峰填谷，构成平缓的复合波形。

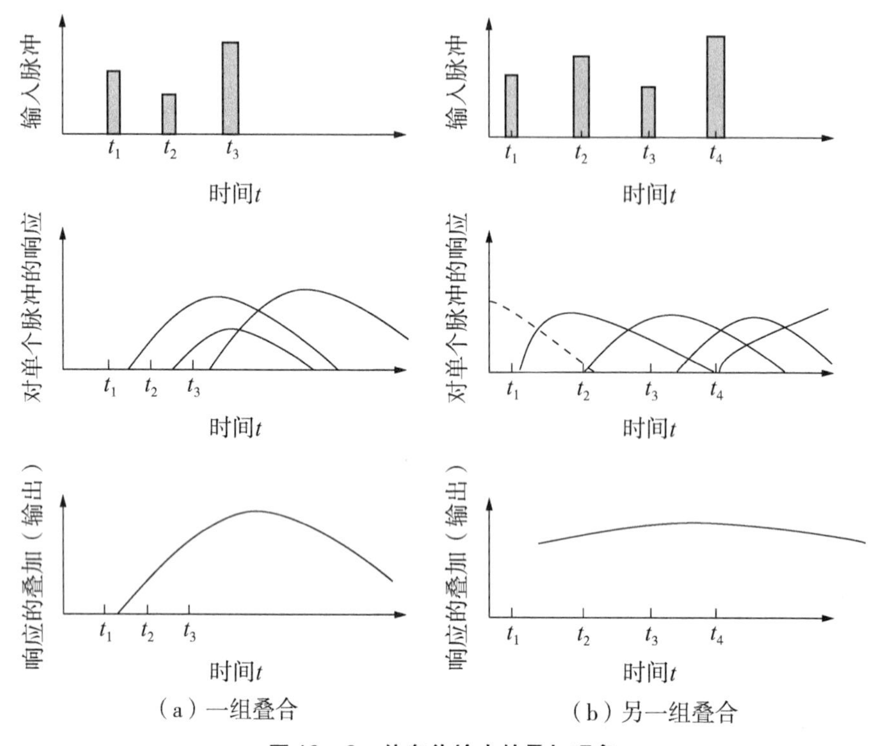

图10－2　信息传输中的叠加现象

10.1.1.2　地下水动态的影响因素

如果把地下水动态看作含水层或含水系统连续的信息输出，就可将影响地下水动态的因素分为以下两类：

（1）环境对含水层或含水系统的信息输入，即外界激励（输入）因素。如降水、地表水对地下水的补给，人工开采或补给地下水，地应力对地下水的影响，等等。

（2）影响激励（输入）－响应（输出）关系的转换因素（影响地下水动态曲线具体形态的因素），主要涉及赋存地下水的地质地形条件。

1. 气象（气候）因素影响下的地下水动态

气象（气候）是对地下水动态影响最为普遍的因素，它决定了一个地区地下水动态的基本形态。

降水的数量及其时间分布影响潜水的补给，降水量大、降水时间长，则潜水含水层水量增加，水位抬升，水质变淡；气温、湿度、风速等与其他条件结合影响潜水的蒸发排泄，气温升高、湿度增大、风速增大，则潜水水量变少，水位降低，水质变咸。气象（气候）要素周期性地发生昼夜、季节与多年变化，因此，潜水动态也存在着昼夜变化、季节变化及多年变化，其中，季节变化最为显著且最有意义。

我国东部属季风气候区，雨季出现于春夏之交。大体自南而北由 5 月至 7 月先后进入雨季，降水显著增多，潜水位逐渐抬高，并达到峰值。当雨季结束时，补给逐渐减少，潜水由于径流及蒸发排泄，水位逐渐回落，到翌年雨季前，地下水位达到谷值。因此，全年潜水位动态表现为单峰单谷，如图 10－3 所示。图中，3 月水位少量抬升与季节性冻土融化补给地下水有关。

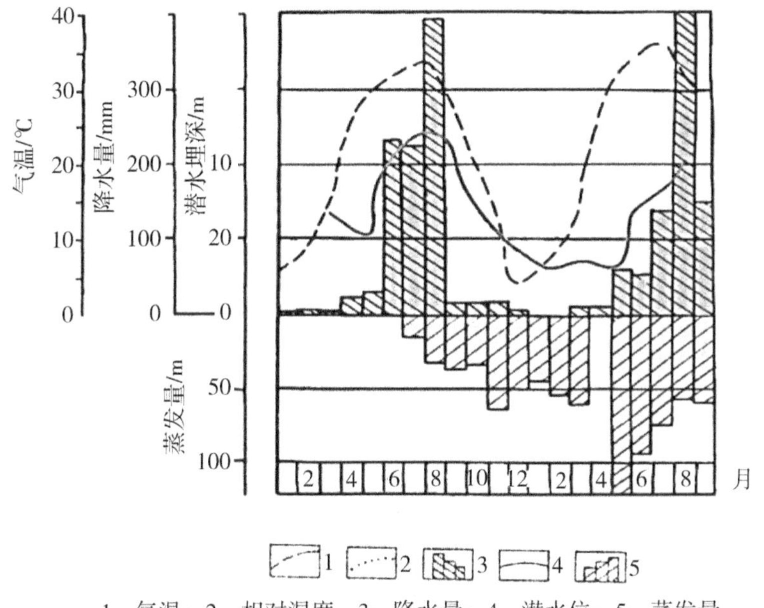

1—气温；2—相对湿度；3—降水量；4—潜水位；5—蒸发量

图 10－3　潜水动态曲线（1954—1955 年，北京）

气候的周期性变化控制着地下水动态的多年变化，其中，周期约为 11 年的太阳黑子变化影响最为明显，影响丰水期与枯水期的交替，从而使地下水位呈同一周期变化（如图 10－4 所示为前苏联卡明草原地下水位变化）。太阳黑子平静期，降水丰沛，地下水位高，地下水储存量增加；反之，降水稀少，地下水位低，地下水储存量减少。

大气压强可通过井孔影响周边小范围地下水位。大气压强增大，井孔水位降低；反之，井孔水位抬升。大气压强变化引起的潜水井水位变化小，通常约为 1 cm；大气压强变化引起的承压井水位变化大，可超过 10 cm。大气

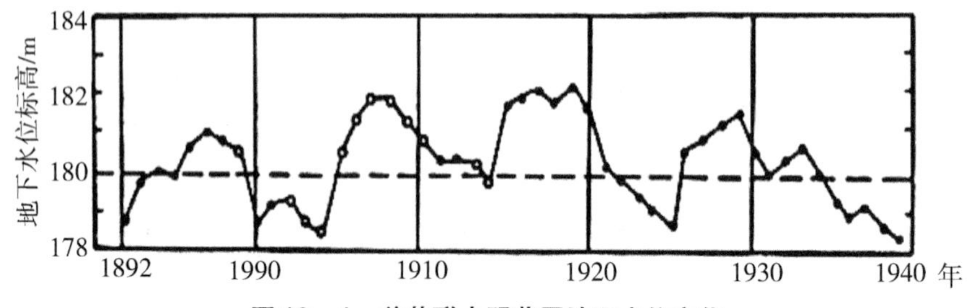

图 10－4　前苏联卡明草原地下水位变化

压强变化引起的井水位变化不能代表地下水真实的水位变化，因此，也可称之为“伪变化”。

2. 水文因素影响下的地下水动态

地表水体补给地下水而引起地下水位抬升时，随着远离河流，水位升幅减小，发生变化的时间滞后。河水对地下水的影响一般为数百米至数千米，此范围以外，地下水主要受气候因素的影响（如图 10－5 所示为莱茵河洪水对潜水的影响）。

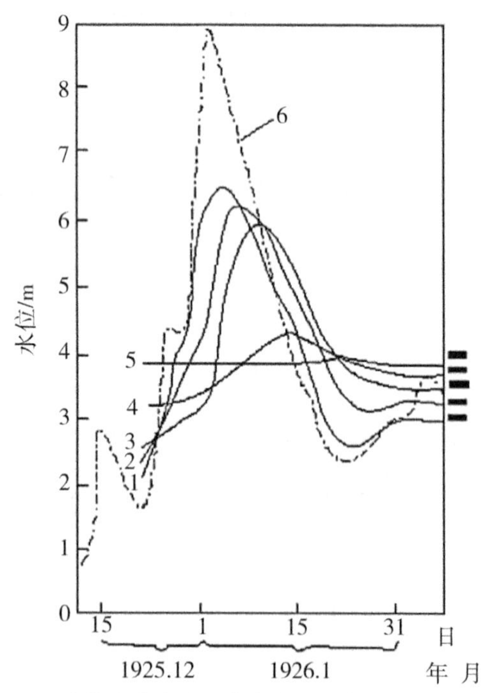

1、2、3、4、5—观测井中潜水位，数字越大距离河越远；6—莱茵河水位

图 10－5　莱茵河洪水对潜水的影响

3. 地质因素影响下的地下水动态

地质因素是影响输入信息变化的内部因素。它对地下水的动态特征起修饰作用。

(1) 潜水。降水补给潜水时，包气带厚度与岩石的岩性影响地下水位的变化，包气带厚度越大，潜水埋藏深度越深，水位变化的滞后性就越明显，岩石的渗透性就越好，水位抬升的时间滞后也就越短。

(2) 承压水。承压含水层的动态受外界影响比潜水小，原因是隔水顶板限制了补给区的范围。因此，补给区范围、距补给区的距离远近、承压含水层的厚度与给水度等影响地下水动态变化。

一般来说，补给区的水位变化明显，变幅大；随着距补给区的距离变远，变化逐渐减弱。含水岩层的渗透性、厚度和给水度等影响动态变化的幅度和滞后时间。承压含水层的水位变动还受到固体潮、地震等地质应力影响。

10.1.1.3 地下水天然动态类型

从影响地下水天然动态的补给、排泄条件分析，绝大多数情况下，地下水的补给来自降水或地表水的入渗，排泄则有径流排泄及蒸发消耗两种方式。潜水和承压水由于排泄方式及地下水与降水（地表水）的交替程度不同，动态特征也不同。

1. 潜水

(1) 蒸发型。年水位变幅小，各处变幅接近；水质季节变化明显，长期中地下水不断向盐化方向发展，并使土壤盐渍化。蒸发型潜水主要出现在干旱、半干旱地区地形切割微弱的平原或盆地。

(2) 径流型。年水位变幅大而不均，由补给区（分水岭）到排泄区，年水位变幅由大到小；水质季节变化不明显，长期中水土不断趋于淡化。径流型潜水广泛分布于山区及山前。

(3) 弱径流型。年水位变幅小，各处变幅接近；水质季节变化不明显，长期向淡化方向发展。弱径流型潜水发生于气候湿润的平原与盆地。

2. 承压水

径流型承压水动态变化的程度取决于构造封闭条件。构造开启程度越好，水交替越强烈，动态变化就越强烈，水质的淡化趋势就越明显。

10.1.1.4　人类活动影响下的地下水动态类型

人类活动通过增加新的补给来源或新的排泄去路而改变地下水的天然动态。在天然条件下，由于气象（气候）因素在多年中趋于某一种平衡状态，因此，一个含水层或含水系统的补给量与排泄量在多年中保持平衡。反映地下水储量的地下水位在某一范围内起伏，而不会持续地上升或下降；地下水的水质则在多年中向某一方向（盐化或者淡化）发展。

1. **人工采排地下水**

钻孔取水或矿坑渠道排除地下水后，人工采排成为地下水新的排泄方法；含水层或含水系统原来的均衡遭到破坏，天然排泄量的一部分或全部转为人工排泄量，天然排泄不再存在，或数量减少（泉流量、泄流量减少，蒸发减弱），并可能增加新的补给量。

（1）如果采排地下水经过一段时间后，新增的补给量和减少的天然排泄量与人工排泄量相等，含水层水量收支就达到新的平衡。在动态曲线上表现为：地下水位在比原先低的位置上，年变幅波动增大，而不发生持续下降。例如，在河北饶阳县五公地区，开采第四系潜水及浅层承压水作为灌溉水源。每年3—5月采水灌溉，水位降到最低点。6月雨季开始，采水停止，降水入渗及周围地下水径流补给，使水位迅速上升。雨季结束后，周围的径流流入填充开采漏斗，水位继续缓慢上升。翌年采水前期，水位达到最高点，如图10－6所示。这一动态变化显示了天然因素和人为因素的综合影响。这种动态类型称为开采－径流型。

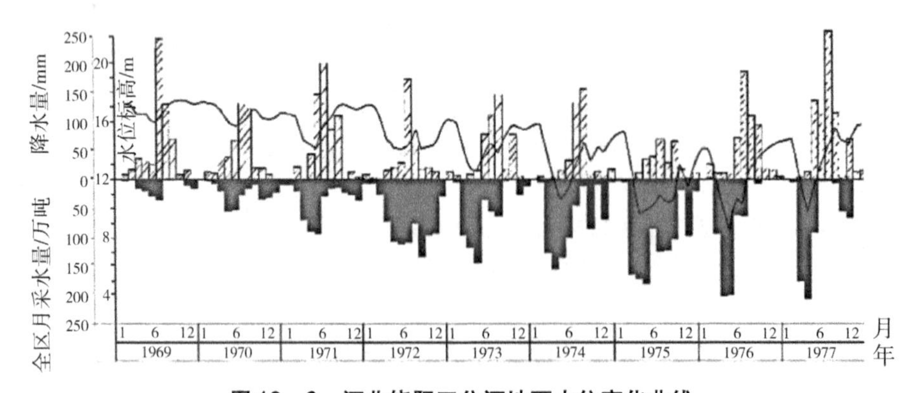

图10－6　河北饶阳五公河地下水位变化曲线

（2）若采排水量过大，天然排泄量的减量与补给量的增量的总和不足以补偿人工采排量，则将不断消耗含水层储存水量，导致地下水位持续下降。图 10－7 为河北保定西部地下水位变化曲线。

图 10－7　河北保定西部地下水位变化曲线

2. 人工补给地下水

修建水库、利用地表水灌溉等，都增加了新的补给来源而使地下水位抬升。例如，在河北冀县（今河北省衡水市冀州区）新庄，1974 年初潜水位埋深大于 4 m，由于灌溉，旱季水位反而上升，到 1977 年雨季，潜水位已接近地表，如图 10－8 所示。在干旱、半干旱平原或盆地，地下水天然动态多属蒸发型，灌溉水入渗抬高地下水位，蒸发进一步加强，促使土壤进一步盐渍化。有时，即使原来潜水埋深较大，属径流型动态，连年灌溉后，也可转为蒸发型动态，造成土壤大面积次生盐渍化。

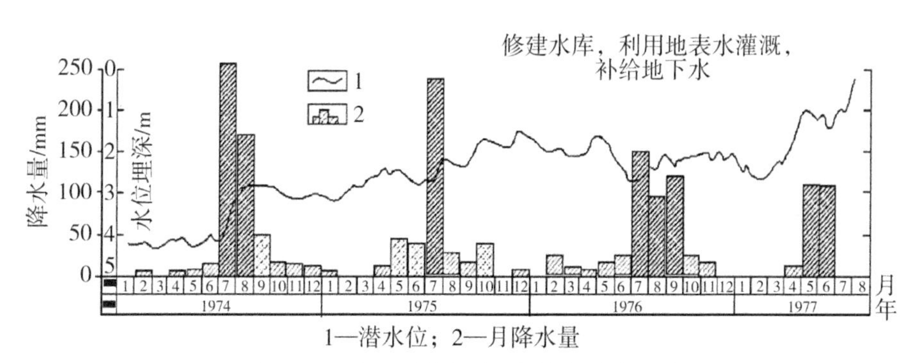

1—潜水位；2—月降水量

图 10－8　河北冀县新庄地下水位变化曲线

即使气候湿润的平原或盆地，由于地表水灌溉过多抬高地下水位，耕层土壤过湿，也会引起土壤次生沼泽化。

10.1.2 地下水均衡

地下水均衡是以地下水为对象进行的均衡方面的研究，目的在于阐明某个地区在某一段时间内，地下水水量（或盐量、物质、热量、能量）的收入与支出的关系。地下水均衡研究的实质是应用质量守恒定律分析参与水循环的各要素的数量关系。[2]

10.1.2.1 均衡区与均衡期

1. 均衡区

进行均衡计算所选定的地区称为均衡区。均衡区最好是一个具有隔水边界的完整水文地质单元，源、汇项清晰，易于计算。

2. 均衡期

进行均衡计算的时间段称为均衡期。通常按照水文年来计算，或取多年平均值。可以是若干年、一年，也可以是一个月或某一时间段。

3. 正均衡

某一均衡区在一定均衡期内，地下水水量（或盐量、热量等）的收入大于支出，表现为地下水储存量（或盐储量、热储量等）增加，称为正均衡。

4. 负均衡

某一均衡区在一定均衡期内，地下水水量（或盐量、热量等）的收入小于支出，表现为地下水储存量（或盐储量、热储量等）减少，称为负均衡。

10.1.2.2 水均衡方程式

进行均衡研究必须分析均衡的收入与支出项，列出均衡方程式，通过估算或测定均衡方程式的均衡项，分析均衡状况或计算均衡方程式中的某些未知项。

1. 天然状态下的潜水均衡方程式

以潜水为例，建立潜水的均衡方程式，如图 10－9 所示。

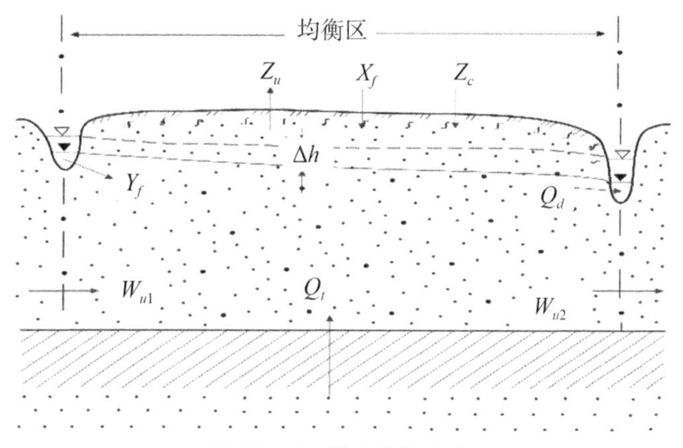

图 10－9　潜水均衡示意

收入项 A 包括降水入渗补给量 X_f 、地表水入渗补给量 Y_f 、凝结水补给量 Z_c 、上游断面潜水流入量 W_{u1} 、下伏承压含水层越流补给潜水水量 Q_t（如潜水向承压水越流排泄则列入支出项），支出项 B 包括潜水蒸发量 Z_u（包括土面蒸发及叶面蒸发）、潜水以泉或泄流形式排泄的量 Q_d 、下游断面潜水流出量 W_{u2}，均衡期始末潜水储存量变化为 $\mu\Delta h$（如图 10－9 所示）。则：

$$A - B = \mu\Delta h \quad (10-1)$$

即：

$$(X_f + Y_f + Z_c + W_{u1} + Q_t) - (Z_u + Q_d + W_{u2}) = \mu\Delta h \quad (10-2)$$

（1）对于干旱、半干旱平原区，忽略 Z_c ，地形切割微弱则 Q_d 趋于零，无越流时 Q_t 为零，径流滞缓则 $W_{u1} \approx W_{u2} = 0$ ，则潜水均衡方程式可简化为：

$$X_f + Y_f - Z_u = \mu\Delta h \quad (10-3)$$

如果研究多年均衡条件，渗入补给潜水的水量全部消耗于蒸发，$\mu\Delta h$ 为零，则：

$$X_f + Y_f = Z_u \quad (10-4)$$

（2）对于湿润山区，潜水均衡，蒸发很小，入渗补给的水量全部以径流形式排泄，Z_u 为零，此时：

$$X_f + Y_f = Q_d \quad (10-5)$$

2. 人类活动影响下的潜水均衡方程式

人类活动影响下的潜水均衡方程式如下：

$$X_f + f_1 + f_2 + Q_t - Z_u - Q_\gamma = \mu\Delta h \quad (10-6)$$

式中：f_1、f_2 分别为灌渠水及田面灌水入渗补给潜水的水量；Q_γ 为通过排水沟排走的潜水水量；其余符号意义同前。

研究人类活动影响下的地下水均衡，可以帮助我们定量评价人类活动对地下水动态的影响，预测其水量水质变化趋势，并提出调控地下水动态使之朝向对人类有利的方向发展的措施。

10.2 洪积物、冲积物及湖积物等中的地下水

10.2.1 孔隙水

孔隙水是赋存于松散沉积物颗粒构成的孔隙网络之中的地下水。孔隙水广泛分布于第四系松散沉积物（洪积物、冲积物、坡积物、湖积物、冰积物）、部分第三系沉积物及坚硬基岩的风化壳中。[3]

河流的地质作用是改变陆地地形的主要的地质作用之一，它主要取决于河流的流速与流量。由于流速与流量的变化，河水表现出侵蚀、搬运和沉积三种性质不同但又相互联系的地质作用。由此，河流的地质作用可分为侵蚀作用、搬运作用和沉积作用。

10.2.1.1 孔隙水的特征

（1）孔隙水多呈层状均匀分布，孔隙之间互相连通，水力联系密切，同一含水层具有统一的地下水面。

（2）孔隙水一般呈层流运动，很少见到像裂隙水和岩溶水那样出现透水性突变和相应的紊流运动状态。

（3）孔隙水的埋藏分布和运动规律主要受地貌及第四纪沉积规律控制，在不同的地貌单元和不同类型的第四系沉积物中，地下水具有不同的分布规律。

10.2.1.2 孔隙水的分类

按照沉积物的成因类型，孔隙水可分为洪积物中的地下水、冲积物中的地下水、湖积物中的地下水、滨海三角洲沉积物中的地下水、黄土中的地下水等类型。

10.2.2 洪积物中的地下水

10.2.2.1 洪积物

洪积物是暂时性集中洪流在山前出山口地带堆积形成的一种堆积物，广泛分布于山间盆地和山前倾斜平原地带。

10.2.2.2 洪积扇及其形成过程

山地河流在出山进入平原后，坡度骤降，水流突然分散，所携物质大量堆积，就会形成一个从出山口向外展开的扇形堆积体，称为冲积扇。若山地河流短小陡急，流量不定，则所形成的冲积扇规模小、坡度大，物质组成混杂无序，砾石多不磨圆，这类冲积扇称为洪积扇，如图 10－10 所示。

图 10－10　洪积扇示意

典型的洪积扇形成于干旱、半干旱地区的山前地带。暴雨形成流速极大的洪流，山区洪流沿河槽流出山口，进入平原或盆地，不再受河槽的约束，加之地势突然转为平坦，集中的洪流转为辫状的散流；水的流速顿减，搬运能力急剧降低，洪流所携带的物质以山口为中心堆积成扇形，故称为洪积扇。

在山区进入平原盆地处常常形成一系列大大小小的洪积扇，扇间为洼地。洪积扇分布于我国新疆天山北麓、内蒙古阴山、甘肃河西走廊、华北太行山东麓、东北大兴安岭地带等的山涧盆地或山前平原地带。

10.2.2.3　洪积扇的地形及岩性特征

地形上，洪积扇由山麓向平原呈扇状展开，地面坡度也向平原逐渐变缓。岩性上，分选不良，但大体由山麓向平原，沉积物颗粒由粗变细，如图10－11所示。

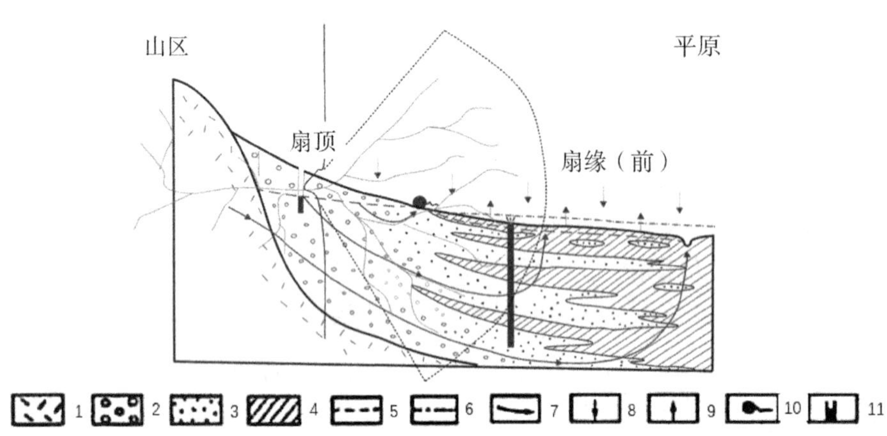

1—基岩；2—砾石；3—砂；4—黏性土；5—潜水位；6—承压水测压水位；
7—地下水及地表水流向；8—降水补给；9—蒸发排泄；10—下降泉；11—井，涂黑部分有水

图10－11　典型地区洪积扇的形成

洪积扇顶部多为砾石、卵石、漂砾，沉积物不显层理，或仅在期间所夹细粒层中显示层理；透水性好。中部过渡以砾石和砂为主，开始出现黏性土夹层，层理较明显；透水性变差。下部至没入平原的部分为砂与黏性土的互层。

流速的陡变决定了洪积物分选不良，即使在砾石、卵石为主的扇顶，也常出现砂和黏性土的夹层或团块，甚至出现黏性土和砾石的混杂沉积物；向下则分选良好。

10.2.2.4　一般规律下洪积物（洪积扇）中的地下水

1. 顶部

（1）洪积扇顶部粗大的颗粒直接出露地表，或仅覆盖薄土层，十分有利于吸收降水及山区汇流的地表水，是主要补给区。

（2）此带地势高，潜水埋藏深（水位埋深十余米乃至数十米）；岩层透水性好，地形坡降大，地下径流强烈；蒸发微弱而溶滤强烈，故形成低矿化

水（数十毫克到数百毫克每升）。

（3）此带属潜水深埋带或盐分溶滤带，其动态随气象和水文因素而变化，其中，地下水位动态变化大。

（4）地下水水质好，水量大；但水位埋藏深，取水不便。

2. 中部

（1）随着中部地形变缓、颗粒变细，此带透水性变差，富水性降低，地下水位埋藏变浅，地下径流受阻减弱，潜水壅水而水位接近地表，形成泉与沼泽，称为溢出带。

（2）此带地下水位埋藏浅，蒸发加强，径流途径加长，水的矿化度增高；水的化学成分逐渐由 HCO_3^- 向 HCO_3-SO_4 或 SO_4^{2-} 转变，故又称为盐分过路带。

（3）潜水含水层之下可构成多层承压含水层，它受上游潜水的补给，水位逐渐高于上游潜水，在溢出带外缘地形低洼处可形成自流。

（4）承压水不易受到蒸发影响，一般为矿化度小于 1 g/L 的淡水。因此，这一带地下水以浅部潜水溢出和深部承压为特征。

3. 下部

（1）洪积扇下部常与冲积物、湖积物等形成复合堆积平原。沉积物主要由粉土、黏性土和一些细砂、粉砂的互层或夹层组成。此带由于地形平坦、透水性弱、径流缓慢，地下水趋于停滞状态。在河流排泄作用的影响下，此带潜水埋藏深度比溢出带稍有加深，故称为潜水下沉带。

（2）此带水位埋深仍很浅，蒸发作用强烈，水以垂直交替为主，故又称为潜水垂直交替带。

（3）潜水大量蒸发，矿化度急剧增加，一般大于 3 g/L，部分地区达到 50 g/L。水的化学成分由 SO_4-Cl 向 $Cl-SO_4$ 转变，最后变为 Cl^-。此带地表土壤常盐渍化，故也称为盐分堆积带。

（4）沉积厚度大，形成深部承压水。承压水经上覆弱透水层补给上部潜水，在一定程度上加剧了潜水蒸发。

10.2.2.5 特定条件下洪积物（洪积扇）中的地下水

上面所说的是洪积扇中地下水的一般规律，在特定的自然地理、地质背景下，洪积扇中的地下水有其独特性。

1. 地质结构

洪积扇顶部通常潜水埋藏深度大，不利于取用地下水，因此，城镇大多分布于溢出带以上的部分，这是最利于取用地下水的地带，在我国华北地区很普遍。但是在我国西北的某些山前地区，洪积扇顶部的潜水埋藏深度反而往往比中部的浅得多。这是因为新构造运动使隔水基底呈现差异断块活动，近山处基底上升而远山处下落，故使两侧地下水位形成跌水，如图 10－12 所示。

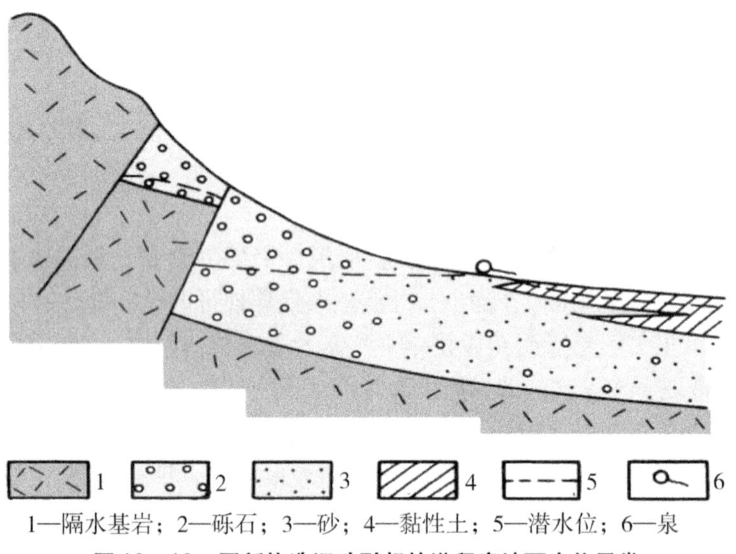

1—隔水基岩；2—砾石；3—砂；4—黏性土；5—潜水位；6—泉

图 10－12　因新构造运动引起的洪积扇地下水位异常

2. **气候条件**

一般条件下，干旱气候的祁连山山前倾斜平原年降水量只有 0 ～ 170 mm，降水入渗补给地下水微乎其微，而蒸发强烈，显示良好的水化学分带。洪积扇顶部为矿化度小于 1 g/L 的重碳酸盐水，中间过渡带为 1 ～ 3 g/L 的重碳酸盐－硫酸盐水和硫酸盐－氯化物水，溢出带以下为矿化度大于 10 g/L 的氯化物水。

特殊条件（如特定的自然地理、地质背景）下，湿润气候的川西山前倾斜平原年降水量为 1000 mm 及以上，由洪积扇顶部直到溢出带以下，均为矿化度小于 0. 5 g/L 的重碳酸盐水，水化学分带很不明显。

10.2.3 冲积物中的地下水

10.2.3.1 冲积物

冲积物是经常性流水形成的沉积物，它具有较好的磨圆度、分选性和层理。冲积物中地下水的分布、补给、径流、排泄及水质均与沉积物所处的部位有密切关系。[4]

10.2.3.2 河流上、中游河谷的冲积层

（1）上游山区河谷地段河床纵向坡降大，水流速度大，主要表现为向下侵蚀，常形成深窄的峡谷形态。水流侵蚀破坏的产物大部分被水冲走，只有在枯水期，水量、流速都变小，水流搬运能力降低，粗大的碎屑物质（卵砾石、粗砂）才能在河流的凸岸和河谷的开阔河段堆积下来。通常没有黏土质的覆盖层。

（2）中游的低山丘陵区河床纵向坡降变缓，下切强度减弱，侧向侵蚀作用加强，河谷变宽。河床内横向环流冲刷凹岸，粗大的砂卵石被搬运到凸岸的一边河底并沉积下来，逐渐形成滨河浅滩。在洪水期，滨河浅滩被淹没，沉积一些粉细砂或黏土物质，便形成了河漫滩下粗上细的二元结构。

10.2.3.3 河流下游平原的冲积层

（1）河流下游广阔平原地区为新构造运动的沉降地带，河道变浅，流速变小，有利于河流不断地冲积形成冲积平原。图 10－13 为黄河下游岸边水文地质剖面示意。

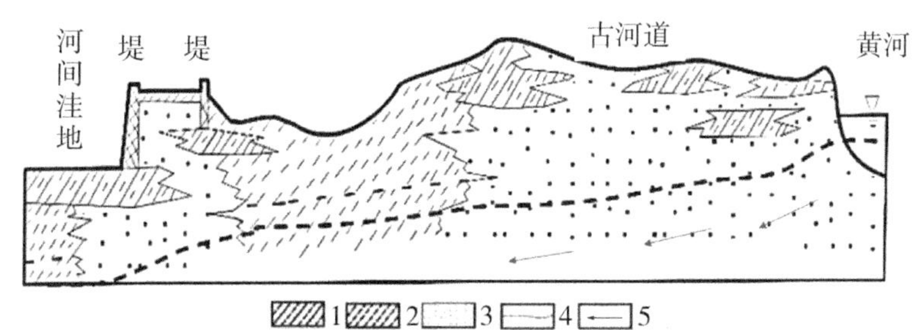

1—亚黏土；2—粉砂；3—细砂；4—潜水位；5—地下水流向

图 10－13　黄河下游岸边水文地质剖面示意

（2）河道附近堆积规律：沿水平方向，粗细颗粒往往呈带状分布。靠近河道的地方，包括河漫滩和一级阶地一带，沉积物通常是透水性良好的砂层，厚度也较大，是储存地下水的良好场所；远离河道的地方含水层逐渐变薄。

（3）平原河流下游坡降缓，流速小，河流的冲积作用使河床淤浅。洪水泛滥出河床后流速顿缓，便在河床两侧堆积形成“自然堤”。随着河床不断地淤积和自然堤不断地抬高，结果是河床高出周围地面，成为“地上河”。

10.2.3.4 河流上、中游河谷冲积层中的地下水

（1）上游河谷呈“V”形，狭窄，阶地和河漫滩不发育，凸岸沉积有卵砾石层，透水性强，水质好，与河水关系密切；但厚度不大，分布范围小，水位随季节变化大。

（2）中游河谷呈“U”形，相对宽阔，阶地和河漫滩比较发育。具有二元结构的河漫滩属最新堆积的冲积层，上部细砂及黏性土为弱透水层，下部中粗砂和砾石组成较强透水层，埋藏有丰富的地下水，且潜水和河水往往连成一个统一体。阶地中埋藏的潜水，补给、径流条件好，水量大，除接受大气降水补给外，还常常接受地表水补给。阶地中潜水的埋藏深度受地形的控制。地下水的水力坡度自分水岭向河谷变缓，埋藏深度逐渐变浅。在不同的地貌部位，因地质构造不同，富水性也有所差异。一级阶地富水性最好，且多为重碳酸盐型水；高阶地的冲积物因形成时间早，常已固结或被洪积物覆盖，因此透水性差，加之厚度、宽度较小，汇水条件不如低阶地，故富水性不如低阶地好，且水质变化大。

10.2.3.5 河流下游平原冲积层中的地下水

在冲积平原上，现代河道与近期古河道均地势高、岩性粗、渗透性好，利于接受地表水与降水的入渗补给；地下水埋藏深度深，蒸发较弱，以溶滤作用为主，水质良好。

冲积平原的现代河道与近期古河道自两侧向河间洼地地势逐渐变低，岩性变细，渗透性变差，地下水位变浅，蒸发增加，矿化度增大。图 10 – 14 为黄河冲积平原水文地质示意。由河道向河间洼地，地下水水质的变化还与本区普遍存在的咸水层及其在地下水流动系统的驱动下的运移有关。

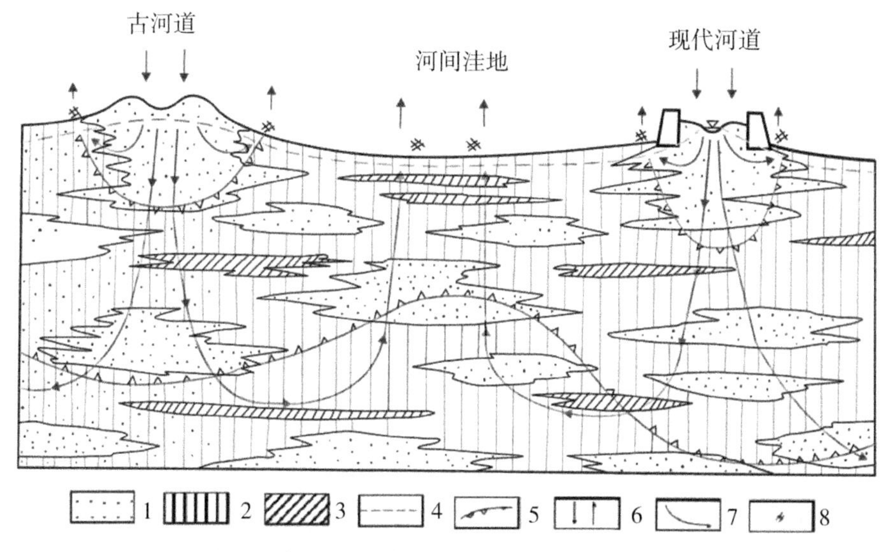

1—砂；2—亚砂、亚黏土；3—黏土；4—地下水位；5—咸水与淡水的界线；
6—入渗与蒸发；7—地下水流线；8—盐渍化

图 10－14　黄河冲积平原水文地质示意

10.2.4　湖积物中的地下水

10.2.4.1　湖积物

湖积物属于静水沉积。湖积物颗粒分选良好，层理细密，岸边浅水处沉积沙砾等粗粒物质，向湖心逐渐过渡为黏土。构成主要含水层的沙砾展布广、厚度大（单层厚度甚至可达 100 m 及以上），剖面上为层状或延伸得很远的长透镜状。随着沉积物形成时湖盆规模、气候、新构造运动等的不同，沙砾含水层的规模也不等。

10.2.4.2　湖积物中的地下水特征

沿湖岸分布的砂堤常埋藏有潜水；向湖心过渡，以细粒淤泥质黏土沉积为主，夹有薄层细砂或中砂的透镜状体，可储存赋水性较差的承压水，其水质不好，有淤泥臭味；河流入湖口的三角洲沉积物常含有丰富的地下水，既有潜水，也有浅层承压水。

湖积物通常有规模大的含水沙砾层，容易给人以赋存地下水丰富的印象；而由于其与外界联系较差，补给困难，地下水资源一般并不丰富。一般来说，湖积承压含水层的补给条件不如冲积承压含水层。我国的平原或盆地在地下水开采后形成大范围地下水降落漏斗，说明补给资源相当贫乏。

总的说来，我国第四纪初期湖泊众多，湖积物发育；后期湖泊萎缩，湖积物多被冲积物所覆盖，因此，裸露于地表的粗粒湖积物很少见。由于湖积物往往是沙砾石与黏土的互层，因而垂向越流补给比较困难。

10.2.5 滨海三角洲沉积物中的地下水

河流注入海洋后流速顿减，且因其脱离河道束缚而流散，流速随着远离河口而降低，沉积物的颗粒粒径也变细，最终形成酷似洪积扇的三角洲。三角洲的形态结构可分为三个部分：①河口附近主要是砂，其表面平缓，为三角洲平台；②向外渐变为坡度增大的三角洲斜坡，主要由粉细砂组成；③再向外为原始三角洲，沉积淤泥质黏土。滨海三角洲沉积一般属于半咸水沉积，虽然其发育含水层，但是其中地下水的矿化度一般很高。

10.2.6 黄土中的地下水

在各类黄土地貌单元中，黄土塬的地下水源条件较好。塬面较为宽阔，利于降水入渗，并使地下水排泄不致过快。地下水向四周散流，以泉的形式向边缘的沟谷底部排泄。地下水埋深在塬的中心为 20 ～ 30 m，到塬边可深达 60 ～ 70 m。

黄土梁、峁地区地形切割强烈，不利于降水入渗及地下水赋存，但梁、峁间的宽浅沟谷中经常赋存潜水，其水位埋深较浅，一般为十余米。

黄土中可溶盐含量高，且由于黄土分布区降水少，因此，黄土中的地下水矿化度普遍较高。

课外阅读

晏昌贵：《郦道元和他的〈水经注〉》，见光明网，http：//www.gmw.cn/01gmrb/2006 - 07/31/content_457013.htm，2006 - 07 - 31。

练习题10

1. 影响地下水动态的因素主要有哪几类?
2. 影响地下水动态的气象因素主要有哪些? 如何影响?
3. 影响潜水动态的地质因素有哪些? 如何影响?
4. 影响承压水动态的地质因素有哪些? 如何影响?
5. 孔隙水的特点有哪些?

本章参考文献

[1] 地下水动态与均衡 [EB/OL]. (2015-05-20) [2021-02-04]. https://wenku.baidu.com/view/ea000d543186bceb18e8bb4d.html.

[2] 孙志超. 地下水排泄区潜水动态特征与水均衡研究 [D]. 北京: 中国地质大学, 2016.

[3] 水文地质学基础孔隙水 [EB/OL]. (2019-02-17) [2021-02-04]. https://wenku.baidu.com/view/893de6510622192e453610661ed9ad51f0 1d54f1.html.

[4] 不同含水介质的地下水 [EB/OL]. (2020-09-29) [2021-02-04]. https://wenku.baidu.com/view/591d2517ee3a87c24028915f804d2b160b4e86f2.html.

参 考 文 献

[1] 胡艳霞，徐东来. 甘肃玉门下沟地区早白垩世下沟组介形类 [J]. 微体古生物学报，2005，22 (2)：173－184.

[2] 邢立亭，王立艳，黄林显，等. 内陆浅层咸水区渗透性变异过程 [J]. 科学通报，2015 (60)：1048－1055.

[3] 邢立亭，叶春和，马姝丽，等. 泰安满庄水源地地下水容许开采量分析 [J]. 水科学与工程技术，2008 (S2)：31－33.

附录　练习题参考答案

练习题 1

1. （此题需结合实际工程地质问题，谈自然历史分析法、数学力学分析法、模型模拟试验法、工程地质类比法等在工程地质研究中的应用）

2. B、D

3. 土力学和岩石力学与工程地质学有着十分密切的关系，工程地质学中的大量计算问题实际上就是土力学和岩石力学中所研究的课题，因此，在广义的工程地质学概念中，甚至将土力学和岩石力学也包含进去。土力学和岩石力学是从力学的观点研究土体和岩体，它们属力学范畴的分支。

练习题 2

1. 岩石按成因可分为三大类：岩浆岩、沉积岩、变质岩。

2. 不同成因岩石类型的转化图绘制如下。

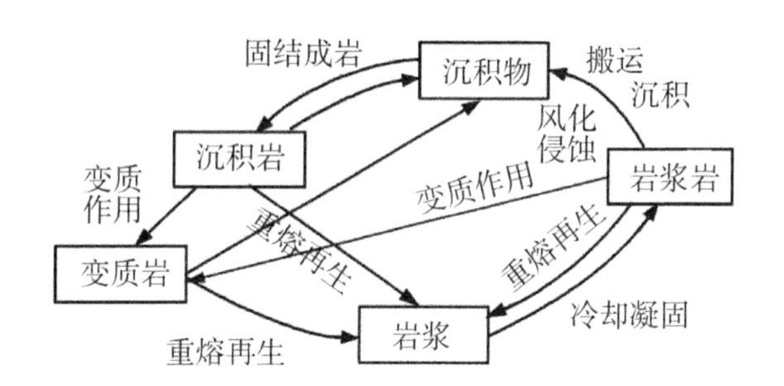

3. 矿物的物理性质主要包括光学性质（颜色、条痕、光泽、透明度）、硬度、磁性、密度等。

4. 重要或者主要的造岩矿物有石英、斜长石、正长石、云母、角闪石、辉石、橄榄石、方解石、白云石、石膏及黏土矿物。

5. 矿物的力学性质主要包括硬度、解理、断口和韧性等方面。

6. 组成岩浆岩的矿物常见的只有十几种，这些矿物称为主要造岩矿物（详情可见正文中表2－3）。

岩浆岩的构造是指岩石中矿物的空间排列和充填方式。常见的岩浆岩构造有：块状构造、流纹构造、气孔状构造、杏仁状构造。

岩浆岩的产状是指岩浆岩体的形态、大小及其与围岩的关系。岩浆岩的产状与岩浆的成分、物理化学条件密切相关，还受冷凝地带的环境影响，因此，它的产状是多种多样的。分为侵入岩的产状：岩基、岩株、岩盘（岩盖）、岩床、岩墙和岩脉，喷出岩的产状：熔岩流、火山锥（岩锥）及熔岩台地。

7. 沉积岩是在地壳发展演化过程中，在地表或接近地表的常温常压条件下，任何先成岩遭受风化剥蚀作用的破坏的产物，以及生物作用与火山作用的产物在原地或经过外力的搬运所形成的沉积层，再经成岩作用而成的岩石。在地表，有70%的岩石是沉积岩，但如果从地球表面到16 km深的整个岩石圈算，沉积岩只占5%。沉积岩主要包括石灰岩、砂岩、页岩等。沉积岩中所含的矿产占全世界矿产蕴藏量的80%。

当沉积物被埋藏之后，在有机质、流体、温度和压力等地质因素作用下，复杂而且深奥的成岩作用便开始登场，于是沉积物便由松散状态逐渐演变为沉积岩。研究发现，这个过程虽然复杂，但是有序的，可被划分为同生成岩作用、后生成岩作用和表生成岩作用三个演化阶段。

8. 地壳中先形成的岩浆岩或沉积岩受环境条件改变的影响，矿物成分、化学成分及结构构造发生改变而成为一种新的岩石，这一作用称为变质作用。

变质作用类型的划分，考虑的角度不同，有不同的情况。根据变质作用发生的地质环境和变质过程中起作用的物理化学因素，可以将变质作用分为接触变质作用、动力变质作用、区域变质作用、混合岩化作用四种类型。

练习题3

1. 活断层区的建筑原则有：

（1）建筑场址一般应避开活动断裂带。

（2）线路工程必须跨越活断层时，尽量使其大角度相交，并尽量避开主断层。

（3）必须在活断层区兴建的建筑物时，应尽可能地选择相对稳定的地块，即“安全岛”，尽量将重大建筑物布置在断层的下盘。

（4）在活断层区兴建工程时，应采用适当的抗震结构和建筑形式。

2. A

3. A

4. A

5. B

6. B

7. A

8. A

9. B

10. 断层要素有断层线、断层面、断层盘。

按两盘相对位移可分为正断层（上盘下降，下盘上升）、逆断层（上盘上升，下盘下降）、平移断层（两盘沿断层走向发生位移，不升不降）、旋转断层（有些地方既有上升盘又有下降盘，两断盘间发生旋转）。

11. 褶曲要素有核部、翼部、轴面、轴线、枢纽、脊线、槽线。

12. 节理调查内容主要包括：方位、间距、延续性、张开度、结构面侧壁粗糙度、结构面风化程度、被充填情况、渗流情况、结构面组数、块体大小。

练习题4

1. 场地工程地质条件对宏观震害的影响有：

（1）岩土类型及性质：岩土对震害的影响，软土 > 硬土，土体 > 基岩；松散沉积物厚度越大，震害就越大；土层结构方面，软弱土层埋藏越浅、厚度越大，震害就越大。

（2）地质结构：离发震断裂越近，震害就越大，上盘尤重于下盘。

（3）地形地貌：突出、孤立地形的震害较低洼、沟谷平坦地区的震害大。

（4）水文地质条件：地下水埋深越浅，震害越大。

2. 斜坡形成过程中，由于应力状态的变化，斜坡岩土体将发生不同方式、不同规模和不同程度的变形，并在一定条件下发展为破坏。斜坡破坏是指斜坡岩土体中已形成贯通性破坏面时的变动。在贯通性破坏面形成之前，斜坡岩体的变形与局部破裂称为斜坡变形。斜坡中已有明显变形破裂迹象的岩体，或已查明处于进展性变形的岩体，称为变形体。被贯通性破坏面分割的斜坡岩体，可以多种运动方式失稳破坏，如滑落、崩落等。破坏后的滑落体（滑坡）或崩落体等被不同程度地解体；但在特定的自身或环境条件下，它们还可继续运动，演化或转化为其他运动方式，称为破坏体的继续运动。

斜坡变形、破坏和破坏后的继续运动，分别代表了斜坡变形与破坏的三个不同演化阶段。

3. 活断层：指目前正在活动着的断层或近期有过活动且不久的将来可能会重新发生活动的断层（即潜在活断层）。

卓越周期：地震发生时，某种岩土选择性地放大某种周期的波，这种周期称为该岩土体的卓越周期。

砂土液化：指饱水砂土在地震、动力荷载或其他物理作用下，受到强烈振动而丧失剪切强度，处于悬浮状态，致使地基失效的作用或现象。

泥石流：指发生在山区的一种含有大量泥沙、石块的暂时性急水流。

地面沉降：指地面高程的降低，是指地壳表面某一局部范围内的总体下降运动。

地震烈度：指地面振动的强烈程度，它受地震释放的能力大小、震源深度、震中距、震域介质条件的影响。震源深度越浅，震中距越小，地震烈度就越大。

地震环境：指地壳表层和一定深度的地质条件的综合。

4. 识别滑坡的标志有：

（1）地形地貌方面：滑坡形态特征，阶地、夷平面高程对比。

（2）地质构造方面：滑体上产生小型褶曲和断裂现象，滑体结构松散、破碎。

（3）水文地质方面：结构破碎 →透水性增加→ 地下水径流条件改变→滑体表面出现积水洼地或湿地→泉的出现。

（4）植被方面：出现马刀树、醉汉林。

（5）滑动面的鉴别：勘探用钻探，变形监测用钻孔倾斜仪。

5. 泥石流的形成必须具备三个基本条件：地形条件、地质条件和气象水文条件。

6. 水库诱发地震中的水岩作用机理是：

（1）水的物理化学效应：降低岩体及结构面强度，如润滑作用、软化作用、泥化作用；促进岩体断裂的生长，如楔裂作用、应力腐蚀作用。

（2）水的荷载效应：水荷载→附加应力→垂直变形、挠曲变形。

（3）水的孔隙水压力效应。

7. 斜坡地质灾害防治主要措施有：挡、排、削、护、改、绕。

8. 对岩溶发育区岩溶渗漏研究的主要内容有：

（1）查明岩溶发育、分布规律。

（2）分析地质条件：岩层组合和地质构造。

（3）查明河间地块的水文地质条件。

9. 砂土液化的形成机制是饱和疏松的粉砂、细砂土体在振动作用下有颗粒移动和变密的趋势，对应力的承受从砂土骨架转向水，由于粉和细砂土的渗透力不良，孔隙水压力会急剧增大，当孔隙水压力增大到总应力值时，有效应力就降到零，颗粒悬浮在水中，砂土体即发生液化。砂土液化后，孔隙水在超孔隙水压力下自下向上运动。

10. 对于泥石流的堆积区，主要采用排导和绕避的措施。前者主要在泥石流流通段采取排导渠（槽），如排槽、导流堤和明洞渡槽等，以及在泥石流出口有条件的地方设置停淤场的方法，避免堵塞河道，使泥石流顺畅下排。后者主要是指山内隧道绕避方案和架桥过河走对岸的方案。

练习题5

1. 覆盖型岩溶区的岩溶地基稳定性分析如下：

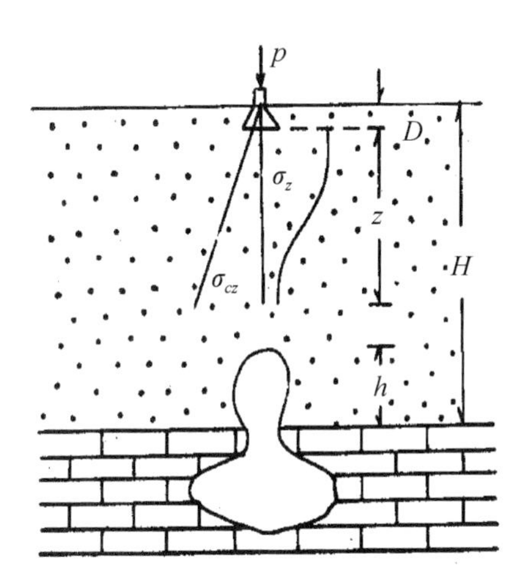

极限状态时：

$$H_k = h + z + D$$

式中：H_k为极限状态时上覆土层的厚度；h 为土洞高度；D 为基础砌置深度；z 为基础底板以下建筑荷载的有效影响深度。

当 $H > H_k$时，地基是稳定的。

当 $H<H_k$时，地基是不稳定的，是建筑荷载和土洞共同作用的结果。

当 $H<h$ 时，仅土洞的发展就可导致地表塌陷。

2. 三峡大坝建成后，水库分期蓄水逐步抬高水位，水库蓄水及水位升降改变了库区环境工程地质条件，库岸可能会产生滑坡、崩塌等工程地质问题。

对库岸稳定性的影响主要有以下三个方面：

（1）水库蓄水后地下水位升高，润滑、软化、泥化等作用引起岸坡岩土体的物理力学性质的改变，从而降低其剪切强度。

（2）库水位的升降会对库岸产生侧向水压力、浮托力和动水压力作用，影响库岸的稳定性。

（3）库水位的升降对库岸产生冲刷、掏空作用。

3. 识别活断层的标志有：

（1）地质方面。地表最新沉积物错断；活断层带物质结构松散；伴有地震现象的活断层，地表出现断层陡坎和地裂缝。

（2）地貌方面。①断崖：活断层两侧往往是截然不同的地貌单元直接相接的部位，因此出现断崖。②水系：对于走滑型断层，一系列的水系河谷向同一方向同步移错；主干断裂控制主干河道的走向。③不良地质现象呈线形密集分布。

（3）水文地质方面。导水性和透水性较强；泉水常沿断裂带呈线状分布，植被发育。

（4）历史资料方面。古建筑的错断、地面变形，考古资料，地震记载。

4. 过程地质学常用的研究方法有：

（1）自然历史分析法。①地质学分析，研究地质体、地质现象、自然地质历史形成演化；②地质基础工作；③基本的研究方法。

（2）工程地质类比法。经验借鉴、对比：工程类比法的基础是相似性（地质条件与建筑工作方法）。

（3）图解法。采用摩擦锥法。

（4）数学力学分析法。①定量分析计算、评价：对斜坡的稳定性进行评价。②地质分析：按基础—地质模型—数学模型（理论、经验公式等）—代入有关参数进行计算。

（5）模型与模拟实验法。仿实体演绎：模型实验。

上述方法各有特点，相互补充，可综合应用。

5. 渗透变形的防治原则：①改变渗流的水动力条件，减少动水压力

（渗透力），即降低水力坡度；②改变土体结构，提高抗渗能力。

渗透变形的防治措施有：垂直截渗、水平铺盖、排水减压、反滤盖重。

6. 工程地质条件、可能遇到的工程地质问题及相应的防治措施如下：

（1）滑坡对铁路安全有影响，应尽量避开，如在坡体中开挖隧道。

（2）应注意斜坡的稳定性问题，滑坡属于推动式。

（3）设置抗滑桩和挡土墙，削坡减重，设计排水系统。

7. 工程地质条件、可能遇到的工程地质问题及相应的防治措施如下：

（1）滑坡对公路安全有影响，应尽量避开。

（2）斜坡存在稳定性问题，滑坡属于推动式。

（3）施工时应避免开挖坡脚。

（4）设置抗滑桩和挡土墙，削坡减重，设计排水系统。

8. 应加强监测，组织搬迁，锚固，削坡减重，坡脚压重。

练习题 6

1. 水文循环通常发生于地球浅层圈中，分子态水的转换、更替较快，对地球的气候、水资源等生态环境影响显著，与人类的生存环境有直接的密切联系。水文循环是水文学与水文地质学研究的重点。

地质循环发生于地球浅层圈与深层圈之间，常伴有水分子的分解和合成，转换速度缓慢。研究水的地质循环，对深入了解水的起源、水在各种地质作用过程乃至地球演化过程中的作用，具有重要意义。

2. 我国水资源具有以下特点：

（1）降水偏少，年总降水量比全球平均降水量少 22%。

（2）人均水资源量偏低。

（3）空间分布不均匀，东部丰富，西部贫乏。

（4）季节及年际变化大，旱涝灾害频繁。

（5）水质污染比较严重。

3. 影响水文循环的主要气象因素包括蒸发、降水、气压、气温、湿度。

4.（1）根据材料，结合图中箭头分析，“蓝”水和“绿”水来源相同，都是来自降水，故 A 对。“蓝”水数量与“绿”水数量一般不相同，故 B 错。“蓝”水主要指地表和地下径流，故 C 错。通常所说的水资源是指“蓝”水，故 D 错。

（2）直接参与地表形态的塑造是地表径流，属于“蓝”水，故 A 错。对海陆间循环产生明显影响的是地表径流、地下径流，是“蓝”水，故 B

错。“绿”水渗到土壤中，可以吸收地面辐射，具有保温作用，故C对。湿润地区地表水丰富，大气降水多，土壤中不缺乏水分，所以，“绿”水对湿润地区农业发展影响不大，故D错。

练习题7

1. 地下水按埋藏条件可分为包气带水（包括土壤水和上层滞水）、潜水、承压水。

2. 孔隙度的大小主要取决于分选程度、颗粒排列方式、颗粒大小、颗粒形状及胶结充填情况。

3. 潜水是指埋藏在饱水带中地表以下第一个具有自由水面的含水层中的重力水，承压水是充满于两个稳定隔水层之间的含水层中具有静水压力的重力水。

4. 潜水面的表示方法有剖面图法（绘制水文地质剖面图）、等水位线图法（绘制等水位线）。

练习题8

1. 流网的绘制方法如下：

（1）寻找已知边界条件（定水头边界、湿周、隔水边界、地下水面边界），绘制容易确定的流线和等水头线。

（2）确定分水线、源、汇。

（3）画出渗流场周边的流线与条件。

（4）中间内插，即根据流线与等水头线正交的原则，在已知流线和等水头线间插补其余部分。

2. 在渗流场中，由流线和等水头线组成的网格称为流网。它的特点有：

（1）在均质各向同性介质中，流线与等水头线正交；在均质各向异性介质中，流线与等水头线斜交。

（2）流线和等水头线（利用等水头差绘制）是按一定规则绘制的。

3. 达西定律是描述饱和土中水的渗流速度与水力坡度之间的线性关系的规律，又称为线性渗流定律。其表达式为：

$$Q = KA\frac{H_1 - H_2}{L} = KA_i$$

渗流坡度是指地下水流通过岩土单位过水断面面积的流量。

水力梯度是指沿渗流途径的水头损失与相应渗透途径长度的比值。

练习题 9

1. (1) 饱水带存在重力势与压力势(静水压力),包气带则存在重力势和毛细管势。

(2) 饱水带任一点的压力水头是个定值,包气带的压力水头则是关于含水量的函数。

(3) 饱水带的渗透系数是个定值,包气带的渗透系数随含水量的降低而变小。

2. 包气带水是地下水面以上的水,潜水是饱水带下第一个具有自由表面的含水层中的水,承压水是充满于两个隔水层之间的含水层中的水。

3. 地下水在岩石空隙中的流动过程称为径流。它与以下因素有关:①含水层的空隙性;②地下水的埋藏条件;③补给量;④地形;⑤地下水的化学成分;⑥人为因素。

4. 地下水可能的补给来源有:①大气降水的补给;②地表水的补给;③凝结水的补给;④含水层之间的补给;⑤人工补给。此外,地下水的来源还有:岩浆侵入过程中分离出的水汽冷凝而成的“原生水”,沉积岩形成过程中封闭并保存在岩层中的“埋藏水”(封存水),等等。这些水分布不广,水量有限,生产实践中也少见。

5. 按照补给泉的含水层的性质,可将泉分为上升泉及下降泉两大类。根据出露原因,上升泉又可分为侵蚀(上升)泉、断层泉及接触带泉;下降泉又可分为侵蚀(下降)泉、接触泉和溢流泉。

6. 地下水的排泄途径有泉、向河流泄流、蒸发(蒸腾)、人工排泄等。泉属于点状排泄;泄流属于线状排泄;蒸发(蒸腾)属于面状排泄,蒸发(蒸腾)排泄仅耗失水分,盐分仍留在地下水中;其他种类的排泄都属于径流排泄。

7. 当分隔上、下两含水层为弱透水岩层时,两含水层之间有相互补给关系。总水头高的含水层可通过弱透水层渗透至总水头低的含水层,这种渗透方式称为越流。

练习题 10

1. 影响地下水动态的因素主要有两类:一类是环境对含水层或含水系统的输入,如降水、地表水对地下水的补给,人工开采或补给地下水,地应力对地下水的影响,等等;另一类则是变换输入的因素,主要涉及赋存地下水的地质地形条件。

2. 影响地下水动态的气象因素主要有：降水的数量及其时间分布影响潜水的补给，降水量大、降水时间长，则潜水含水层水量增加，水位抬升，水质变淡；气温、湿度、风速等与其他条件结合影响潜水的蒸发排泄，气温升高、湿度增大、风速增大，则潜水水量变少，水位降低，水质变咸。

3. 影响潜水动态的地质因素有：包气带厚度与岩性、给水度。包气带岩性细、厚度大时，相对于降水，地下水位抬升的时间滞后与延迟长；反之，地下水位抬升的时间滞后与延迟短。给水度越小，水位变幅越大；反之，给水度越大，水位变幅越小。

4. 影响承压水动态的地质因素有：距补给区的距离、含水层的渗透性和厚度、给水度、补给区范围、隔水顶底板的垂向渗透性。离补给区近，水位变化明显；远离补给区，水位变化微弱，以致消失。补给范围越大，含水层的渗透性越好，厚度越大，给水度越大，则波及的范围越大；反之，波及的范围就越小。隔水顶底板的垂向渗透性越好，地下水位变幅就越大；反之，则越小。

5. 孔隙水的特点有：

（1）水量在空间分布相对均匀，连续性好。

（2）孔隙水一般呈层状分布。

（3）同一含水层中的孔隙水具有密切的水力联系和统一的地下水面。

（4）孔隙水的流动大多数呈层流，符合达西定律。